교육과정에 맞춘
수학놀이터

류현아

   진주교육대학교 수학교육과 교수
   초등학교 수학 교과서 집필

황창훈

   용원초등학교 교사
   초등학교 수학 교과서 집필

정소영

   창원교육지원청 장학사
   초등학교 수학 교과서 집필

장송이

   반송초등학교 교사
   초등학교 수학 교과서 집필

최용수

   금산초등학교 교사
   경남교육방송연구대회 수상

교육과정에 맞춘 수학놀이터

체험수학

발 행	2024년 3월 1일
저 자	류현아 황창훈 정소영 장송이 최용수
펴낸곳	지오북스
등 록	2016년 3월 7일 제395-2016-000014호
전 화	02)381-0706 / 팩스 02)371-0706
이메일	emotion-books@naver.com
홈페이지	www.geobooks.co.kr

ISBN	9791191346848
정 가	24,000 원

이 책은 저작권법으로 보호받는 저작물입니다.
이 책의 내용을 전부 또는 일부를 무단으로 전재하거나 복제할 수 없습니다.
파본이나 잘못된 책은 바꿔드립니다.

머릿말

"수학은 어렵다"라는 말은 이제 옛날 이야기가 되었습니다. 여러분이 손에 들고 있는 이 책, '수학놀이터 체험수학'이 바로 그 증거입니다. 그동안 수학을 단순한 공식과 계산의 연속으로만 여겼다면, 이 책은 여러분에게 그리기, 만들기, 조작하기, 탐구하기와 같은 활동을 통해 수학을 전혀 다른 방식으로 경험하게 해줄 것입니다.

"들은 것은 잊어버리고, 본 것은 기억하고, 직접 해본 것은 이해한다." 이 말은 체험수학의 중요성을 강조합니다. 초등수학 교육과정을 기반으로, 학생들이 수학을 더욱 쉽고 재미있게 이해할 수 있도록 46가지 흥미로운 체험수학 주제를 선별했습니다. 간혹 체험수학에서 즐겁게 만들고 놀이만 하다가 끝나는 경우가 종종 있습니다. 그 속에 담긴 수학적 개념이나 원리를 생각하지 않은 것이지요. 이 책에서는 체험 과정에서 자칫 놓칠 수 있는 수학적 지식을 쉽고 간단하게 소개하며 활동에 담았습니다. 여러분은 자연스럽게 수학적으로 생각하고, 놀면서 이해하고 터득하게 될 것입니다.

체험활동을 위한 도안과 재료가 부록으로 제공되어 있어, 교사와 학부모는 즉시 학생들과 함께 활동을 시작할 수 있습니다. 또한, 각 활동을 더 쉽게 이해하고 따라할 수 있도록 주제별로 체험 방법을 영상으로 담아 제공하고 있습니다.

이제, 수학의 즐거운 여행을 시작해 봅시다. 여러분이 이 책과 함께할 모든 순간이 즐겁고 유익한 학습의 경험이 되기를 바랍니다. 모험을 시작할 준비가 되셨나요? 그렇다면, 페이지를 넘기고 체험수학의 세계로 발걸음을 내딛으세요.

이 책은 호기심과 궁금증, 상상력을 불러일으키는 동시에, 즐겁게 체험하는 과정을 통해 성취감을 맛볼 수 있도록 구성되었습니다. 여러분의 수학 여정이 풍부하고 기억에 남는 경험이 되길 바랍니다. 새로운 발견과 즐거움이 가득한 '수학놀이터 체험수학'과 함께하세요.

끝으로 이 책의 편집 및 출판에 도움을 준 지오북스 관계자들께 감사드립니다.

2024. 1.
저자 일동

다양한 활동이 가능한 초등교실 체험수학 도움자료

수와 연산
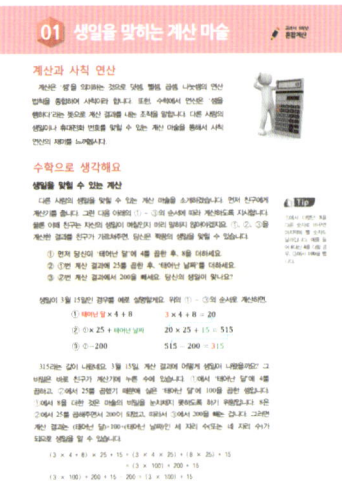

도형과 측정

변화와 관계
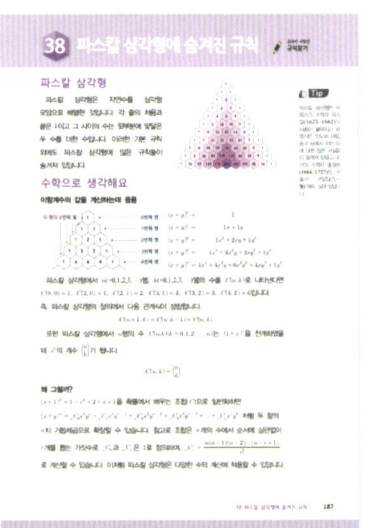

관련단원
체험활동과 관련된 교과서 관련 단원입니다.
교과서 밖 활동으로 '창의융합'도 있습니다.

수학으로 생각해요
체험활동을 지도하는 선생님을 위한 코너로 체험활동 속에 담긴 수학적 원리를 설명하고 있습니다.

Tip
참고 자료 및 활동과 관련된 추가 설명을 담고 있습니다.

놀면서 깨우쳐요

체험활동 내용을 순차적으로 안내하고, 관련 활동지를 포함한 코너입니다. 학생들이 즐겁게 놀면서 수학을 깨우칠 수 있습니다.

1분 영상

해당 체험활동 내용을 담은 영상자료입니다. 반복 재생을 통해 학생들의 이해를 도울 수 있습니다.

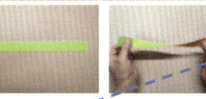

1. 양면 색종이로 뫼비우스의 띠를 만들어 보세요.

❶ 길게 자른 양면 색종이를 한 번만 꼬아 주세요.　❷ 한 번 꼰 종이띠의 양 끝을 테이프로 이어 주세요.

2. 뫼비우스의 띠 한쪽 면에 펜으로 중앙을 따라 선을 그어 보세요. 선이 어떻게 그려지나요?

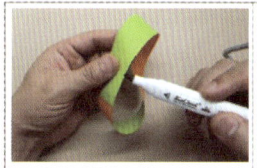

3. 뫼비우스의 띠 한쪽 모서리를 따라 펜으로 색칠해 보세요. 모서리가 어떻게 색칠되나요?

수학으로 답해요

체험활동과 관련된 물음에 대한 정답 또는 예시 답변을 제시합니다.

2. 처음 시작한 지점으로 돌아올 때까지 그리면 띠의 양 면에 모두 선이 그어진 것을 볼 수 있습니다. 즉, 면이 하나라는 의미입니다.

3. 띠의 모서리가 모두 색칠된 것을 볼 수 있습니다. 이는 모서리가 하나라는 의미입니다.

4. 2등분선을 따라 자르면 길이가 2배인 2번 꼬인 띠가 됩니다.
5. 3등분선을 따라 자르면 길이가 2배인 3번 꼬인 띠와 뫼비우스의 띠가 얽힌 모양이 됩니다.
6. 2등분선을 따라 자르면 2번 꼬인 띠 2개가 얽힌 모양이 됩니다.

생각을 키우는 물음

체험활동과 관련하여 수학적 사고를 기를 수 있는 핵심 질문과 예시 답변입니다.

지도 TIP

1. 생각을 키우는 물음
Q) 종이 띠를 홀수 번 꼬아 만든 고리와 짝수 번 꼬아 만든 고리의 차이점은 무엇일까요?
A) 홀수 번 꼬인 아쪽과 바깥쪽의 구분이 없는 뫼비우스의 띠가 되지만, 짝수 번 꼬인 띠는 안쪽과 바깥쪽의 구분이 있으므로 뫼비우스의 띠가 아닙니다. 즉, 꼬인 횟수가 짝수이면 두 면, 홀수이면 한 면의 띠가 됩니다.

2. 한 걸음 더!
뫼비우스의 띠와 같이 안과 밖의 구분이 없는 클라인 병이 있습니다. 클라인 병은 밑면과 윗면이 뚫려 있는 원기둥으로 만들 수 있는데 원기둥의 한쪽 끝이 원기둥 옆면을 뚫고 들어가 돌고 돌아간 쪽의 끝이 다른 쪽과 만나게 하면 클라인 병이 됩니다. 재미있는 것은 클라인 병을 반으로 자르면 뫼비우스의 띠 2개를 얻을 수 있다는 것입니다.

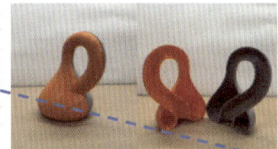

지도 시 유의사항

실제 체험활동을 진행하는 과정에서 주의해야 하거나 도움이 되는 정보를 제시합니다.

한 걸음 더!

체험활동과 관련하여 심화 내용 또는 관련 자료를 제시합니다.

목차

수와 연산

01 생일을 맞히는 계산 마술 ·· 3

02 신기한 카프리카 수와 연산 ·· 7

03 '4' 네 개로 만드는 자연수 ·· 11

04 손가락 구구단 ··· 15

05 크로스 곱셈법 ··· 19

06 옛 사람들의 곱셈 ··· 24

07 수학식으로 퍼즐 놀이를?! ·· 30

08 덧셈만 알면 나는야 곱셈왕 ·· 37

09 예쁜 무늬에 숨겨진 비밀 ·· 41

10 색으로 배우는 약수와 배수 ·· 46

11 분수 계산기?! ··· 52

도형과 측정

12 뫼비우스의 띠 자르기 ··· 59

13 삼면접시 ·· 63

14 한 번만 잘라서 만든 정다각형 ··· 67

15 하나의 전개도 두 개의 도형 ·· 74

16 평면에서 입체로, 무브폼 ·· 80

17 원이 그리는 예술, 써클아트 ·· 86

18 안과 밖이 바뀌는 큐브 ·· 94

19 무한반복 피라미드 ·· 98

20 빈틈없이 가득 채우는 재미 ·· 102

21 두 개의 기둥을 품은 하나의 기둥 ································· 106

22 새를 품은 에그 퍼즐 ··· 112

23 일곱 개의 조각이 이루는 도형 ········ 118

24 색종이로 만드는 삼각자 ············· 122

25 넓이가 늘어나는 마술퍼즐 ··········· 126

26 크기가 다른 두 물통 ················ 130

27 각도기로 별 그리기 ················· 134

28 종이접기로 만드는 곡선 ············· 140

29 퍼즐로 배우는 직사각형 넓이 ········ 147

30 벌들이 찾은 최적의 구조 ············ 152

31 DIY 경사계 ························ 157

변화와 관계

32 베다 방진으로 만든 무늬 ············ 162

33 A시리즈 종이에 담긴 비밀 ··········· 168

34 바코드와 체크디지트 ················ 172

35 규칙을 따라가면 예술이 되는 스트링아트 ········· 176

36 돌돌 감으면 풀리는 비밀 ············ 180

37 쉿! 우리만 아는 비밀이야 ············ 184

38 파스칼 삼각형에 숨겨진 규칙 ········ 188

39 탑을 옮기면 세상이 끝난다! ········· 193

40 도형 속 수의 규칙 ·················· 198

41 끊임없이 되풀이 되는 구조 ·········· 205

42 몬드리안의 그림 속 수학 ············ 211

43 수학으로 배우는 음계 ··············· 217

44 규칙을 알면 항상 이기는 게임 ······· 223

45 식물도 수학을 한다고?! ············· 229

46 종이를 접어 만드는 프랙탈 ·········· 235

교육과정에 맞춘

수학놀이터
체험수학

01 생일을 맞히는 계산 마술

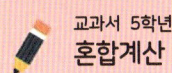
교과서 5학년
혼합계산

계산과 사칙 연산

계산은 '셈'을 의미하는 것으로 덧셈, 뺄셈, 곱셈, 나눗셈의 연산 법칙을 종합하여 사칙이라 합니다. 또한, 수학에서 연산은 '셈을 행하다'라는 뜻으로 계산 결과를 내는 조작을 말합니다. 다른 사람의 생일이나 휴대전화 번호를 맞힐 수 있는 계산 마술을 통해서 사칙 연산의 재미를 느껴봅시다.

수학으로 생각해요

생일을 맞힐 수 있는 계산

다른 사람의 생일을 맞힐 수 있는 계산 마술을 소개하겠습니다. 먼저 친구에게 계산기를 줍니다. 그런 다음 아래의 ① ~ ③의 순서에 따라 계산하도록 지시합니다. 물론 이때 친구는 자신의 생일이 며칠인지 미리 말하지 않아야겠지요. ①, ②, ③을 계산한 결과를 친구가 가르쳐주면, 당신은 짝꿍의 생일을 맞힐 수 있습니다.

① 먼저 당신이 '태어난 달'에 4를 곱한 후, 8을 더하세요.
② ①번 계산 결과에 25를 곱한 후, '태어난 날짜'를 더하세요.
③ ②번 계산 결과에서 200을 빼세요. 당신의 생일이 맞나요?

 **Tip**

①에서 더했던 8을 다른 숫자로 바꾸면 마지막에 뺄 숫자도 달라집니다. 예를 들어 8대신 4를 더할 경우, ③에서 100을 뺍니다.

생일이 3월 15일인 경우를 예로 설명할게요. 위의 ① ~ ③의 순서로 계산하면,

① 태어난 달 $\times 4 + 8$ $3 \times 4 + 8 = 20$
② ①$\times 25 +$ 태어난 날짜 $20 \times 25 + 15 = 515$
③ ②$- 200$ $515 - 200 = 315$

315라는 값이 나왔네요. 3월 15일, 계산 결과에 어떻게 생일이 나왔을까요? 그 비밀은 바로 친구가 계산기에 누른 수에 있습니다. ①에서 '태어난 달'에 4를 곱하고, ②에서 25를 곱했기 때문에 실은 '태어난 달'에 100을 곱한 셈입니다. ①에서 8을 더한 것은 마술의 비밀을 눈치채지 못하도록 하기 위함입니다. 8은 ②에서 25를 곱해주면서 200이 되었고, 따라서 ③에서 200을 빼는 겁니다. 그러면 계산 결과는 (태어난 달)×100+(태어난 날짜)인 세 자리 수(또는 네 자리 수)가 되므로 생일을 알 수 있습니다.

$(3 \times 4 + 8) \times 25 + 15 = (3 \times 4 \times 25) + (8 \times 25) + 15$
$\qquad\qquad\qquad\qquad\quad = (3 \times 100) + 200 + 15$
$(3 \times 100) + 200 + 15 - 200 = (3 \times 100) + 15$

놀면서 깨우쳐요

생일을 맞히는 계산 마술, 휴대전화 번호를 맞히는 계산 마술

준비물: 계산기

계산마술

1 생일을 알아 맞히는 계산 마술 방법을 소개합니다. 친구의 생일이 11월 20일인 경우를 보며 방법을 알아봅시다.

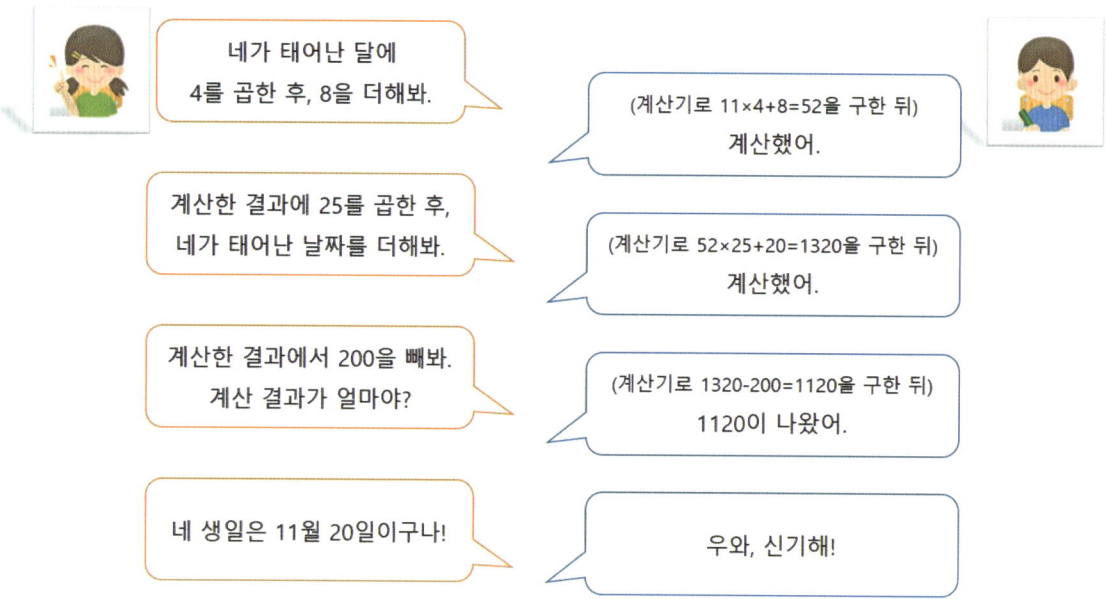

- 네가 태어난 달에 4를 곱한 후, 8을 더해봐.
- (계산기로 11×4+8=52을 구한 뒤) 계산했어.
- 계산한 결과에 25를 곱한 후, 네가 태어난 날짜를 더해봐.
- (계산기로 52×25+20=1320을 구한 뒤) 계산했어.
- 계산한 결과에서 200을 빼봐. 계산 결과가 얼마야?
- (계산기로 1320-200=1120을 구한 뒤) 1120이 나왔어.
- 네 생일은 11월 20일이구나!
- 우와, 신기해!

1-1 자신의 생일로 생일을 맞히는 계산 마술을 해 보세요

　① 먼저 자신이 '태어난 달'에 4를 곱한 후, 8을 더하세요.
　② ①번 계산 결과에 25를 곱한 후, '태어난 날짜'를 더하세요.
　③ ②번 계산 결과에서 200을 빼세요. 자신의 생일이 맞나요?

1-2 가족이나 친구와 함께 생일을 맞히는 계산 마술을 해 보세요

수와 연산

2 이번에는 휴대전화 번호를 알아맞히는 계산 마술을 소개합니다. 친구의 휴대전화 번호가 010-1234-5678인 경우를 보며 방법을 알아봅시다.

Tip

휴대전화 번호의 네 자리 수 중에서 처음이 0으로 시작할 경우에는 나머지 세 자리 수만 누르면 됩니다. 예를 들어, 가운데 전화번호가 0987이면 987을 누릅니다.

① 먼저 친구에게 계산기를 주고, 휴대전화 번호 중 010 다음에 오는 가운데 네 자리 수를 누르고, 125를 곱하도록 합니다.

1234 × 125 = 154250

② ①번 계산 결과에 160을 곱한 후, 휴대전화 번호의 나머지 뒤 네 자리 수를 더하도록 합니다.

154250 × 160 + 5678 = 24685678

③ ②번 계산 결과에 한 번 더 휴대전화 번호의 뒤 네 자리 수를 더하도록 한 뒤에 계산기를 돌려 받습니다.

24685678 + 5678 = 24691356

④ 계산기에 남아있는 ③번 계산 결과를 2로 나눕니다. 이때 나타나는 계산 결과가 친구 휴대전화의 번호입니다.

24691356 ÷ 2 = 12345678

2-1 가족이나 친구와 함께 휴대전화 번호를 맞히는 계산 마술을 해 보세요.

2-2 계산 결과에서 어떻게 휴대전화 번호가 나왔는지 생각해 보세요.

계산기에 눌렀던 수들을 생각해보세요.

1 생일을 맞히는 계산 마술

수학으로 답해요

2-2 휴대전화 번호가 010-1234-5678인 경우를 ①~④의 순서로 계산하면 다음과 같습니다.

① 가운데 네 자리 수 × 125 $1234 \times 125 = 154250$

② ① × 160 + 뒤 네 자리 수 $154250 \times 160 + 5678 = 24685678$

③ ② + 뒤 네 자리 수 $24685678 + 5678 = 24691356$

④ ③ ÷ 2 $24691356 \div 2 = 12345678$

①에서 '가운데 네 자리 수'에 125를 곱하고, ②에서 160을 곱했기 때문에 실은 '가운데 네 자리 수'에 20000을 곱한 셈입니다. 이것은 '가운데 네 자리 수'×10000×2와 같습니다. 그리고 ②와 ③에서 '뒤 네 자리 수'를 각각 한 번씩 더한 것은 '뒤 네 자리 수'를 2배하여 더한 것과 같습니다. 즉, '가운데 네 자리 수'를 20000배 한 수와 '뒤 네 자리 수'를 2배 한 수를 더한 것이 ③까지의 계산 결과 값입니다. 따라서 ④에서 2로 나누면 계산 결과 값은 '가운데 네 자리 수'를 10000배 한 수와 '뒤 네 자리 수'를 더한 것과 같습니다.

$$1234 \times 125 \times 160 + 5678 + 5678 = 1234 \times 20000 + 5678 \times 2$$
$$= 1234 \times 10000 \times 2 + 5678 \times 2$$
$$= (1234 \times 10000 + 5678) \times 2$$

$$(1234 \times 10000 + 5678) \times 2 \div 2 = 1234 \times 10000 + 5678$$

지도 TIP!

1. 생각을 키우는 질문

Q) 휴대전화 번호를 맞히는 계산 마술의 마지막 ④에서 나누는 수가 3이 되도록 하는 방법은 무엇일까요?

A) '가운데 네 자리 수'를 30000배 한 수와 '뒤 네 자리 수'를 3배 한 수를 더한 결과는 3으로 나누면 됩니다. 예를 들어 계산 마술의 ①에서 '가운데 네 자리 수'에 125가 아닌 250을 곱하고, ②에서 160이 아닌 120을 곱한 후 '뒤 네 자리 수'를 모두 3번 더해주면 됩니다.

2. 지도 시 유의사항

- 계산 마술의 원리를 이해하기 위해서는 곱셈구구, 자릿값은 물론 곱셈의 교환법칙, 결합법칙, 분배법칙에 대한 이해가 필요합니다. 이때, 각 용어에 대해 구체적으로 학습할 필요는 없으나, 학생들이 59 × 4와 같은 곱셈을 (50 ×4) + (9 × 4) 또는 (60 × 4) - (1 × 4)로 생각할 수 있어야 합니다.

    곱셈의 교환법칙: $a \times b = b \times a$
    곱셈의 결합법칙: $(a \times b) \times c = a \times (b \times c)$
    덧셈에 대한 곱셈의 분배법칙: $a \times (b + c) = (a \times b) + (a \times c)$
    뺄셈에 대한 곱셈의 분배법칙: $a \times (b - c) = (a \times b) - (a \times c)$

02 신기한 카프리카 수와 연산

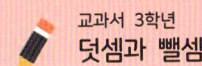
교과서 3학년
덧셈과 뺄셈

카프리카 연산

1949년 인도 수학자 카프리카(Kaprekar)가 고안한 '카프리카 연산'은 각 자리의 숫자를 재배열해서 만들 수 있는 가장 큰 수와 가장 작은 수의 차이를 반복 계산하는 것입니다. 간단한 연산이지만 카프리카는 이 연산이 신기한 결과를 보여준다는 것을 발견했습니다. 카프리카 연산의 재미를 느껴봅시다.

```
  7641        8532
- 1467      - 2358
  ----        ----
  6174        6174
```

수학으로 생각해요

반드시 6174가 되는 계산

네 자리 수 중에서 모두 같은 숫자(1111이나 2222처럼)가 아닌 어떤 수를 가지고 카프리카 연산은 시작합니다. 각 자리의 숫자를 재배열해서 만들 수 있는 가장 큰 수와 가장 작은 수의 차를 계산하고, 그 결과로 나온 새로운 수를 갖고 앞과 같은 과정을 반복 계산하면 그 결과는 항상 6174가 됩니다.

예를 들어 네 자리 수 1213으로 만들 수 있는 가장 큰 수는 3211, 가장 작은 수는 1123이므로 3211-1123=2088입니다. 2088로 만들 수 있는 가장 큰 수는 8820, 가장 작은 수는 0288이므로 8820-288=8532입니다. 8532로 만들 수 있는 가장 큰 수는 8532, 가장 작은 수는 2358이므로 8532-2358=6174입니다. 6174로 만들 수 있는 가장 큰 수는 7641, 가장 작은 수는 1467이므로 7641-1467=6174입니다.

> **Tip**
> 카프리카 연산은 모두 10번 이하의 반복 계산 과정에서 6174에 도달합니다. 이때, 맨 처음 시작하는 수는 1101이나 2020처럼 각 자리의 숫자가 하나만 달라도 됩니다.

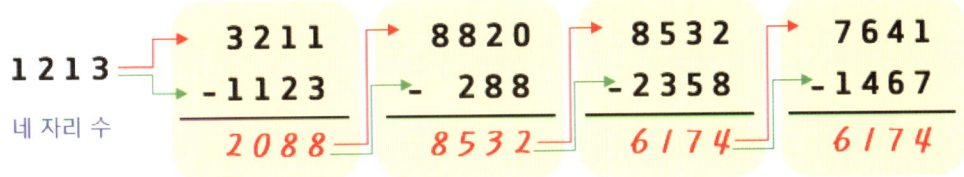

6174에 도달한 다음에는 매번 6174를 만들어 냅니다. 1213만이 유독 6174에 도달하는 것이 아니라 한 숫자로 이루어지지 않은 모든 네 자리 수는 카프리카 연산을 통해 6174라는 결괏값을 갖게 됩니다.

단, 시작하는 수에 따라 6174가 나오기까지의 뺄셈 횟수는 다를 수 있습니다. 위의 1213은 세 번 만에 6174가 나왔지만 9331의 경우에는 여섯 번 만에 나온답니다.

9331 ➡
① 9331 - 1339 = 7992
② 9972 - 2799 = 7173
③ 7731 - 1377 = 6354
④ 6543 - 3456 = 3087
⑤ 8730 - 378 = 8352
⑥ 8532 - 2358 = 6174

놀면서 깨우쳐요

신기한 카프리카 연산, 하샤드 수와 카프리카 수

준비물: 계산기

카프리카연산

1 네 자리 수를 가지고 카프리카 연산을 해봅시다.

❶ 먼저 네 자리 수 중에서 모두 같은 숫자(1111이나 2222처럼)가 아닌 어떤 수를 떠올립니다.

❷ ❶번에서 떠올린 수의 각 자릿수의 숫자로 만들 수 있는 가장 큰 수와 가장 작은 수의 차를 구합니다.

❸ ❷번에서 계산 결과로 나온 새로운 숫자를 이용하여 같은 방법으로 가장 큰 수와 가장 작은 수의 차를 구하는 계산을 반복합니다.

❹ 아무리 바꿔도 답이 변하지 않는 수가 나오면 카프리카 연산은 끝이 나고, 이때 나온 6174가 네 자리 수에서 카프리카 연산의 결괏값입니다.

1-1 세 자리 수에서도 위와 같이 카프리카 연산이 가능한지 확인해 보세요.

1-2 두 자리 수에서도 위와 같이 카프리카 연산이 가능한지 확인해 보세요.

2 하샤드 수(Harshad number)를 알아봅시다.

하샤드 수는 각 자릿수의 합으로 나누어떨어지는 자연수를 뜻해요. 예를 들어, 2022의 각 자릿수의 합은 2+0+2+2로 6이에요. 이때, 2022를 각 자릿수의 합인 6으로 나누면 나머지가 없이 나누어떨어지죠. 두 자리 수 중 가장 작은 하샤드 수로는 12가 있어요. 각 자릿수의 합인 3으로 나누면 몫이 4이고 나누어떨어지죠.

'하샤드 수', '카프리카 수'는 카프리카가 찾은 규칙을 갖는 수들이랍니다.
하샤드는 '기쁨을 주다'라는 뜻의 산스크리트어입니다. 즉, 기쁨을 주는 수라는 의미죠. 자연수 1부터 순서를 매겼을 때 2022는 407번째 하샤드 수랍니다.

2-1 2021부터 2030까지의 자연수 중에는 하샤드 수가 무려 4개나 있습니다. 기쁨을 주는 하샤드 수를 모두 찾아보세요.

3 카프리카 수(Kaprekar number)를 알아봅시다.

제곱: 같은 수끼리의 곱을 제곱이라고 합니다. 예를 들어 3의 제곱은 3×3=9입니다.

카프리카 수는 어떤 수를 반으로 나누어 더한 수를 제곱하면 원래의 수가 되는 수를 말해요. **카프리카 수도 하샤드 수**처럼 인도 수학자 카프리카가 발견해 이름을 붙였어요. 카프리카는 철도 옆에 있는 이정표를 보고 카프리카 수를 발견했다고 해요. 한 선로 옆에 3025km라고 적힌 이정표가 있었는데, 어느 날 심한 폭풍우로 이정표가 쓰러지면서 3025 숫자가 정확히 30과 25로 두 동강이 났대요. 카프리카는 이 수를 보고 30과 25를 더하면 55이고, 55의 제곱은 3025라는 점을 떠올렸다고 해요.

3-1 두 자리 수 중에서 카프리카 수는 단 하나뿐입니다. 카프리카 수를 찾아보세요.

수학으로 답해요

1-1 세 자리 수에서도 카프리카 연산이 가능하며, 이때 결괏값은 495입니다.

예) 396 ➡ ❶ 963 - 369 = 594
　　　　　　❷ 954 - 459 = 495

　　281 ➡ ❶ 821 - 128 = 693
　　　　　　❷ 963 - 369 = 594
　　　　　　❸ 954 - 459 = 495

　　553 ➡ ❶ 553 - 355 = 198
　　　　　　❷ 981 - 189 = 792
　　　　　　❸ 972 - 279 = 693
　　　　　　❹ 963 - 369 = 594
　　　　　　❺ 954 - 459 = 495

　　704 ➡ ❶ 740 - 47 = 693
　　　　　　❷ 963 - 369 = 594
　　　　　　❸ 954 - 459 = 495

1-2 하나의 고정된 결괏값이 나오지는 않으나, 일정한 순환마디를 가진 결괏값이 반복됩니다.

예) 31 ➡ ❶ 31 - 13 = 18
　　　　　 ❷ 81 - 18 = 63
　　　　　 ❸ 63 - 36 = 27
　　　　　 ❹ 72 - 27 = 45
　　　　　 ❺ 54 - 45 = 9
　　　　　 ❻ 90 - 9 = 81

　　67 ➡ ❶ 76 - 67 = 9
　　　　　 ❷ 90 - 09 = 81
　　　　　 ❸ 81 - 18 = 63
　　　　　 ❹ 63 - 36 = 27
　　　　　 ❺ 72 - 27 = 45
　　　　　 ❻ 54 - 45 = 9

2-1 2022, 2023, 2024, 2025는 하샤드 수입니다.

2022 ➡ 2+0+2+2 = 6, 2022 ÷ 6 = 337
2023 ➡ 2+0+2+3 = 7, 2023 ÷ 7 = 289
2024 ➡ 2+0+2+4 = 8, 2024 ÷ 8 = 253
2025 ➡ 2+0+2+5 = 9, 2025 ÷ 9 = 225

3-1 두 자리 수의 카프리카 수는 81입니다.

81 ➡ 8+1 = 9, 9×9 = 81

지도 TIP!

1. 한 걸음 더! 답이 반드시 1089가 되는 계산!

① 백의 자릿수와 일의 자릿수가 다른 세 자리 수를 떠올려 보세요.
　예) 123
② 그 수의 백의 자릿수와 일의 자릿수를 바꾼 다음 큰 수에서 작은 수를 빼보세요.
　예) 321-123=198
③ 계산한 값의 백의 자릿수와 일의 자릿수를 한 번 더 바꾼 다음, 이번에는 두 수를 더합니다.
　예) 891+198=1089
④ 만약 ②의 결괏값이 두 자리 수일 경우에는 백의 자리에 0을 붙여 계산하세요.
　예) 처음 수가 152이면 ②의 결괏값은 251-152=99, ③의 결괏값은 990+099=1089

03 '4' 네 개로 만드는 자연수

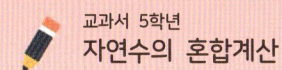

포포즈 게임이란?

포포즈 게임(Four Fours Game)은 이름처럼 숫자 '4' 네 개와 수학 기호를 사용하여 자연수를 만드는 게임입니다.

예를 들어, 숫자 4 네 개로 1을 만들기 위해 44÷44 또는 (4+4)÷(4+4)와 같이 여러 가지 방법으로 표현할 수 있습니다.

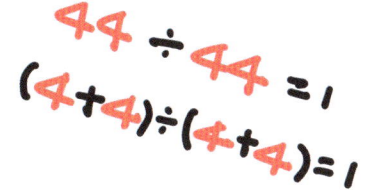

수학으로 생각해요

숫자 4 네 개를 사용한 혼합계산으로 자연수를 만드는 방법

포포즈 게임의 규칙은 다양한 수학 기호와 숫자 '4'네 개를 사용하여 자연수를 만드는 것입니다. 이때, 숫자 '4'는 44나 444와 같이 이어서 쓸 수 있습니다. +, −, ×, ÷, ( ) 뿐만 아니라 $\sqrt{}$, !, ., 등을 사용하여 $\sqrt{4}$ = 2, 4! = 24, .4 = 0.4와 같이 나타낼 수 있습니다. 다만 초등학생 수준에서는 +, −, ×, ÷, ( ) 정도로 사용할 수 있는 수학 기호에 제한이 있어 만들기 어려운 자연수가 존재하기도 합니다.

초등학생의 수준에서 숫자 4 네 개로 만들 수 있는 수를 찾기 위해서 단계별로 생각해 볼 수 있습니다.

첫째, 숫자 4 한 개를 이용하여 만들 수 있는 수는 4 하나뿐입니다.

둘째, 숫자 4 두 개를 이용하여 만들 수 있는 수는 44, 4+4=8, 4-4=0, 4×4=16, 4÷4=1로 다섯 가지입니다.

셋째, 숫자 4 세 개를 이용하여 만들 수 있는 수는 444 또는 위의 '첫째'에서 4 한 개를 이용해 만든 4와 '둘째'에서 4 두 개를 이용하여 만든 0, 1, 8, 16, 44를 사칙연산하여 자연수를 만들 수 있습니다. 예를 들어 4+0, 4×0을 하여 자연수 4 또는 0을 만들 수 있습니다. 또 4+1, 4-1, 4×1을 하여 자연수 5, 3, 4를 만들 수 있습니다.

넷째, 숫자 4 네 개를 이용하여 만들 수 있는 수는 4444 또는 위의 '첫째'에서 구한 4와 '셋째'에서 구한 수를 사칙연산하여 자연수를 얻을 수 있습니다. 또 '둘째'에서 구한 수끼리 사칙연산을 하여 자연수를 만들 수 있습니다.

놀면서 깨우쳐요

숫자 '4' 네 개로 자연수 만들기

준비물: 연필, 지우개

포포즈 게임

1 혼합계산의 순서를 떠올려 보고, 빈칸에 들어갈 알맞은 단어를 [보기]에서 찾아 써 보세요.

[보 기]
덧셈, 뺄셈, 곱셈, 나눗셈, ( ) 안, 앞에서부터, 뒤에서부터

❶ 곱셈과 나눗셈이 섞여 있는 식에서는 ☐ 차례대로 계산합니다.

❷ 덧셈과 뺄셈이 섞여 있는 식에서는 ☐ 차례대로 계산합니다.

❸ ( )가 있는 식에서는 ☐ 을(를) 가장 먼저 계산합니다.

❹ 덧셈, 뺄셈, 곱셈, 나눗셈이 섞여 있는 식에서는 ☐ 와(과) ☐ 을(를) 먼저 계산합니다.

2 포포즈 게임(Four Fours Game)은 숫자 '4' 네 개와 연산기호를 사용하여 자연수를 만드는 퍼즐 게임입니다. 이 게임의 규칙을 확인해 보세요.

1. 숫자 '4'를 네 개만 사용합니다.
2. +, −, ×, ÷와 ( )를 사용하여 식을 완성합니다.
3. 숫자 '4'는 44, 444와 같이 숫자를 이어 쓸 수 있습니다.

3 포포즈 게임의 규칙에 따라 1을 만들어 보고, 1을 만든 방법을 설명해 보세요.

1 = 4   4   4   4

4 포포즈 게임의 규칙에 따라 2부터 10까지의 자연수도 만들어 보세요.

2 = 4 4 4 4	6 = 4 4 4 4
3 = 4 4 4 4	7 = 4 4 4 4
4 = 4 4 4 4	8 = 4 4 4 4
5 = 4 4 4 4	9 = 4 4 4 4
	10 = 4 4 4 4

계산 순서가 바른 지 확인해 보세요.

5 7을 다음과 같이 구했습니다. 같은 방식으로 9를 구하려면 어떻게 해야 할까요?

> 7은 8에서 1을 뺀 수임을 이용하여 7=(4+4)−(4÷4)로 구했습니다.

6 **5**에서 문제를 해결한 방법을 활용하여 **4**를 모두 완성해 보세요.

7 포포즈 게임에서 1부터 10까지의 자연수를 만드는데 사용한 방법을 정리해서 써 보세요.

8 또 다른 자연수도 만들어 보세요.

☐ = 4 4 4 4	☐ = 4 4 4 4
☐ = 4 4 4 4	☐ = 4 4 4 4
☐ = 4 4 4 4	☐ = 4 4 4 4

수학으로 답해요

1 ❶ 앞에서부터 ❷ 앞에서부터 ❸ ( ) 안 ❹ 곱셈, 나눗셈

3 44÷44 또는 (4+4)÷(4+4), 같은 수끼리 나누면 몫이 1이 됩니다.

4

(예시) 2 = (4×4)÷(4+4) **또는** (4÷4)+(4÷4) 3 = (4+4+4)÷4 4 = 4+(4−4)×4 5 = (4×4+4)÷4	6 = (4+4)÷4+4 7 = 4+4−(4÷4) 8 = (4+4)+(4−4) 9 = 4+4+(4÷4) 10 = (44−4)÷4

풀이) 문제를 해결하는 방법은 예시 외에도 다양한 방법이 있습니다. 하나의 식이 아니라 다른 식들도 찾아보도록 할 수 있습니다.

5 9는 8에서 1을 더한 수임을 이용하여 9=(4+4)+(4÷4)로 구합니다.

풀이) 문제를 해결하는 전략을 생각해보기 위한 활동입니다.

7 1은 분자와 분모가 같은 수임을 이용하여 ÷ 양쪽에 같은 수가 되도록 만들었습니다.

4+4=8, 4−4=0, 4×4=16, 4÷4=1처럼 '4' 두 개로 만든 수를 더하거나 빼 보면서 구했습니다.

예를 들어 16÷8=2이므로 (4×4)÷(4+4)으로 2를 구했습니다.

숫자 4개가 모두 필요 없는 경우는 0을 만들어 해결했습니다.

예를 들어 4는 4+(4−4)×4로, 8은 (4+4)+(4−4)로 만들었습니다.

8 16=(4×4)−(4−4), 32=(4×4)+(4×4), 43=44-(4÷4), 45=44+(4÷4), 52=44+4+4, 60=44+(4×4) 등

지도 TIP!

지도 시 유의사항

- 문제를 해결한 뒤 혼합계산 순서에 알맞게 식을 세웠는지 확인할 수 있도록 해 주세요.
- 포포즈 게임의 해결 방법은 여러 가지가 있으므로 다양한 방법을 친구와 비교하고 어떤 방법으로 구했는지 이야기 나누도록 할 수 있습니다.
- +, −, ×, ÷, ( )의 기호만 사용한 포포즈 게임은 11처럼 만들 수 없는 숫자도 있습니다.
- 포포즈 게임을 변형하여 다양한 방식으로 게임을 즐길 수 있습니다. 변형게임을 진행하면 다양한 전략을 개발하는 데 도움이 될 수 있습니다. 예를 들어 four nines은 네 개의 9를 사용하여 1부터 100까지 수를 만드는 게임입니다.

> 1 = 99÷99, 2 = (9÷9)+(9÷9), 3 = (9+9+9)÷9 …

- 다른 방법으로 숫자 1, 2, 3, 4와 연산기호를 사용하여 게임을 할 수도 있습니다.

> 1 = (1+4)÷(2+3), 2 = (4−3)+(2−1), 3 = (2×3)−(4−1) …

- 학생이 포포즈 게임을 어려워한다면, 숫자를 네 개로 제한하지 않고, 1개, 2개, 3개를 허용하여 문제를 해결하게 할 수 있습니다.

> 3 = 4−(4÷4), 4 = 4, 5 = 4+(4÷4) …

04 손가락 구구단

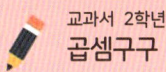
교과서 2학년
곱셈구구

손가락으로 구구단을?

구구단을 5단까지만 외운다면 곱셈구구는 끝!

6단부터 9단까지는 접힌 손가락과 펴진 손가락의 개수를 센 후에 그 수끼리 더하거나 곱해서 계산할 수 있습니다. 손가락 구구단을 배워봅시다.

수학으로 생각해요

손가락으로 6~9를 나타내기

손가락 구구단을 하기 위해서 6부터 9까지의 수를 그림과 같이 손가락으로 접어 표현합니다. 오른손도 같은 방법입니다. 이때, 접힌 손가락의 개수를 살펴보면 6은 1개, 7은 2개, 8은 3개, 9는 4개가 접혀져 있음을 알 수 있습니다.

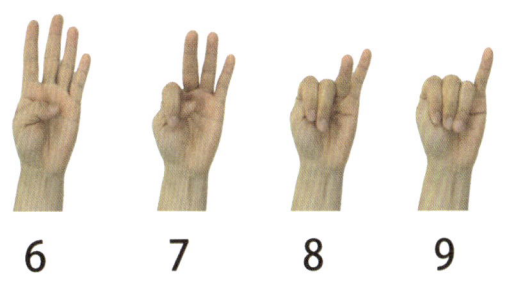

접힌 손가락의 합은 십의 자리, 펴진 손가락의 곱은 일의 자리!

6×9를 손가락 구구단을 이용하여 알아봅시다. 왼손으로는 6, 오른손으로는 9를 만듭니다. 이 상태에서 먼저 접힌 손가락을 더해 봅시다. 왼손 1과 오른손 4를 더하면 5가 되는데 이것이 바로 6×9의 십의 자리 수 5입니다.

다음으로 펴진 손가락끼리 곱해 봅시다. 왼손 4와 오른손 1을 곱하면 4가 되는데 이것이 6×9의 일의 자리 수 4입니다.

즉, 십의 자리 수 5와 일의 자리 수 4가 만나 6×9=54가 됨을 알 수 있습니다.

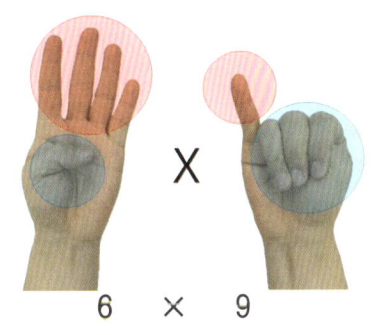

6 × 9

접힌 손가락 1 + 4 = 5
펴진 손가락 4 × 1 = 4
50 + 4 = 54

왜 그럴까?

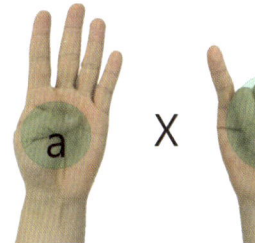

6은 손가락이 1개 접혀있고, 7은 2개 접혀 있으므로 6~9의 수는 5+(접힌 손가락 수)로 나타낼 수 있습니다. 왼손과 오른손에 접힌 손가락의 수를 각각 수식으로 a, b라 하면,

$$(5+a) \times (5+b) = 25+5(a+b)+ab$$
$$= 25+10(a+b)-5(a+b)+ab$$
$$= 10(a+b)+\{25-5(a+b)+ab\}$$
$$= 10(a+b)+(5-a)(5-b)$$

Tip

구구단을 외우는 것은 보다 곱셈을 빠르게 계산할 수 있기 때문이며, 손가락 구구단은 곱셈구구의 원리 보다는 구구단에 흥미를 유발하기 위한 활동입니다. 7×2는 2×7로 구할 수 있으므로 손가락 구구단으로는 6×9처럼 두 수가 모두 6 이상의 곱을 구할 때 사용합니다.

Tip

우리 몸은 고대부터 사용한 최초의 계산 도구입니다. 그러나 사고, 장애 등을 통해 신체적 차이가 있는 학생들이 있을 수 있습니다. 신체를 이용한 수업활동 시에는 학급의 여건을 세심하게 고려해야 합니다.

놀면서 깨우쳐요

손가락 구구단으로 곱 구하기

준비물: 곱셈구구표

손가락 구구단

1 다음의 몇 가지 곱셈을 손가락 구구단으로 연습해 보세요.

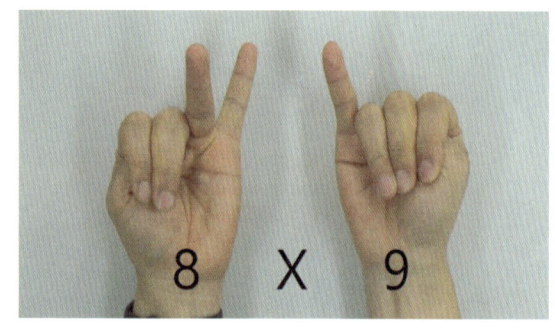

❶ 접힌 손가락 3 + 4 = 7
  펴진 손가락 2 × 1 = 2
    70 + 2 = 72

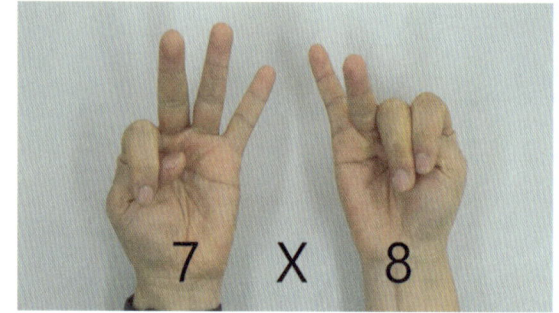

❷ 접힌 손가락 2 + 3 = 5
  펴진 손가락 3 × 2 = 6
    50 + 6 = 56

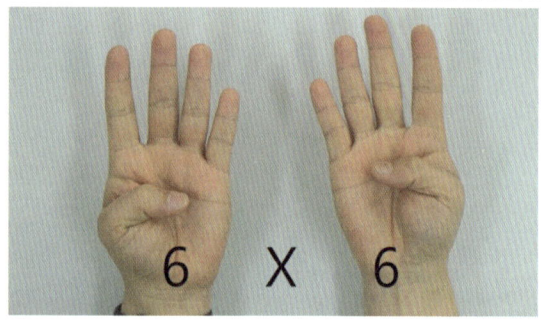

❸ 접힌 손가락 1 + 1 = 2
  펴진 손가락 4 × 4 = 16
    20 + 16 = 36

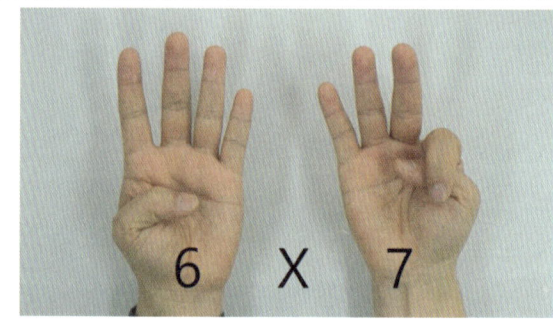

❹ 접힌 손가락 1 + 2 = 3
  펴진 손가락 4 × 3 = 12
    30 + 12 = 42

1-1 손가락 구구단으로 또 다른 곱셈을 연습해 보세요. 몇 번 연습해 보면 손가락 구구단이 금방 익숙해질 거예요.

2 곱셈구구 9단은 또 다른 손가락 구구단 방법이 있습니다.
먼저 곱셈구구 9단에서 재미있는 규칙들을 찾아 써 보세요.

9 × 1 = 9
9 × 2 = 18
9 × 3 = 27
9 × 4 = 36
9 × 5 = 45
9 × 6 = 54
9 × 7 = 63
9 × 8 = 72
9 × 9 = 81

 Tip
곱의 결과에서 나타나는 규칙 외에도 곱하는 수 1, 2, 3,…과 곱의 결과에서 십의 자리 수 사이의 규칙도 찾아 보세요.

2-1 곱셈구구 9단을 구하는 다른 손가락 구구단 방법을 알아봅시다.

① 양손의 열 손가락을 모두 펴 보세요.

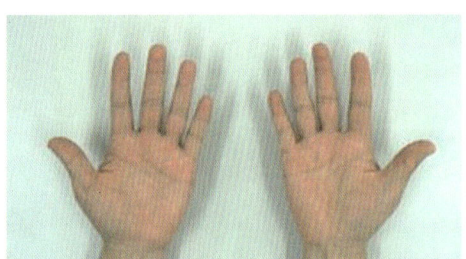

② 9×3을 알고 싶다면 왼쪽에서 세 번째 손가락을 접어보세요.

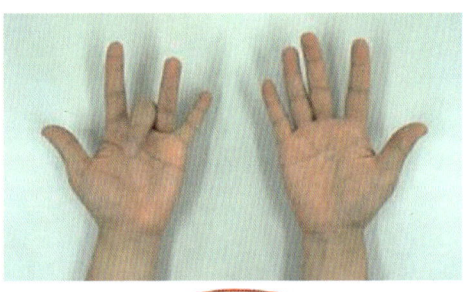

③ 접은 세 번째 손가락의 왼쪽과 오른쪽 손가락 수를 보고, 9×3=27을 구하는 방법을 말해 보세요.

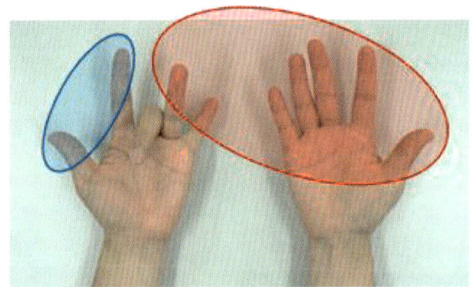

2-2 위와 같은 손가락 구구단 방법으로 나머지 9단의 곱셈도 해 보세요.

수학으로 답해요

2 예시 1) 곱의 결과의 '십의 자릿수' + '일의 자릿수' = 9

2) 곱의 결과에서 '일의 자릿수'가 1씩 작아지고, '십의 자릿수'는 1씩 커집니다.

3) 각 곱의 결과에서 '십의 자릿수'는 9에 곱하는 수보다 1작은 수입니다.

2-1 접은 손가락의 왼쪽에 있는 손가락 수는 십의 자릿수, 오른쪽에 있는 손가락 수는 일의 자릿수를 나타냅니다. 예컨대, 9×3은 왼쪽에서 3번째 손가락을 접어야 하며, 이 접은 손가락의 왼쪽에 있는 손가락 2개는 십의 자릿수를 나타내고 오른쪽에 있는 손가락 7개는 일의 자릿수를 나타내므로 9×3=27임을 알 수 있습니다.

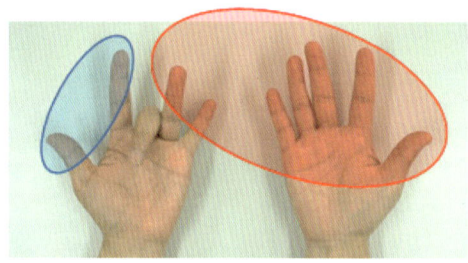

왼쪽 손가락 2개 ➡ 20
오른쪽 손가락 7개 ➡ 7
20 + 7 = 27

지도 TIP!

1. 생각을 키우는 물음

Q) **2**의 손가락 구구단으로 9단 계산이 가능한 이유는 무엇인가요?

A) 9에 곱해지는 수와 같은 차례로 왼쪽에서 손가락을 하나씩 접었을 때 나타나는 규칙이 곱셈구구 9단의 규칙과 같기 때문입니다. 예컨대, 열 손가락에서 하나를 접으면 아홉 개가 남는 것은 곱의 결과의 '십의 자릿수' + '일의 자릿수' = 9와 같은 규칙입니다. 또한 곱해지는 수 n(1≤n≤9)과 같은 n번째 손가락을 접으면 접은 손가락의 왼쪽에 있는 손가락의 개수는 (n-1)개가 됩니다. 이는 9단의 각 곱의 결과에서 '십의 자릿수'는 곱하는 수보다 1작은 수가 된다는 규칙과 같습니다. 이때, 곱하는 수가 1씩 커짐에 따라 접은 손가락의 왼쪽의 손가락 개수가 1씩 커지고 오른쪽 손가락 개수는 1씩 작아지는 것은 9단 곱의 결과에서 '일의 자릿수'가 1씩 작아지고, '십의 자리 수'는 1씩 커지는 규칙과 같습니다.

2. 한 걸음 더! 또 다른 손가락 구구단

① 새끼손가락부터 엄지까지 각각 6,7,8,9,10 이라고 정합니다.

② 7×8을 계산하려면, 왼손의 7과 오른손 8을 맞댑니다.

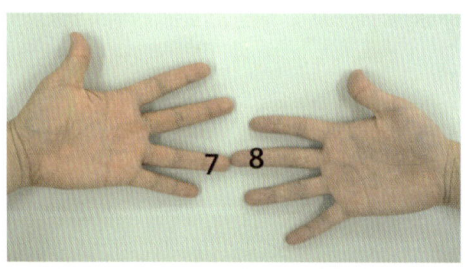

③ 맞댄 손가락을 포함해서 그 아래쪽에는 양손을 합해 손가락 5개, 이 숫자가 십의 자릿수입니다.
맞댄 손가락의 위쪽의 손가락을 곱하면 6이고, 이 숫자가 일의 자릿수가 됩니다.

05 크로스 곱셈법

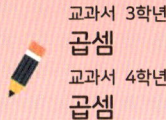

교과서 3학년
곱셈
교과서 4학년
곱셈

인도의 크로스 곱셈법

인도의 베다 수학에서 소개하는 곱셈 방법 중 크로스 계산법이 있습니다. 'X'모양의 순서로 계산한다하여 붙여진 이름입니다. 크로스 곱셈법을 이해하면 곱하는 수의 자릿수가 커져도 쉽게 계산할 수 있답니다. 크로스 곱셈법을 배워봅시다.

> **Tip**
> 베다(Veda)는 인도인의 종교와 철학을 담은 경전입니다. 놀랍게도 베다 경전에는 독특한 계산법이 담겨 있는데 이것이 베다 수학 또는 인도 수학이라 불리는 계산법입니다.

수학으로 생각해요

일반적인 곱셈법 VS 크로스 곱셈법

```
    4 3                          4 3              4×7=28
  × 2 7                        × 2 7              2×3=6
  ─────                        ─────                34
    3 0 1  … 43×7    4×2=8 →  8 ³4 ²1  ← 3×7=21
    8 6    … 43×20
  ─────                        ─────
  1 1 6 1                      1 1 6 1
```

왜 그럴까?

곱셈의 알고리즘은 덧셈에 대한 곱셈의 분배법칙이 적용된 부분 곱의 합입니다. 이를테면, $43×7 = (40+3)×7 = (40×7)×(3×7)$과 같습니다. 위의 두 곱셈법도 곱해지는 각 자릿수들을 서로 곱한 후 이를 더하는 부분 곱의 합으로 계산합니다.

```
    4 3                          4 3
  × 2 7                        × 2 7
  ─────                        ─────
    2 1   … 3×7                  2 1   … 3×7
    2 8   … 40×7                 2 8   … 40×7
    6     … 3×20                 6     … 3×20
    8     … 40×20                8     … 40×20
  ─────                        ─────
    3 0 1 … 21+280               2 1
    8 6   … 60+800               3 4   … 28+6
  ─────                          8
  1 1 6 1                      ─────
                               1 1 6 1
```

즉, 43×27은 3×7과 40×7, 3×20, 40×20의 합으로 구합니다. 이때 일반적인 곱셈은 3×7과 40×7, 3×20과 40×20을 각각 먼저 합하여 구하는 반면, 크로스 곱셈법은 40×7과 3×20을 먼저 합하여 구합니다.

다시말해, 크로스 곱셈법은 일반적인 곱셈처럼 부분 곱을 구한 다음 합하는 순서만 달리한 것입니다. 하지만 일반적인 곱셈법 보다 빠르게 계산할 수 있답니다.

놀면서 깨우쳐요

크로스 곱셈법으로 계산해보기

크로스 곱셈법

1 (두 자리 수)×(두 자리 수)의 크로스 곱셈법을 알아봅시다.

❶
```
   2 7
×  6 3
-------
     ²1
```
일의 자리 숫자를 곱하여 일의 자리에 씁니다.
$7 \times 3 = 21 = {}^2 1$

❷
```
   2 7
×  6 3
-------
   ⁴8²1
```
대각선으로 곱하고 두 수를 더하여 십의 자리에 씁니다.
$2 \times 3 = 6$, $6 \times 7 = 42$
$6 + 42 = 48 = {}^4 8$

❸
```
   2 7
×  6 3
-------
 1 2 ⁴8²1
```
십의 자리 숫자를 곱하여 백의 자리에 씁니다.
$2 \times 6 = 12$

❹
```
   2 7
×  6 3
-------
 1 7 0 1
```
자릿값이 넘어간 것은 받아올림하여 계산합니다.

2 (세 자리 수)×(세 자리 수)의 크로스 곱셈법을 알아봅시다.

❶
```
   3 4 5
×  2 1 7
--------
       ³5
```
일의 자리 숫자를 곱하여 일의 자리에 씁니다.
$5 \times 7 = 35 = {}^3 5$

❷
```
   3 4 5
×  2 1 7
--------
     ³3 ³5
```
$4 \times 7 = 28$, $1 \times 5 = 5$의 두 결과를 더하여 십의 자리에 씁니다.
$28 + 5 = 33 = {}^3 3$

❸
```
   3 4 5
×  2 1 7
--------
   ³5 ³3 ³5
```
$3 \times 7 = 21$, $2 \times 5 = 10$, $4 \times 1 = 4$의 결과를 모두 더하여 백의 자리에 씁니다.
$21 + 10 + 4 = 35 = {}^3 5$

❹
```
   3 4 5
×  2 1 7
--------
 ¹1 ³5 ³3 ³5
```
$3 \times 1 = 3$, $2 \times 4 = 8$의 두 결과를 더하여 천의 자리에 씁니다.
$3 + 8 = 11 = {}^1 1$

❺
```
   3 4 5
×  2 1 7
--------
 6 ¹1 ³5 ³3 ³5
```
백의 자리 숫자를 곱하여 만의 자리에 씁니다.
$3 \times 2 = 6$

❻
```
   3 4 5
×  2 1 7
--------
 7 4 8 6 5
```
자릿값이 넘어간 것은 받아올림하여 계산합니다.

3. 다음의 곱셈을 크로스 곱셈법으로 계산해 봅시다.

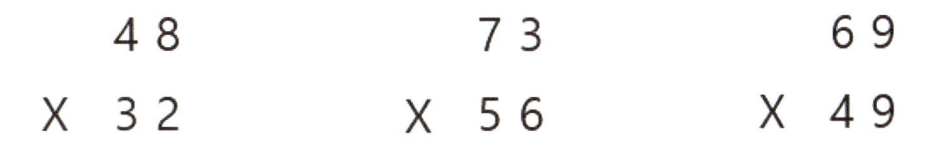

받아올림할 때는 자릿값을 주의하세요.

```
  1 0 8        6 3 4
X 4 7 4      X 2 3 6
```

4. (세 자리 수)×(두 자리 수)의 크로스 곱셈법은 어떠할까요? 423×24의 계산 방법을 생각해 봅시다.

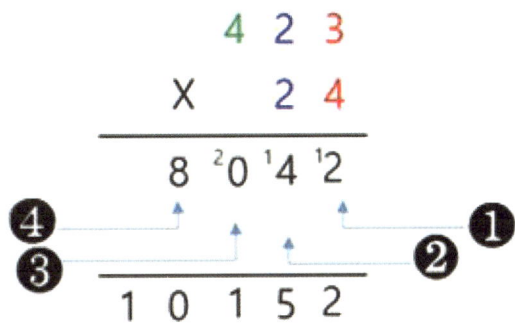

1) ❶은 어떻게 계산한 값인가요?

2) ❷는 어떻게 계산한 값인가요?

3) ❸은 어떻게 계산한 값인가요?

4) ❹는 어떻게 계산한 값인가요?

수학으로 답해요

3

```
    4 8          7 3          6 9         1 0 8         6 3 4
  X 3 2        X 5 6        X 4 9       X 4 7 4       X 2 3 6
  1 2³2¹6      3 5⁵7¹8      2 4⁹0⁸1     4 7³6⁵6³2    1 2²4⁵3³0²4
  1 5 3 6      4 0 8 8      3 3 8 1     5 1 1 9 2    1 4 9 6 2 4
```

4

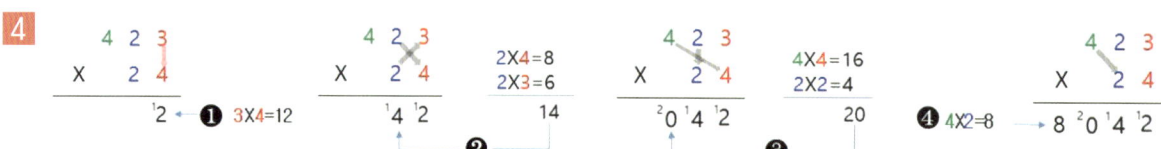

지도 TIP!

1. 생각을 키우는 물음

Q) 크로스 곱셈법에서 나온 각 부분 곱의 결과는 어느 자리에 적어야 할까요?

A) 크로스 곱셈법에서는 부분 곱의 결과를 자릿값에 유의하여 적어야 합니다. 예컨대 (몇십몇)×(몇십몇)을 크로스 곱셈법으로 계산할 때, 일의 자리끼리의 곱인 (몇)×(몇)은 일의 자리에, (몇십)×(몇)과 (몇)×(몇십)은 (몇)×(몇)×10이므로 십의 자리에, 마지막 십의 자리끼리의 곱은 (몇십)×(몇십)=(몇)×(몇)×100이므로 백의 자리에 적습니다. 이때 자릿값이 넘어가는 것은 받아올림하여 더합니다.

2. 한 걸음 더! 십의 자리가 같고, 일의 자리의 합이 10이 되는 수의 곱셈!

❶
```
      2 7
   X  2 3
   ─────────
      2 1
```
일의 자리 숫자끼리 곱하여 씁니다.
7×3=21

❷
```
      2 7
   X  2 3         2×3=6
   ─────────
    6 2 1
```
십의 자리의 두 수를 곱할 때, 한 수에 1을 더하여 곱하고 ❶의 결괏값 앞에 씁니다. 즉, 2와 2에 1을 더한 3을 곱합니다. 2×(2+1)=2×3=6

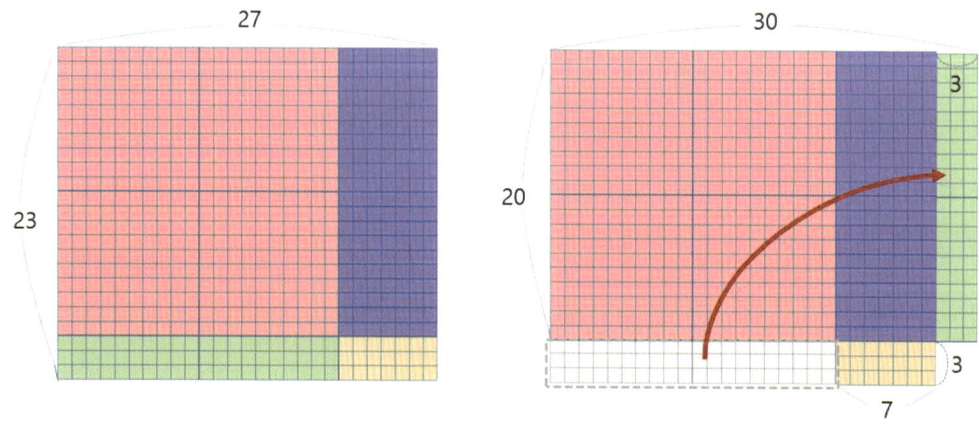

쉬어가기

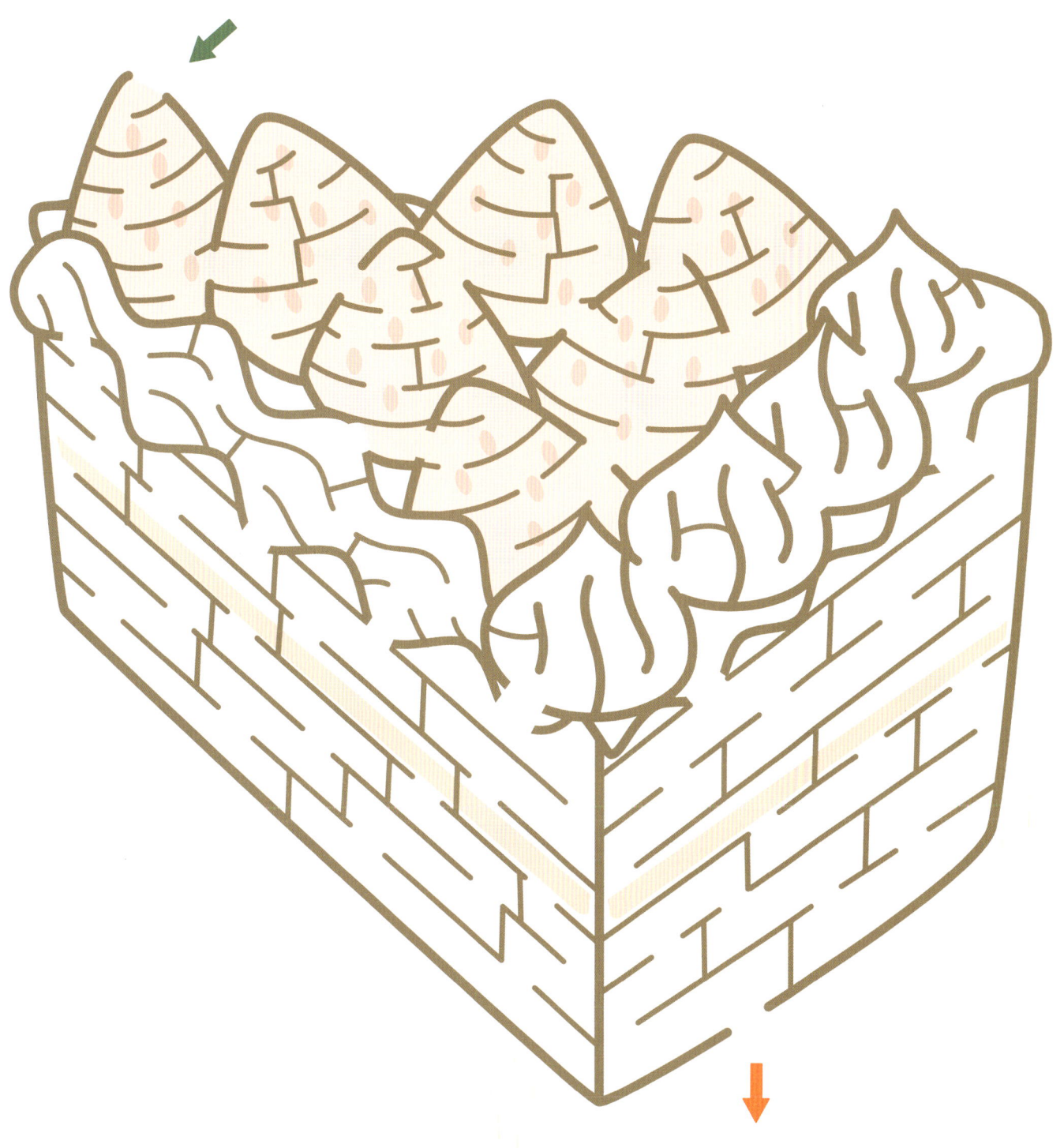

5 크로스 곱셈법

06 옛 사람들의 곱셈

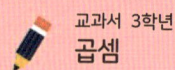

교과서 3학년
곱셈

고대 곱셈법이란?

옛날 사람들은 곱셈을 어떻게 계산했을까요? 지역에 따라 다양한 곱셈 계산 방법이 있었습니다. 그중 고대 이집트와 러시아의 계산 방법을 살펴봅시다.

$A \times B \quad (B = 2^\alpha + 2^\beta)$

$2^\alpha A \times 2^\alpha$ ✔

$2^\beta A \times 2^\beta$ ✔

$A \times B = 2^\alpha A + 2^\beta A$

수학으로 생각해요

덧셈, 2씩 곱하기, 2씩 나누기만으로 계산하는 곱셈

오늘날 우리가 사용하는 곱셈 알고리즘이 유일할까요? 익숙한 알고리즘 외에도 지역별로 나타난 다양한 곱셈 계산 방법이 있었습니다. 그중 고대 이집트의 계산 방법은 2씩 곱하는 것과 덧셈만으로 곱셈을 계산할 수 있습니다. 25×17을 예로 들어 알아봅시다([그림1]).

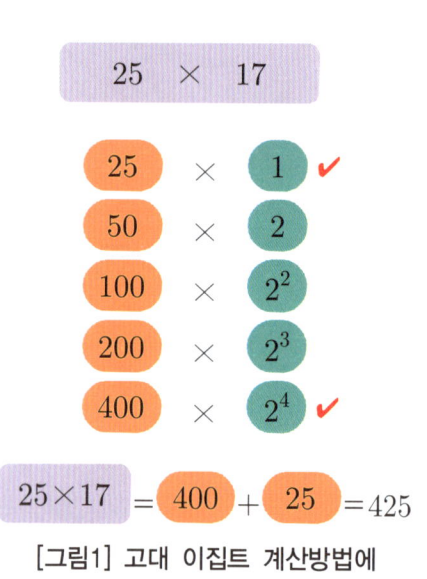

[그림1] 고대 이집트 계산방법에 따른 25×17의 계산

첫째, 25×17을 계산하기에 앞서 25×1에서 시작합니다. 25×1에서 25와 1의 아래에 각각 2배씩 곱한 값을 씁니다.

둘째, 곱하는 수 중에서 합이 17이 되는 수를 찾습니다. $17 = 16 + 1$이므로 2^4와 1에 표시합니다.

셋째, 표시한 수의 곱해지는 수를 모두 더합니다. 1의 곱해지는 수 25와 2^4의 곱해지는 수 400을 더한 425가 25×17의 값이 됩니다.

어려운 곱셈도 아니고 2씩 곱하는 것과 덧셈만을 사용했는데, 25×17의 값을 구할 수 있습니다. 고대 이집트 계산 방법의 비밀은 17을 이진법 수로 표현하고, 25×17을 분배법칙을 활용해 계산한 것에 있습니다. 17을 이진법으로 표현하면 $10001_{(2)}$으로 $17 = 2^4 + 2^0$입니다.

즉, $25 \times 17 = 25 \times (2^4 + 2^0)$ 입니다. 이를 분배법칙을 이용해 계산하면 $(25 \times 2^4) + (25 \times 2^0) = 400 + 25 = 425$가 됩니다.

25×17 외에 다른 숫자에도 활용할 수 있을까요? 두 수 $A \times B$를 예로 들어 살펴봅시다([그림2]). B는 이진법으로 나타낼 수 있으므로 $B = 2^\alpha + 2^\beta + \cdots + 2^\gamma$라고 합시다. 25×17과 같은 방법으로 $A \times B$를 계산하기에 앞서 $A \times 1$에서 시작하여 A와 1에 각각 2배씩 곱하면, $2A \times 2$, $2^2 A \times 2^2$, $\cdots$, $2^\alpha A \times 2^\alpha$, $2^\beta A \times 2^\beta$, $\cdots$, $2^\gamma A \times 2^\gamma$가 됩니다.

수와 연산

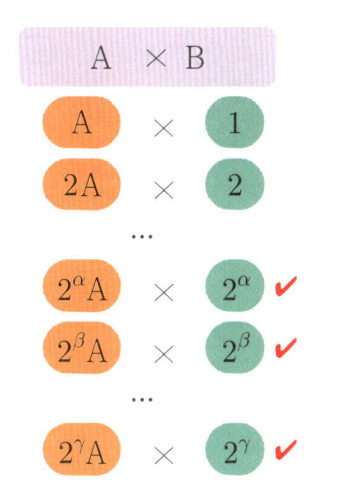

[그림2] 고대 이집트 계산방법에 따른 A×B의 계산

B=$2^\alpha+2^\beta+\cdots+2^\gamma$이므로, 곱하는 수 중에서 합이 B가 되는 2^α, 2^β, $\cdots$, 2^γ의 곱하는 수를 더하면, $2^\alpha A+2^\beta A+\cdots+2^\gamma A$입니다. 식을 정리하면,
$2^\alpha A + 2^\beta A + \cdots + 2^\gamma A = A \times (2^\alpha+2^\beta+\cdots+2^\gamma) = A \times B$ 와 같습니다.

익숙한 계산 방법과 달라 조금 낯설기는 하지만, 2씩 곱하는 것과 덧셈만을 사용하여 곱셈을 계산할 수 있습니다. 고대 이집트 계산 방법의 비밀은 수를 이진법으로 표현하고, 분배법칙을 활용해 계산한 것에 있습니다.

이와 비슷한 방법으로 고대 러시아의 계산 방법이 있습니다. 고대 러시아의 계산법은 2씩 곱하기와 2씩 나누기, 덧셈만으로 곱셈을 계산할 수 있습니다. 4×13을 예로 들어 알아봅시다 ([그림3]).

첫째, 곱하는 수 13을 2로 나눈 몫을 아래에 씁니다. $13\div2=6\cdots1$이므로 13 아래에 6을 씁니다. 몫이 1이 될 때까지 이 과정을 반복합니다.

둘째, 곱해지는 수는 아래에 2배씩 곱한 값을 씁니다. $4\times2=8$이므로 4 아래에 8을 씁니다. 이를 계속해서 반복합니다.

셋째, 곱하는 수가 홀수인 수의 곱해지는 수를 더해 4×13의 값을 구합니다. 13, 6, 3, 1 중 홀수인 13, 3, 1의 곱해지는 수 4, 16, 32를 더해 4×13의 값인 52를 얻습니다.

고대 러시아의 계산 방법에서도 2씩 곱하기, 2씩 나누기, 덧셈만을 활용하여 계산했습니다. 여기에도 이진법과 분배법칙이 숨어 있습니다.

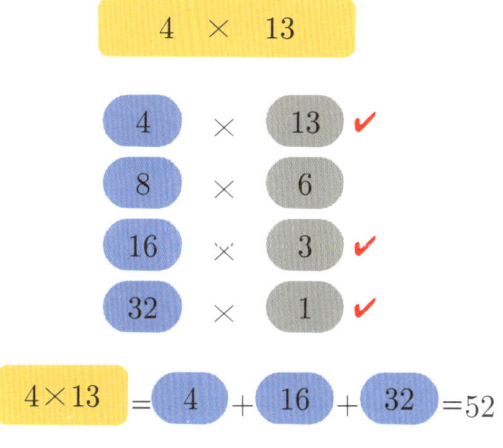

[그림3] 고대 러시아 계산방법에 따른 4×13의 계산

13을 이진법으로 표현하면 $1101_{(2)}$으로 $13=2^3+2^2+2^0$입니다.
$4\times13=4\times(2^3+2^2+2^0)$ 입니다. 이를 분배법칙으로 계산하면,
$(4\times2^3)+(4\times2^2)+(4\times2^0)=32+16+4=52$가 됩니다. 고대 러시아의 계산 방법은 이진법으로 표현하는 방식에 차이가 날 뿐, 나머지는 고대 러시아의 계산 방법과 동일합니다.

놀면서 깨우쳐요

덧셈, 2씩 곱하기, 2씩 나누기만으로 곱셈 계산하기

준비물: 연필, 지우개

고대 고셈법

1 고대 이집트의 15×13의 계산 방법을 알아보세요.

15 × 13	15 × 13
15 × 1	15 × 1 30 × 2 60 × 4 120 × 8
❶ 15×13을 쓴 뒤, 아래 줄에 15×1을 씁니다.	❷ 15×1에서 아래에 15와 1을 각각 2씩 곱한 값을 씁니다.
15 × 1 ✓ 30 × 2 60 × 4 ✓ 120 × 8 ✓ 13 = 8+4+1	15×13 = 15 + 60 + 120 15×13 = 195
❸ 곱하는 수들의 합이 13이 되는 수를 찾습니다.	❹ 찾은 수의 곱해지는 수를 모두 더해 15×13의 값을 구합니다.

2 고대 이집트의 계산 방법을 사용하여 곱셈을 계산하고, 올바르게 계산했는지 확인해 보세요.

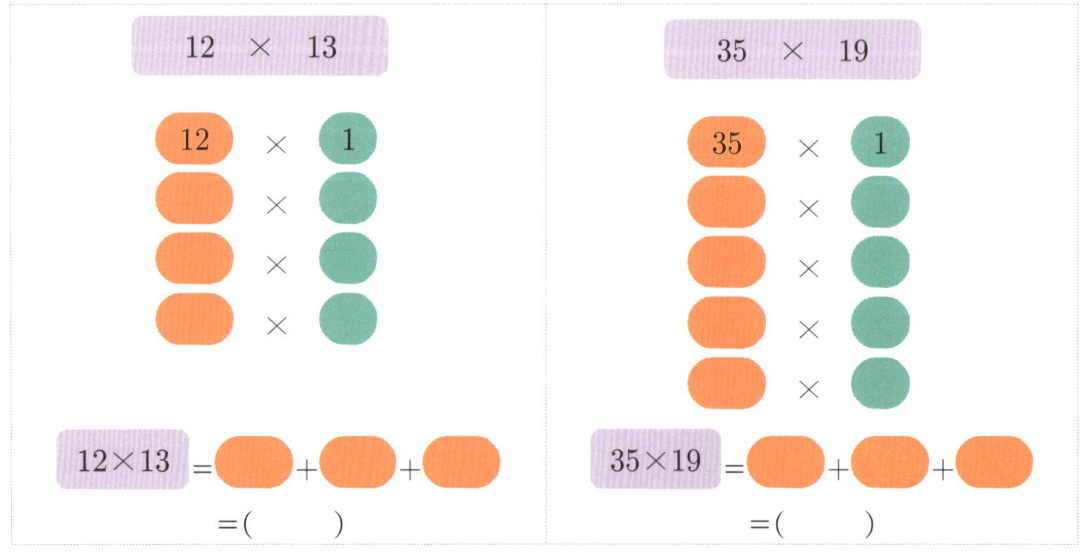

3 고대 러시아의 6×14 계산 방법을 알아보세요.

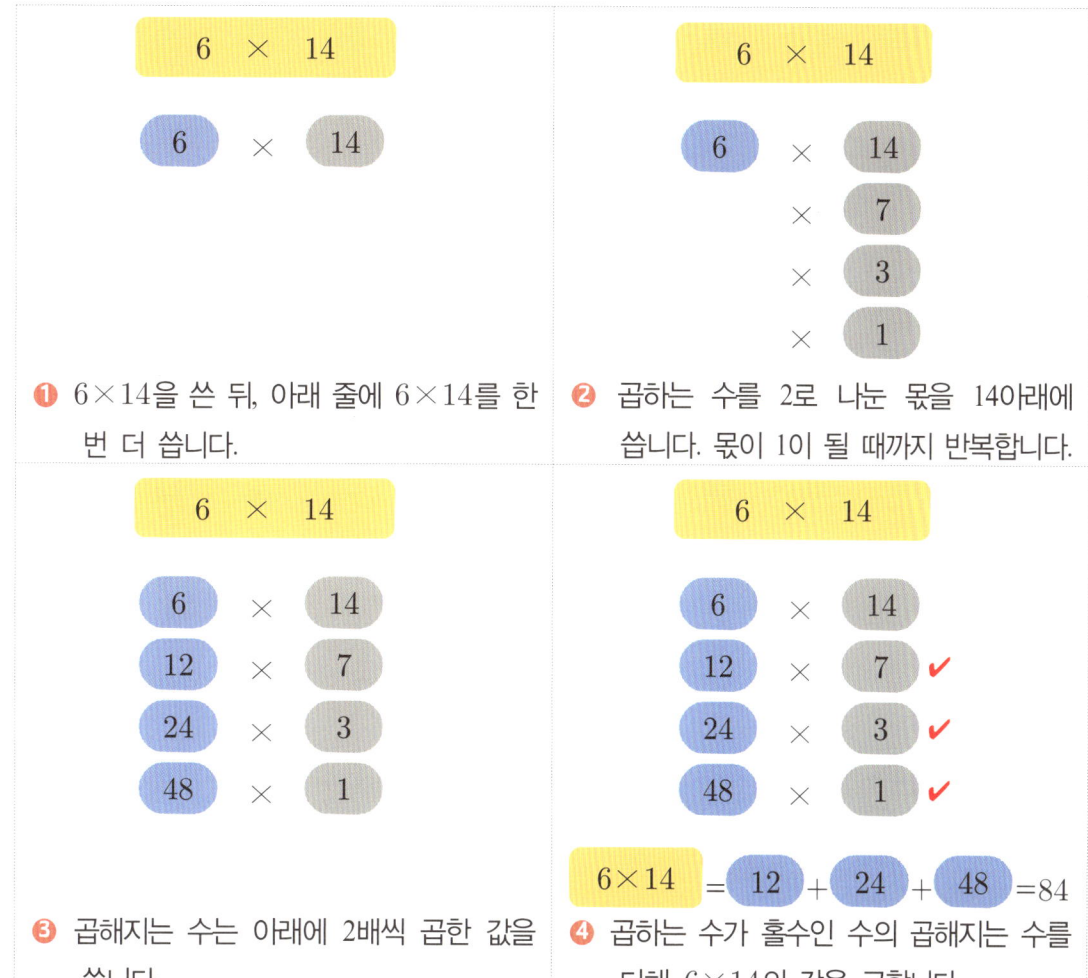

4 고대 러시아의 계산 방법을 사용하여 곱셈을 계산하고, 올바르게 계산했는지 확인해 보세요.

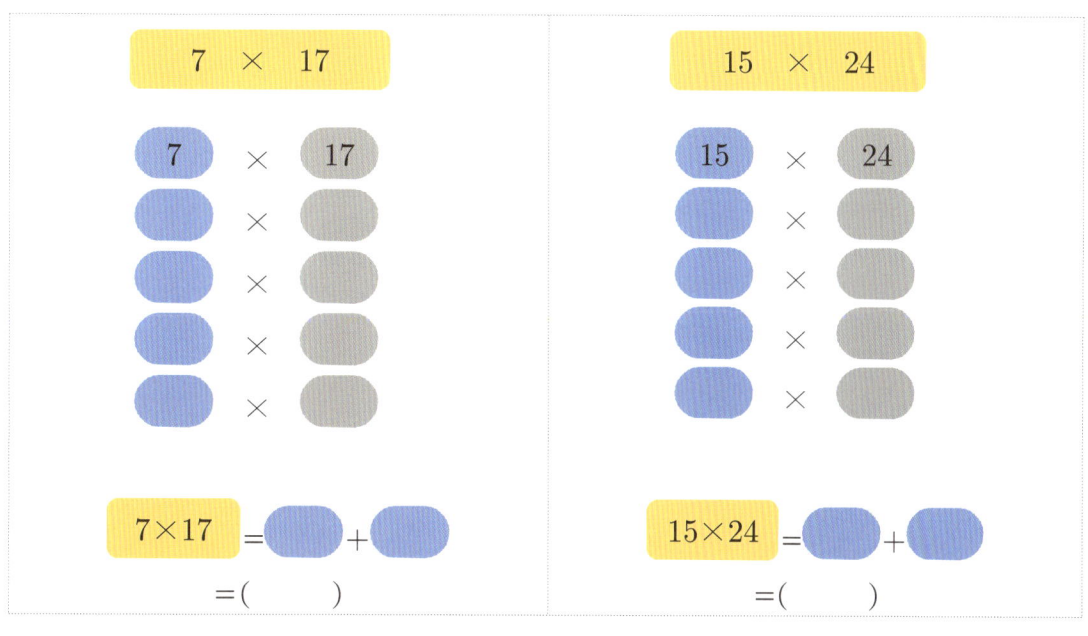

수학으로 답해요

2

12 × 13		
12	×	1 ✓
24	×	2
48	×	4 ✓
96	×	8 ✓

12×13 = 12 + 48 + 96
     = 156

35 × 19		
35	×	1 ✓
70	×	2 ✓
140	×	4
280	×	8
560	×	16 ✓

35×19 = 35 + 70 + 560
     = 665

4

7 × 17		
7	×	17 ✓
14	×	8
28	×	4
56	×	2
112	×	1 ✓

7×17 = 7 + 112
    = 119

15 × 24		
15	×	24
30	×	12
60	×	6
120	×	3 ✓
240	×	1 ✓

15×24 = 120 + 240
     = 360

쉬어가기

6 옛 사람들의 곱셈

07 수학식으로 퍼즐 놀이를?!

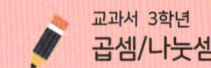
교과서 3학년
곱셈/나눗셈

프래드만 퍼즐이란?

프래드만 퍼즐은 미국의 수학교수이자 퍼즐리스트인 에리히 프래드만(Erich Friedman, 1965~)이 만든 퍼즐입니다.

막대퍼즐에 적혀있는 수와 연산기호를 이용하여 연산식이 맞도록 배열하는 퍼즐입니다. 수학식으로 퍼즐 놀이를 하는 새로운 경험을 해 보세요.

수학으로 생각해요

프래드만퍼즐 살펴보기

프래드만 퍼즐은 숫자와 연산기호로 이루어진 막대퍼즐을 적절히 배열하여 올바른 연산식을 만들어내는 퍼즐입니다.

Tip

다음과 같은 막대퍼즐 5개를

놓을 수 있는 위치를 A, B, C, D, E라고 하면,

A B C D E

A위치에는 5가지 경우, B위치에는 4가지 경우, C위치에는 3가지 경우, D위치에는 2가지 경우, E위치에는 1가지 경우 가 있습니다.

이 퍼즐을 풀기 위해서는 주어진 막대퍼즐에 적힌 정보들을 다양하게 배치해 보면서 놓는 위치를 결정하는 과정을 반복해야 합니다.

막대퍼즐 5개를 놓는 위치를 순서대로 A, B, C, D, E라고 하면 A 위치에는 5개의 막대를 놓을 수 있고, B 위치에는 A에 놓은 막대를 제외한 4개의 막대를 놓을 수 있으며, C 위치에는 A와 B에 놓은 막대를 제외한 3개의 막대가 올 수 있습니다. 이처럼 A, B, C, D, E 위치에 올 수 있는 경우의 수를 생각해보면 다음과 같이

$$5 \times 4 \times 3 \times 2 \times 1 = 120$$

120가지가 됩니다. 그런데 프래드만 퍼즐은 다음과 같이 막대퍼즐을 180° 회전시켜서 배열할 수도 있습니다.

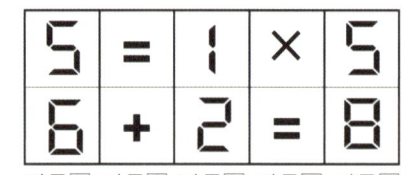

30   수와 연산

이와 같이 180° 회전시켜서 놓을 수 있는 경우까지 생각하면

$$(5 \times 4 \times 3 \times 2 \times 1) \times 2 = 240$$

240가지가 됩니다. 즉, 프래드만 퍼즐은(막대퍼즐이 5개인 경우에) 240가지 경우의 수 중에서 최소한의 시도를 통해 올바른 연산식을 배열하는 전략을 찾는 퍼즐입니다.

프래드만 퍼즐의 전략

프래드만 퍼즐을 배열하는 수많은 경우의 수 중에서 모두 시도해 보지 않고도 올바른 연산식을 찾아내는 전략을 스스로 찾아내어 보게 합니다.

이를 위해서는 먼저, 프래드만 퍼즐 속에 주어진 정보를 파악해야 합니다. 프래드만 퍼즐은 디지털 숫자로 이루어져 있는데 디지털 숫자는 다음과 같이 180° 회전할 수 없는 숫자 3, 4, 7과

180° 회전하여도 원래 숫자와 같은 숫자 0, 1, 2, 5, 8,

그리고 180° 회전하면 서로 바뀌는 숫자 6, 9가 있습니다.

따라서 180° 회전할 수 없는 디지털 숫자들은 회전하는 경우의 수를 줄일 수 있습니다.

또한 연산기호 퍼즐은 처음의 A 위치에 놓을 수 없으므로 A 위치에 놓을 수 있는 퍼즐의 경우의 수도 줄어듭니다. 이 외에도 상단의 하나의 연산식을 먼저 맞추어 놓고 하단의 연산식을 다음으로 맞추는 방법 등의 전략을 찾을 수 있습니다.

놀면서 깨우쳐요

프래드만 퍼즐 만들기

프래드만 퍼즐

준비물: 프래드만 퍼즐 도안(239쪽), 네임펜, 가위

1 우리 주변에서 디지털 숫자를 본 경험을 말해 보세요.

2 디지털 숫자를 써 보세요.

예) 5 ⇒ 日

| 0 | 1 | 2 | 3 | 4 |
| 5 | 6 | 7 | 8 | 9 |

3 디지털 숫자를 살펴 보세요.

❶ 다음과 같이 180° 회전할 수 없는 디지털 숫자에는 무엇이 있나요?

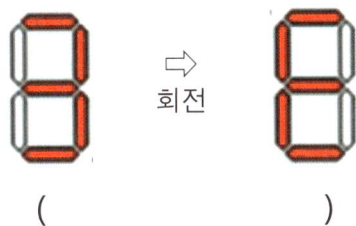
회전

( )

❷ 180° 회전하면 원래 숫자와 같은 디지털 숫자에는 무엇이 있나요?
( )

❸ 180° 회전하면 서로 바뀌는 디지털 숫자에는 무엇이 있나요?
( )

4 다음 프래드만 퍼즐을 올바른 연산식이 되도록 배열해 보세요.

❶ 프래드만 퍼즐①을 이용하여 빈칸에 알맞은 디지털 숫자를 쓰고 사용한 전략을 써 보세요.

<프래드만 퍼즐①>

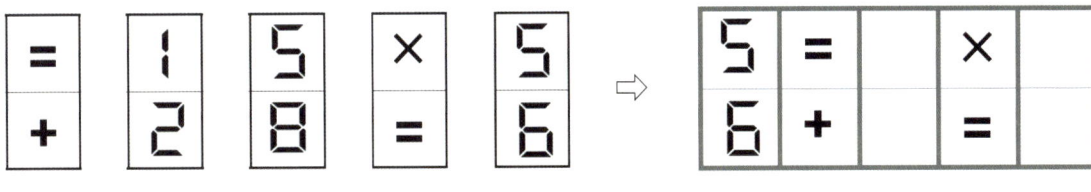

내가 사용한 전략:

❷ 프래드만 퍼즐②를 이용하여 빈칸에 알맞은 디지털 숫자를 쓰고 사용한 전략을 써 보세요.

<프래드만 퍼즐②>

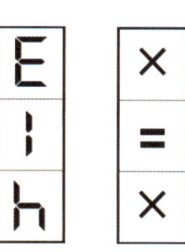 

내가 사용한 전략:

❸ 프래드만 퍼즐③을 이용하여 빈칸에 알맞은 디지털 숫자를 쓰고 사용한 전략을 써 보세요.

<프래드만 퍼즐③>

내가 사용한 전략:

5 내가 만들고 싶은 프래드만 퍼즐의 연산식을 써 보세요.

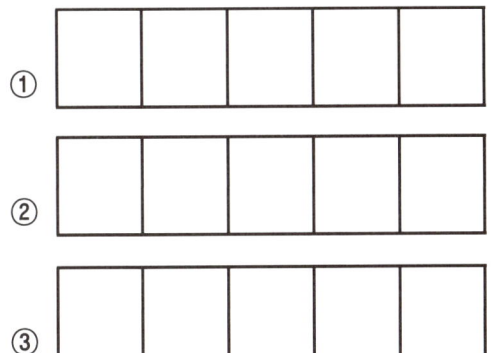
❶ 내가 만들고 싶은 연산식

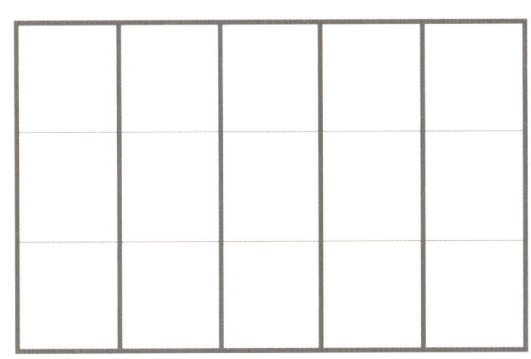
❷ 디지털 숫자로 바꾸어 쓰기

6 위의 **5**번에서 만든 연산식으로 프래드만 퍼즐을 만들어 보세요.

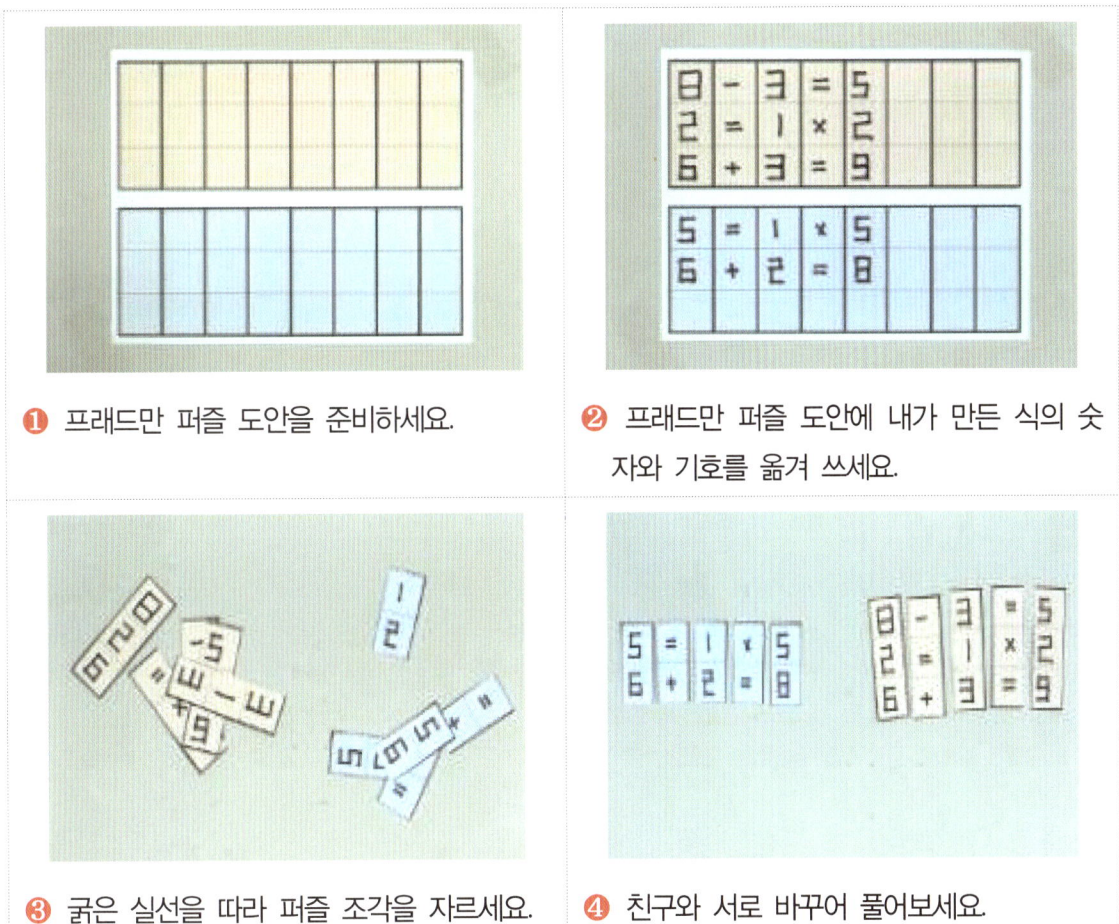

❶ 프래드만 퍼즐 도안을 준비하세요.

❷ 프래드만 퍼즐 도안에 내가 만든 식의 숫자와 기호를 옮겨 쓰세요.

❸ 굵은 실선을 따라 퍼즐 조각을 자르세요.

❹ 친구와 서로 바꾸어 풀어보세요.

7 프래드만 퍼즐을 잘 풀 수 있는 방법을 생각해 보세요.

수학으로 답해요

2 디지털 숫자를 써 보세요.

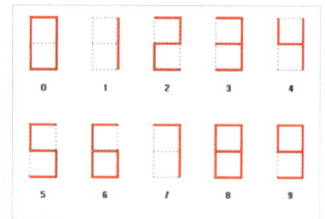

3 1) (3, 4, 7)

   2) (0, 1, 2, 5, 8)

   3) (6, 9)

4 1)

내가 사용한 전략: 연산기호 뒤에 숫자가 와야 올바른 연산식이 되므로 연산기호 퍼즐 다음에 숫자 퍼즐 조각을 배열하였다 등

4 2)

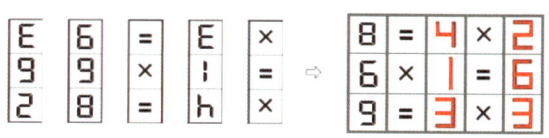

내가 사용한 전략: 180° 회전할 수 없는 디지털 숫자를 보고 퍼즐의 방향을 정한 뒤, 올바른 연산식이 되도록 배열하였다 등

3)

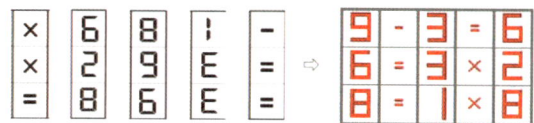

내가 사용한 전략: 180° 회전할 수 없는 디지털 숫자를 보고 먼저 퍼즐 조각을 놓았습니다. 숫자 퍼즐 3조각과 연산기호 퍼즐 2조각이 있으므로 숫자, 연산기호, 숫자, 연산기호, 숫자 퍼즐 순서로 올바른 연산식이 되도록 놓았습니다.

그 외, 대상에 구체적인 이름(퍼즐A, B,....) 부여하기 전략을 사용하였습니다 등

지도 TIP!

1. 생각을 키우는 물음

Q) 디지털 숫자는 우리 주변에서 어떻게 쓰이고 있나요?

A) 디지털 숫자는 주유소, 신호등, 시계 등에서 많이 쓰이고 있습니다.

2. 지도 시 유의사항

- 프레드만 퍼즐에서 디지털 숫자 '3, 4, 7'은 돌려도 다른 숫자로 변하지 않기 때문에 힌트가 될 수 있습니다.
- 막대의 수가 적어도 반 바퀴 돌려도 같은 디지털 숫자 '0, 1, 2, 5, 8'과 반 바퀴 돌리면 서로 바뀌는 디지털 숫자 '6, 9'가 있는 퍼즐은 경우의 수가 많음을 스스로 인식할 수 있도록 도와주세요.
- 학년 수준에 맞게 연산식을 바꿀 수 있습니다. 소수와 분수 지도 시에도 활용해 보세요.
- 막대의 수를 늘려서 난이도를 높일 수 있고 학기 말에 프레드만 퍼즐 대회도 열 수 있어요.

3. 한 걸음 더! 프레드만 퍼즐을 푸는 방법

- 프레드만 퍼즐을 풀 수 있는 정해진 방법은 없습니다. 학생들이 스스로 경험해보고 다양한 방법을 찾을 수 있도록 도와주세요.

  방법1) 돌릴 수 없는 숫자를 먼저 놓는다.

  방법2) 돌려도 같은, 돌리면 서로 바뀌는 숫자를 돌려 본다.

  방법3) 하나의 식을 먼저 완성해 본다.

08 덧셈만 알면 나는야 곱셈왕

교과서 3~4학년
곱셈

네이피어 막대란?

수학자 네이피어는 복잡한 계산을 좀 더 간단하게 계산할 수 있도록 구구단이 기록된 막대를 만들었습니다. 네이피어의 막대를 사용하면 덧셈만으로 곱셈을 계산할 수 있습니다. 네이피어 막대는 오늘날 사용하는 기계식 계산기와 컴퓨터가 나오기 전 초기의 계산 기계라고 할 수 있습니다.

수학으로 생각해요

복잡한 곱셈 계산을 쉽게 하는 방법

네이피어 막대는 0이 쓰여 있는 막대와 1단부터 9단까지의 막대를 포함하여 모두 10개의 긴 막대로 구성되어 있습니다. 세로줄을 자세히 살펴보면 각각 1단부터 9단까지의 구구단이 쓰여 있다는 것을 알 수 있습니다. 첫 번째 막대는 1부터 1의 배수인 2, 3, 4, …, 9, 두 번째 막대는 2의 배수인 2, 4, 6, …, 18이 쓰여 있습니다. 같은 방식으로 9의 배수까지 쓰여 있고 0이 쓰여 있는 막대도 있습니다. 특별한 점은 십의 자리와 일의 자리를 대각선(/)으로 구분하여 써 둔 것입니다.

네이피어 막대로 72×84를 계산해봅시다. 먼저 네이피어 막대 중 7단과 2단의 막대를 순서대로 배열하고, 8과 4에 해당하는 수를 찾습니다([그림1]). 대각선을 따라 합을 구합니다. 72×8은 각각 5, 6+1=7, 6으로 576을 구할 수 있습니다. 여기서 5는 70×8의 560에서 500을 의미하고, 7은 560의 60과 $2 \times 8 = 16$의 10을 더한 70을 의미합니다. 같은 방법으로 72×4는 288을 구할 수 있습니다([그림2]). 576과 288을 대각선에 따라 더하면 $72 \times 84 = 6048$임을 알 수 있습니다([그림3]). 이는 오늘날 사용하는 곱셈 알고리즘에서 부분합(72×4, 72×80)을 구한 뒤 이를 다시 더하는 과정과 같습니다.

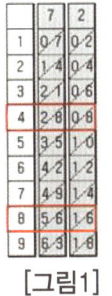

[그림1]

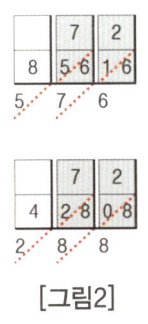

[그림2]

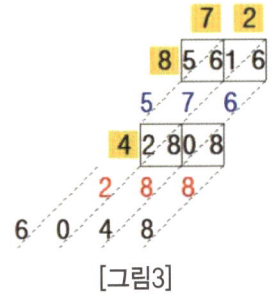

[그림3]

놀면서 깨우쳐요

네이피어 막대로 곱셈 계산하기

준비물: 네이피어 막대

네이피어 막대

1 네이피어 막대를 관찰하여 회색 칸에 들어갈 숫자에는 어떤 특징이 있는지 찾아 써 보세요.

	1	2	3	4	5	6	7	8	9	0
1	0 1	0 2	0 3	0 4	0 5	0 6	0 7	0 8	0 9	0 0
2	0 2	0 4	0 6	0 8		1 2	1 4	1 6	1 8	0 0
3	0 3	0 6	0 9	1 2	1 5	1 8	2 1	2 4	2 7	0 0
4	0 4	0 8	1 2	1 6	2 0		2 8	3 2	3 6	0 0
5	0 5	1 0	1 5	2 0	2 5	3 0	3 5	4 0	4 5	
6	0 6	1 2	1 8		3 0	3 6	4 2	4 8	5 4	0 0
7	0 7	1 4	2 1	2 8	3 5	4 2	4 9	5 6	6 3	0 0
8		1 6	2 4	3 2	4 0	4 8	5 6	6 4	7 2	0 0
9	0 9	1 8	2 7	3 6	4 5	5 4	6 3		8 1	0 0

2 빈칸을 모두 채워 네이피어 막대를 완성해 보세요.

3 72×84를 계산해 보며, 네이피어 막대를 사용한 계산 방법을 알아보세요.(**1**의 네이피어 막대를 잘라 사용하세요.)

❶ 곱해지는 수 72에 따라 7, 2막대를 순서대로 배열해요.

❷ 곱하는 수 84에 해당하는 8, 4를 찾으세요.

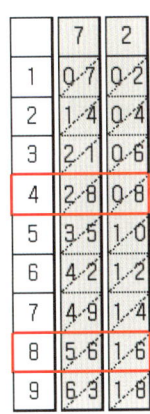

❸ 대각선을 따라 ↙방향으로 더해요.
72×8 = 576이므로,
72×80 = 5760이에요.

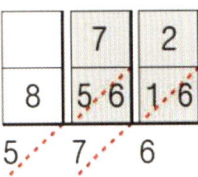

$72 \times 8 = 576$
$72 \times 80 = 5760$

❹ 마찬가지로 대각선을 따라 ↙방향으로 더해요. 72×4 = 288이에요.

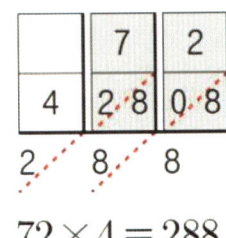

$72 \times 4 = 288$

❺ 72×84는 72×80과 72×4을 더한 값이므로 72×84 = 5760+288 = 6048이에요.

$72 \times 80 = 5760$
$+\quad 72 \times 4 = 288$
$\overline{\quad 72 \times 84 = 6048}$

4 네이피어 막대를 이용하여 93×62를 계산해 보세요.

5 우리가 흔히 사용하는 세로셈으로 93×62를 계산하는 것과 네이피어 막대로 93×62를 계산하는 것을 비교해 보고, 공통점이나 차이점을 찾아 써 보세요.

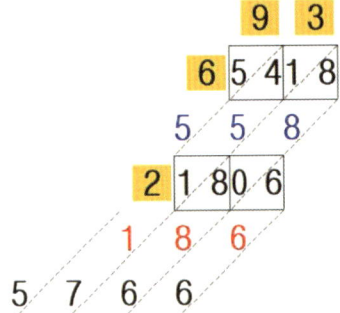

8 덧셈만 알면 나는야 곱셈왕

수학으로 답해요

1 맨 왼쪽과 맨 위에 있는 두 수의 곱을 씁니다. '/'을 기준으로 한 칸에 숫자를 하나씩 썼습니다. 한 자리 수는 십의 자리에 0을 씁니다.

2

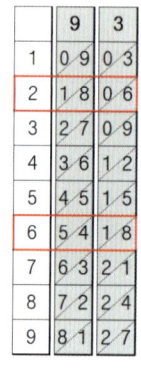

4 5766

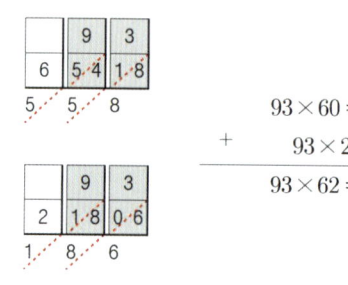

5 계산 결과가 5766로 같습니다. $93 \times 6 = 558$, $93 \times 2 = 186$로 각 부분의 합과 숫자의 배열이 같습니다. 세로셈에서는 세로줄이 자릿값을 결정하는 반면, 네이피어 방법에서는 대각선이 자릿값을 결정합니다.

풀이) 질문의 의도는 세로셈 알고리즘과 네이피어 곱셈 막대를 비교하기 위함입니다. 학생이 발견하기 어려워한다면, 세로셈 알고리즘과 네이피어 곱셈 막대에서 558, 186의 숫자 배열이 나오는 과정을 하나씩 되짚어가며 비교해 볼 수 있습니다.

지도 TIP!

수학 이야기, 인도의 격자 곱셈법

네이피어의 막대와 비슷한 방법으로 옛날 인도 사람들이 격자 모양을 이용한 곱셈법이 있습니다. 아래 그림과 같이 표의 위쪽과 오른쪽에 곱하는 두 수를 쓰고, 각각의 자리에 두 수를 곱하여 숫자를 씁니다. 각 숫자끼리의 곱을 다 쓴 후 대각선을 따라 더하여 최종 결과를 얻습니다.

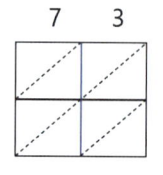 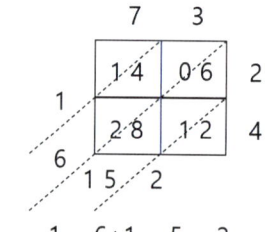

09 예쁜 무늬에 숨겨진 비밀

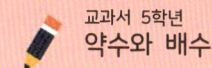
교과서 5학년
약수와 배수

스피로그래프란?

스피로그래프란 영국의 전기기사 데니스 피셔(Denys Fisher)가 개발한 그리기 도구로 톱니바퀴 모양의 원 두 개를 서로 맞물려 여러 가지 모양의 곡선을 그릴 수 있습니다. 스피로그래프로 예쁜 무늬를 그려보고, 무늬에 숨겨져 있는 수의 비밀을 찾아봅시다.

수학으로 생각해요

스피로그래프에 숨겨져 있는 최소공배수의 비밀!

두 개의 톱니바퀴가 맞물려 돌아가면서 만드는 기하학적 무늬에는 최소공배수가 숨어 있습니다.

예를 들어 [그림1]처럼 톱니의 수가 10개인 톱니(A)와 4개인 톱니(B)를 생각해 봅시다. 톱니(B)의 홈에 볼펜을 꽂고 두 톱니를 맞물려 회전하면 [그림2]와 같이 5개의 둥근 모서리가 생기는 무늬가 그려집니다.

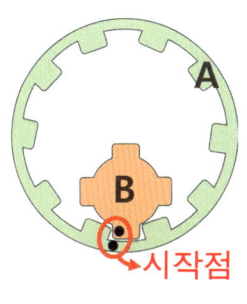
[그림1]

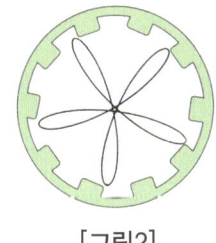
[그림2]

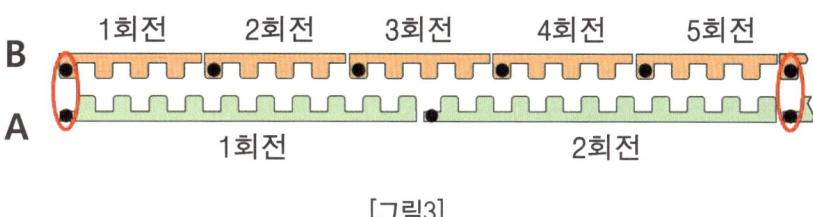
[그림3]

둥근 톱니를 시작점(검은점)에서 잘라 직선으로 펼쳤다고 생각해 봅시다. 무늬가 완성되는 것은 두 톱니가 시작점에서 다시 만난다는 것을 말합니다. 톱니 수가 10개인 톱니(A)와 톱니 수가 4개인 톱니(B)가 시작점에서 다시 만날 때까지 계속해서 이어붙이면 [그림3]과 같이 될 것입니다. 톱니(A), 톱니(B)가 시작점에서 다시 만나기 위해서 모두 20개의 톱니가 맞물리게 됩니다. 여기서 두 톱니의 수인 4와 10의 최소공배수 20을 찾을 수 있습니다. 이 때 톱니(B)가 톱니(A)를 2번 지나가는 동안 톱니(B)는 5회전합니다. [그림2]에 나타나는 5개의 둥근 모서리는 톱니(B)가 시작점에 돌아오기까지 5회전하면서 만들어지게 됩니다.

놀면서 깨우쳐요

스피로그래프를 해 보며, 숨겨진 수의 비밀을 탐구하기

준비물: 스피로그래프 모양자, 펜, 종이

스피로그래프

1 스피로그래프 모양자를 관찰하고 관찰한 내용을 써 보세요.

2 작은 톱니의 홈에 펜을 끼우고, 바깥 톱니를 따라 돌며 그려 보세요. 바깥 톱니를 따라 그리다가 펜이 처음의 시작점과 만나면 완성입니다.

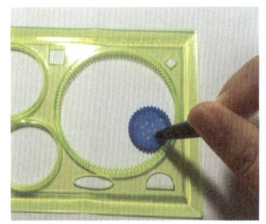 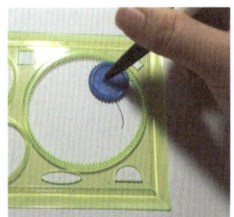 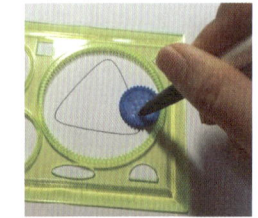 

모양자가 움직이지 않도록 손으로 잡은 뒤 바깥 톱니를 따라 그려보세요.

3 스피로그래프를 이용하여 여러 가지 그림을 그려보세요.

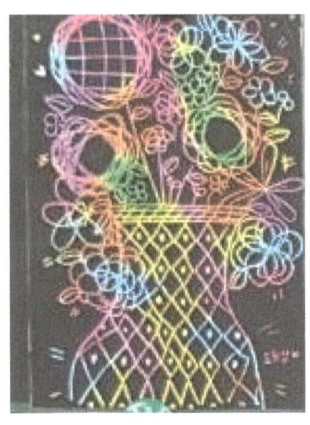  

검은 도화지에 흰색펜을 이용하거나, 스레치페이퍼를 이용할 수 있어요.

4 자신의 스피로그래프 모양자의 톱니 수를 확인해 보세요.

5 두 개의 톱니를 고른 뒤 작은 톱니의 홈을 바꾸어 가며 그려보고, 공통점과 차이점을 살펴보세요.

톱니의 수: (   )개와 (   )개

공통점:

차이점:

6 두 톱니가 시작점에서 만나기 위해서는 모두 몇 개의 톱니가 맞물리는 걸까요? 자신의 생각을 글이나 그림, 숫자로 표현해 보세요.

7 6의 답을 참고하여, 시작점에서 다시 만나기 위해 작은 톱니는 몇 바퀴 회전하는 걸까요?

수학으로 답해요

1 원의 둘레를 따라 까칠까칠한 톱니가 있어요. / 큰 원은 원의 안쪽에 톱니가 있고, 작은 원은 원의 바깥쪽에 톱니가 있어요. 등

4 톱니의 수: 35, 52, 63, 96, 105개

풀이) 톱니의 수는 모양자에 따라 다를 수 있습니다. 시중에 판매하는 스피로그래프 자 중에 큰 톱니의 수가 105개와 96개로 표시되어 있으나, 실제 톱니의 수는 106개와 95개인 스피로그래프 자도 있습니다. 이 경우 모양이 다르게 나올 수 있음에 주의하여 지도해주세요.

5 톱니의 수: 63개와 105개

공통점: 둥근 모서리가 모두 5개입니다.
차이점: 작은 톱니의 홈의 위치에 따라 모양이 조금씩 다릅니다.

6 작은 톱니와 큰 톱니가 시작점에서 다시 만날 때까지 작은 톱니는 큰 톱니를 세바퀴 돕니다. 따라서 큰 톱니의 수인 105개를 3번 지나게 되고 105×3=315이므로 모두 315개의 톱니가 맞물립니다. (또는) 두 톱니가 시작점에서 맞물리기 위해서는 두 톱니가 모두 같은 개수만큼의 톱니를 지나야 합니다. 따라서 두 톱니의 수인 63과 105의 최소공배수인 315개의 톱니를 지나야 합니다.

풀이) 모두 몇 개의 톱니가 맞물리는지 구하기 어려워한다면, 실제로 그려보면서 작은 톱니가 큰 톱니를 몇 바퀴 도는지 관찰하도록 해주세요.

7 5바퀴 회전해야 합니다. 왜냐하면 두 톱니는 63과 105의 최소공배수인 315개의 톱니가 맞물리게 됩니다. 톱니의 수가 63개인 작은 톱니가 315개의 톱니를 지나기 위해서는 315÷63=5, 즉 5바퀴 회전하기 때문입니다.

지도 TIP!

1. 생각을 키우는 물음

Q) 스피로그래프의 회전수와 그려진 무늬에서 둥근 모서리 수는 같습니다. 왜 그럴까요?

A) 작은 톱니가 돌아가는 횟수만큼 둥근 모서리가 만들어지기 때문입니다.

Q) 35, 105인 톱니를 이용한다면 둥근 모서리가 몇 개 그려질지 예상해 봅시다. 예상이 맞는지 확인해 봅시다.

A) 둥근 모서리가 3개 그려질 것입니다. 왜냐하면, 두 수의 최소공배수인 5×7×1×3=105가 되기 위해서 톱니가 35개인 작은 톱니는 3바퀴를 돌아야 하기 때문입니다.

```
5 | 35   105
7 |  7    21
  |  1     3
```

2. 지도 시 유의사항

- 톱니의 수를 세어보는 활동은 톱니의 수와 회전수의 관계를 알게 하여 숨어 있는 수학적 원리를 발견하기 위한 활동입니다.
- 다양한 모양을 만들고 아름다움을 느끼는 것에서 나아가 숨어 있는 수의 규칙을 찾기 위해서는 자유롭게 그려보는 활동이 필요합니다. 이때 모양을 그리는 활동에만 치중하지 않고 만들어진 모양의 공통점과 차이점을 관찰하는 것이 필요합니다.

쉬어가기

9 예쁜 무늬에 숨겨진 비밀

10 색으로 배우는 약수와 배수

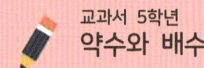
교과서 5학년
약수와 배수

Tip
수를 색깔로 나타내어 놀이하는 '프라임 클라임(Prime Climb)' 보드게임도 있어요. 프라임 클라임은 소인수분해와 사칙연산을 이용하여 마지막 숫자까지 이동하는 게임이에요.

수를 색깔로 나타낸다고?

4는 2×2로 나타낼 수 있고 12는 2×2×3으로 분해하여 나타낼 수 있지요. 이 수들을 색깔로 나타내면 어떨까요? 56은 어떤 수들의 곱으로 이루어져 있는지 이해하기 쉽고 56과 84의 차이도 한눈에 알 수 있어요.

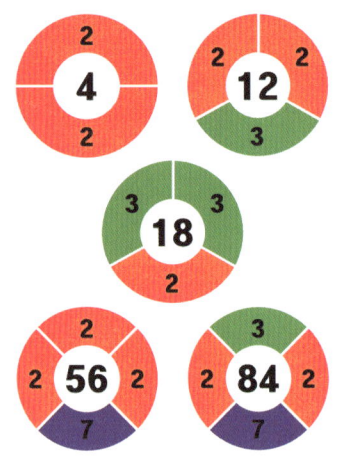

수학으로 생각해요

Tip
모든 자연수는 1과 소수, 합성수로 분류됩니다.

자연수를 소수로 분해하는 소인수분해

6은 1×6, 2×3으로 나타낼 수 있고 1, 2, 3, 6은 6의 약수이자 인수(因數, Factor)라고 합니다. 인수란, 주어진 수를 어떤 수나 어떤 수의 곱셈으로 나타낸 것을 말합니다.

예) 6의 인수: 1, 2, 3, 6, 1×6, 2×3, 1×2×3

소수(素數, Prime Number)는 약수가 1과 자기 자신뿐인 자연수를 말하고, 합성수(合成數, Composite Number)는 두 개 이상의 소수의 곱으로 이루어진 수를 말합니다. 이때, 1은 소수가 아닙니다.

예) 소수: 2, 3, 5, 7, 11, 13, 17, 19, 23, 29, 31, …
예) 합성수: 4(4=2×2), 6(6=2×3), 8(8=2×2×2), …

인수 중에서 소수인 것을 소인수(素因數, Prime Factor)라고 합니다. 모든 자연수는 소수의 곱으로 표현할 수 있는데, 이것을 소인수분해라고 합니다.

예) 12=2×2×3

$$\begin{array}{r} 2\,)\,12 \\ 2\,)\,6 \\ \hline 3 \end{array}$$

아~ 자연수를 소수의 곱으로 나타냈으니 이게 소인수분해구나!

색으로 나타낸 소인수 분해

어떤 수를 소인수분해하여 이를 색깔로 나타내면 어떤 수의 곱으로 이루어져 있는지 한눈에 알아보기 쉽습니다. 또한 두 수의 관계도 쉽게 파악할 수 있지요.

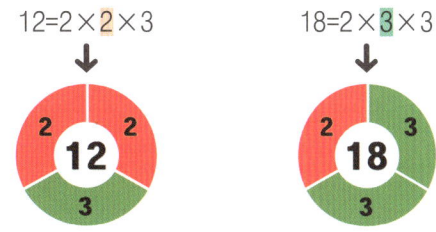

색으로 배우는 약수와 배수

어떤 수를 소인수분해하여 색깔로 나타내면 약수와 배수도 알 수 있습니다.

18의 약수는	1, 2, 3, 6, 9, 18
18의 배수는	18, 36, 54,…

색으로 배우는 최대공약수와 최소공배수

색깔로 나타낸 수에서 공통으로 들어간 수를 찾아 최대공약수와 최소공배수를 쉽게 구할 수도 있습니다.

56과 84의 최대공약수는	28(28=2×2×7)
56과 84의 최소공배수는	168(168=2×2×7×2×3)

10 색으로 배우는 약수와 배수

놀면서 깨우쳐요

수를 색으로 나타내기

준비물: 색연필

약수와 배수

1 다음 수를 소수의 곱으로 나타내어 보세요.

소수란? 약수가 1과 자기 자신 뿐인 수를 말합니다.
예: 2, 3, 5, 7, 11,…은 소수이고 4, 6, 8, 9, 10,…은 소수가 아닙니다.

12 = 4×3 = 2×2×3

18 =

56 =

84 =

2 각 소수의 색을 정하여 색칠해 보세요.

3 내가 정한 소수의 색을 이용하여 **1**에서 소수의 곱으로 나타낸 수들을 색깔로 표현해 보세요.

4 색으로 표현한 수를 보고 약수를 구하는 방법을 설명해 보세요.

12의 약수는

5 색으로 표현한 수를 보고 18의 배수를 작은 것부터 3개만 구해 보세요.

18의 배수는

6 색으로 표현한 수를 보고 56과 84의 최대공약수를 구해 보세요

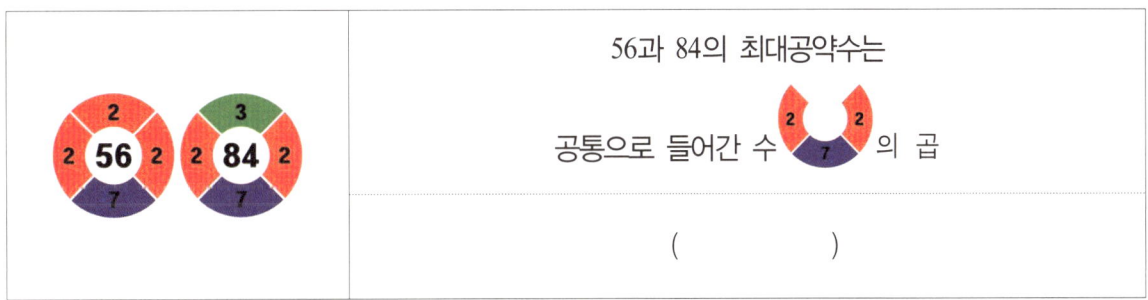

56과 84의 최대공약수는

공통으로 들어간 수 의 곱

(   )

7 색으로 표현한 수를 보고 56과 84의 최소공배수를 구해 보세요

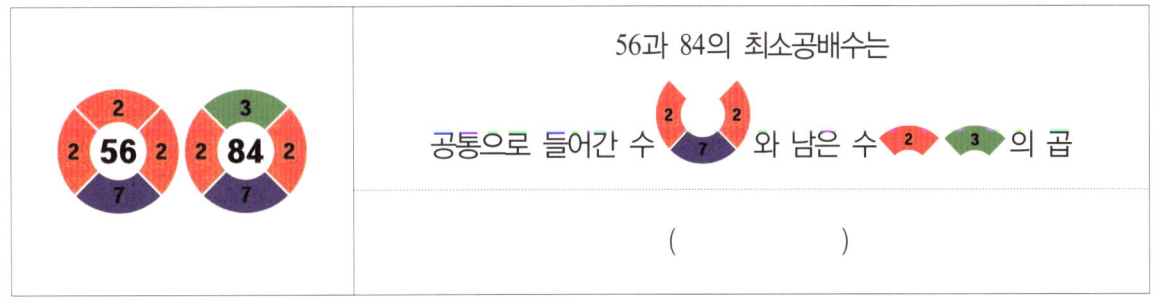

56과 84의 최소공배수는

공통으로 들어간 수 와 남은 수 의 곱

(   )

8 2~25까지의 수를 내가 정한 소수의 색으로 나타내고 알게 된 점을 말해 보세요.

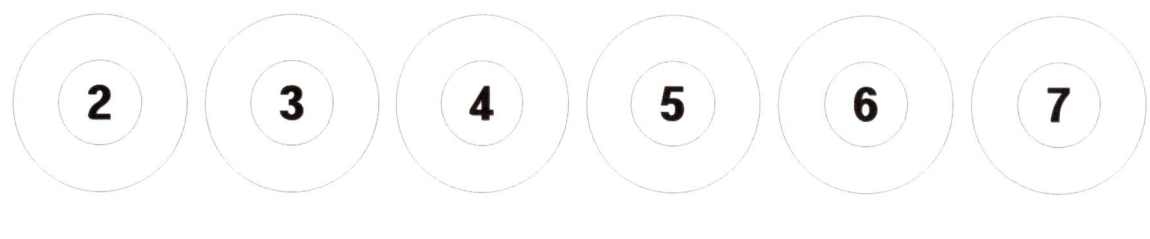

알게된 점

수학으로 답해요

1 다음 수를 '소수'의 곱으로 나타내어 보세요.

소수란? 약수가 1과 자기 자신인 수를 말합니다.
예: 2, 3, 5, 7, 11,…은 소수이고 4, 6, 8, 9, 10,…은 소수가 아닙니다.

$12 = 4 \times 3 = 2 \times 2 \times 3$

$18 = 2 \times 3 \times 3$

$56 = 2 \times 2 \times 2 \times 7$

$84 = 2 \times 2 \times 3 \times 7$

2 각 소수의 색을 정하여 색칠해 보세요.

3 내가 정한 소수의 색을 이용하여 **1**에서 소수의 곱으로 나타낸 수들을 색깔로 표현해 보세요.

4 색으로 표현한 수를 보고 약수를 구하는 방법을 설명해 보세요.

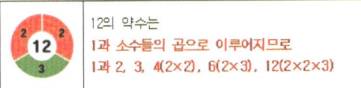

12의 약수는 1과 소수들의 곱으로 이루어지므로
1과 2, 3, 4(2×2), 6(2×3), 12(2×2×3)

5 색으로 표현한 수를 보고 18의 배수를 작은 것부터 3개만 구해보세요.

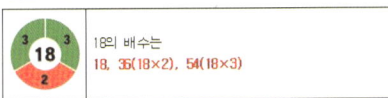

18의 배수는 18, 36(18×2), 54(18×3)

6 색으로 표현한 수를 보고 56과 84의 최대공약수를 구해보세요.

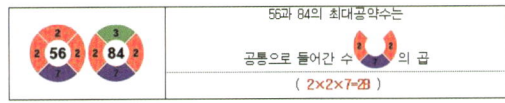

56과 84의 최대공약수는 공통으로 들어간 수 의 곱
(2×2×7=28)

7 색으로 표현한 수를 보고 56과 84의 최소공배수를 구해보세요.

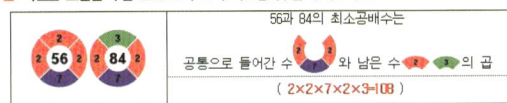

56과 84의 최소공배수는 공통으로 들어간 수 와 남은 수 의 곱
(2×2×7×2×3=108)

8 2-25까지의 수를 내가 정한 소수의 색으로 나타내고 알게 된 점을 말해 봅시다.

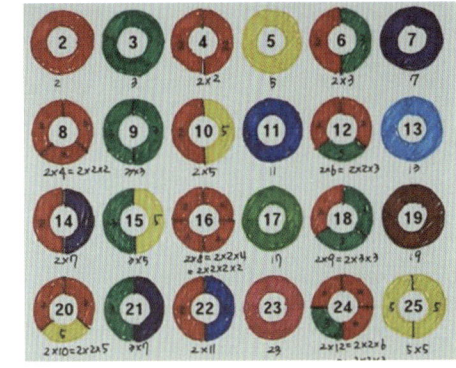

알게된 점
- 한 가지 색으로만 칠한 수는 2, 3, 5, 7, 11, 13, 19, 23이고 이 수들은 모두 소수입니다.
- 두 가지 색으로 칠한 수는 6, 10, 14, 15, 21입니다.
- 같은 색을 2번 칠한 수는 4, 9, 16, 25입니다.

지도 TIP!

1. 생각을 키우는 질문

Q) 오른쪽 그림을 살펴보고 ㉠과 ㉡에 들어갈 수를 찾아보세요.

A) 6은 2와 3의 곱으로, 15는 3과 5의 곱으로 나타낼 수 있으므로 공통으로 들어간 초록색은 3을 의미합니다. 그러면 주황색은 2, 노란색은 5를 의미하며 56은 2×2×2×7로 나타낼 수 있으므로 보라색은 7을 의미합니다. 따라서 ㉠에 알맞은 수는 2×2×3=12이고, ㉡에 알맞은 수는 2×5×7=70이 됩니다.

2. 지도 시 유의사항

- 약수의 의미를 잘 이해하지 못하는 학생에게 적용하면 소인수분해를 약수로 오해할 수 있습니다. 예를 들면 12를 소인수분해하면 2×2×3인데, 2, 2, 3을 약수로 오인하는 경우입니다. 따라서 약수의 개념을 이해한 학생들에게 다양한 의미와 표현 방법의 하나로써 제시하는 것이 좋습니다.
- 자연수를 분해하여 한 눈에 확인할 수 있도록 소수별 색깔로 나타낼 수 있다는 것에 중점을 두어 지도합니다. 소인수분해 방법이나 최대공약수를 구하는 방법을 기계적으로 외우지 않도록 유의합니다.

11 분수 계산기?!

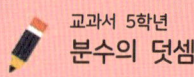

분수 계산기란?

일반 계산기를 사용하여 분수의 사칙연산을 나타내는 것은 쉽지 않습니다. 원판을 돌려 분수의 덧셈을 쉽게 할 수 있는 '분수 계산기'를 만들어 봅시다.

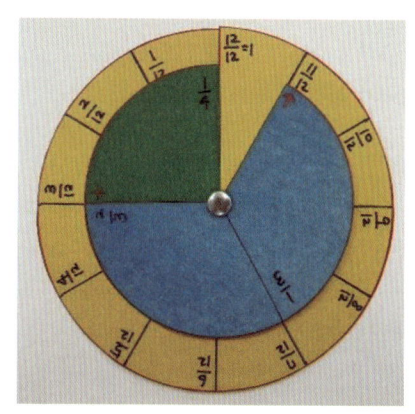

수학으로 생각해요

분수의 덧셈 방법 알아보기

분수의 덧셈은 두 분모의 최소공배수를 이용하여 다음과 같이 계산합니다.

$$\frac{1}{4}+\frac{1}{6}=\frac{1\times3}{4\times3}+\frac{1\times2}{6\times2}=\frac{3}{12}+\frac{2}{12}=\frac{5}{12}$$

일반적인 계산식은 계산기를 이용하면 빠르게 계산할 수 있지만 분수의 계산식은 일반계산기로 나타낼 수 없습니다.

분수 계산기로 분수의 덧셈하기

분수 계산기로 $\frac{1}{4}+\frac{1}{6}$ 을 계산하는 방법을 알아봅시다.

① 먼저, 초록색 원판을 더해지는 분수 $\frac{1}{4}$ 만큼 돌리고,

② 파란색 원판을 더하는 분수 $\frac{1}{6}$ 만큼 돌리면,

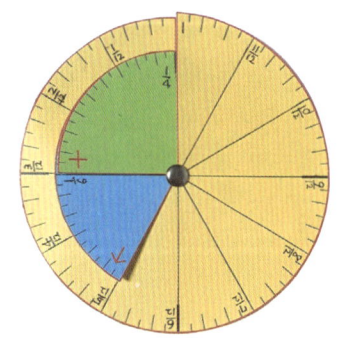

③ 화살표 방향의 노란색 원판에 분수 덧셈의 결과값 $\frac{5}{12}$ 가 나와요.

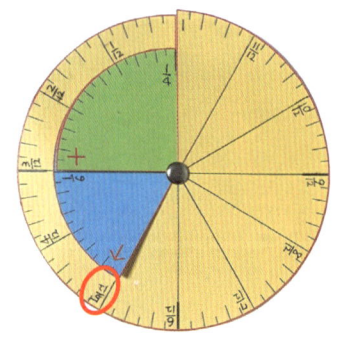

분수 계산기 탐구하기

분수 계산기를 만드는 방법을 알아봅시다.

예를 들어, $\frac{1}{4}+\frac{1}{6}$의 계산을 할 수 있는 분수 계산기를 만들려면,

초록색 원판은 더해지는 분수를 나타내므로 $\frac{1}{4}$의 분모인 4로 등분하려면

$$360 \div 4 = 90$$

즉 90°씩 나누어야 합니다.

파란색 원판은 더하는 분수를 나타내므로 $\frac{1}{6}$의 분모인 6으로 등분하려면

$$360 \div 6 = 60$$

즉 60°씩 나누어야 합니다.

그 다음 두 분모의 최소공배수를 구하여 노란색 원판을 등분해야 합니다. 4와 6의 최소공배수는

$$\begin{array}{r|rr} 2) & 4 & 6 \\ \hline & 2 & 3 \end{array} \quad \Rightarrow \quad 2 \times 2 \times 3 = 12$$

12입니다. 노란색 원판을 12등분하려면 360°를 12로 나누어야 하므로

$$360 \div 12 = 30$$

즉 30°씩 나누어야 합니다.

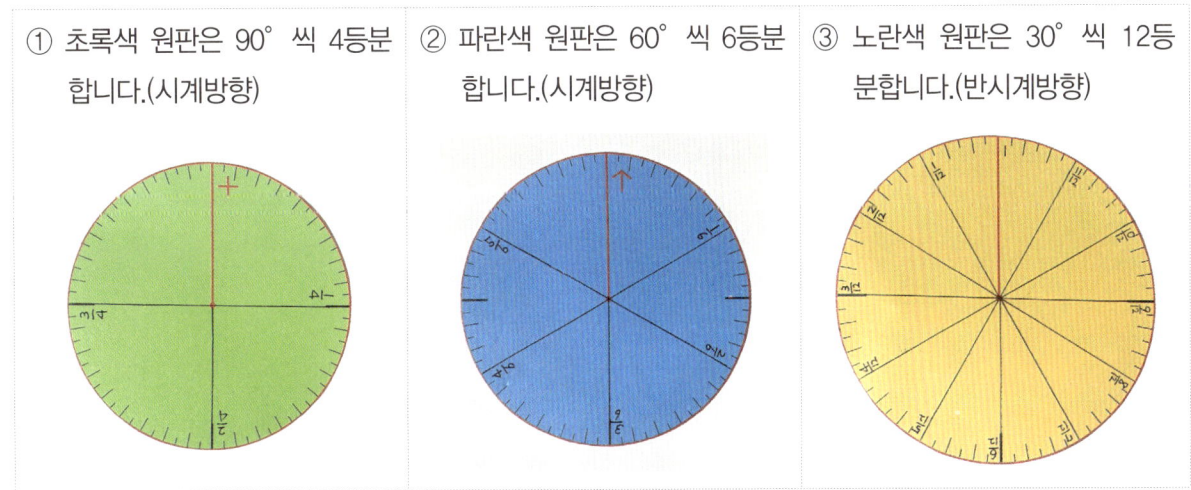

① 초록색 원판은 90°씩 4등분합니다.(시계방향)

② 파란색 원판은 60°씩 6등분합니다.(시계방향)

③ 노란색 원판은 30°씩 12등분합니다.(반시계방향)

원판 세 개를 연결하여 분수 계산기를 만들고 $\frac{1}{4}+\frac{1}{6}$을 계산해 봅시다. 초록색 원판을 더해지는 수 $\frac{1}{4}$만큼 돌리면 $\frac{1}{4}=\frac{1 \times 3}{4 \times 3}=\frac{3}{12}$이므로 노란색 원판의 $\frac{3}{12}$만큼 돌아가고, 파란색 원판을 더하는 수 $\frac{1}{6}$만큼 돌리면 $\frac{1}{6}=\frac{1 \times 2}{6 \times 2}=\frac{2}{12}$이므로 노란색 원판에서 $\frac{2}{12}$만큼 더 돌아가서 $\frac{3}{12}+\frac{2}{12}=\frac{5}{12}$가 되어 노란색 원판의 $\frac{5}{12}$를 가리키게 됩니다.

놀면서 깨우쳐요

분수 계산기 만들기

준비물: 분수 계산기 도안(241쪽), 할핀, 네임펜, 자

분수 계산기

1. 분수 계산기로 $\frac{1}{4}+\frac{1}{6}$의 계산을 해봅시다.

   ❶ 초록색 원판을 더해지는 분수 $\frac{1}{4}$만큼 돌립니다. 초록색 원판을 돌린 지점의 노란색 원판의 값은 얼마인가요?

   ( )

   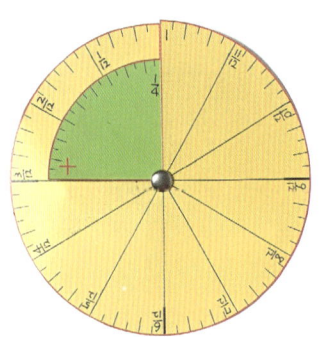

   ❷ 초록색 원판을 돌린 지점부터 시작하여 파란색 원판을 더하는 분수 $\frac{1}{6}$만큼 돌립니다. 파란색 원판을 돌린 지점의 노란색 원판의 값은 얼마인가요?

   ( )

   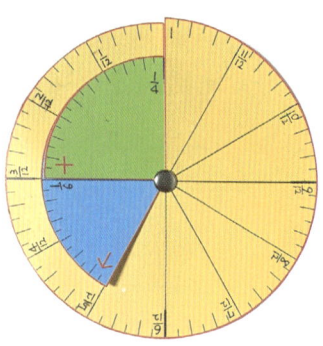

   ❸ 분수 계산기로 $\frac{1}{4}+\frac{1}{6}$의 값을 구해 보세요.

   $\frac{1}{4}+\frac{1}{6}=$

2. 분수 계산기로 분수의 덧셈을 하는 방법을 설명해 보세요.

3 분수 계산기 속 분수를 살펴봅시다.

❶ 초록색 원판을 살펴 봅시다. 더해지는 분수 $\frac{1}{4}$의 분모만큼 4등분 하려면 몇 도씩 나누어야 하나요?

식 : _____ 답 : _____

❷ 파란색 원판을 살펴 봅시다. 더하는 분수 $\frac{1}{6}$의 분모만큼 6등분 하려면 몇 도씩 나누어야 하나요?

식 : _____ 답 : _____

❸ 노란색 원판을 살펴 봅시다. 두 분수 $\frac{1}{4}$과 $\frac{1}{6}$의 두 분모 4와 6의 최소공배수를 구해 보세요.

$)\ 4\quad 6 \quad \Rightarrow$

❹ 노란색 원판에 $\frac{1}{4}$과 $\frac{1}{6}$의 덧셈을 나타내려면 두 분모 4와 6의 최소공배수만큼 등분해야 합니다. 노란색 원판을 4와 6의 최소공배수만큼 등분하려면 몇 도씩 나누어야 하나요?

식 : _____ 답 : _____

❺ 내가 만들고 싶은 분수식을 만들고 각 원판을 몇 도씩 나누어야 할지 생각해 보세요.

1) 내가 만들고 싶은 분수식: _____

2) 초록색 원판은 (   )등분하기 위해 (   )°씩 나누면 됩니다.

3) 파란색 원판은 (   )등분하기 위해 (   )°씩 나누면 됩니다.

4) 노란색 원판은 (   )등분하기 위해 (   )°씩 나누면 됩니다.

4 나만의 분수 계산기를 만들어 보세요.

❶ 분수 계산기 도안의 빨간 선을 따라 원 3개를 모두 잘라요.

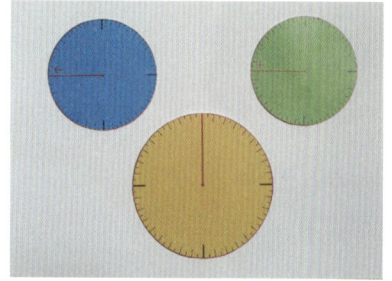

❷ 반지름이 되는 빨간선과 중심의 작은 원도 잘라주세요.

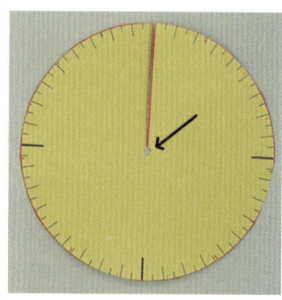

❸ 초록색 원에 더해지는 분수의 분모만큼 등분해서 선을 그어요.

❹ 시계 방향으로 돌아가며 더해지는 분수를 차례대로 써요.

❺ 파란색 원에 더하는 분수의 분모만큼 등분해서 선을 그어요.

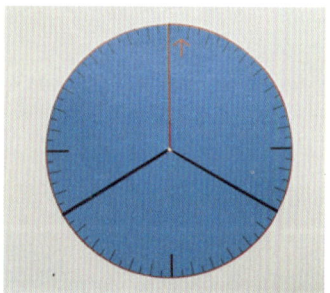

❻ 시계 방향으로 돌아가며 더하는 분수를 차례대로 써요.

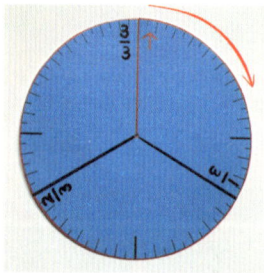

❼ 노란색 원에 두 분모의 최소공배수만큼 등분해서 선을 그어요.

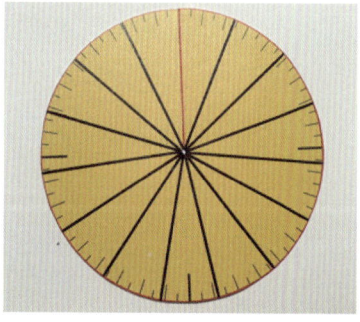

❽ 시계 반대 방향으로 돌아가며 최소공배수를 분모로 하는 분수를 차례대로 써요.

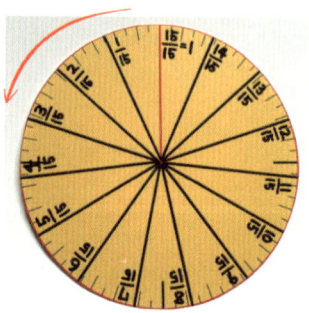

❾ 노란색 원에 파란색 원을 그림과 같이 끼워요.

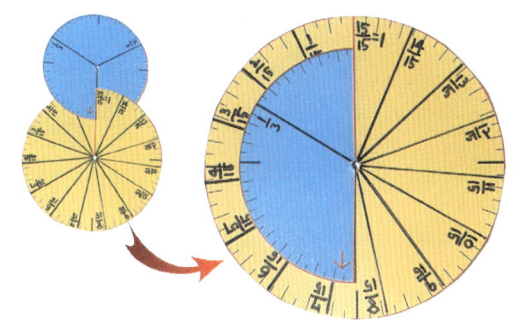

❿ 파란색 원과 노란색 원 사이에 초록색 원을 끼워요.

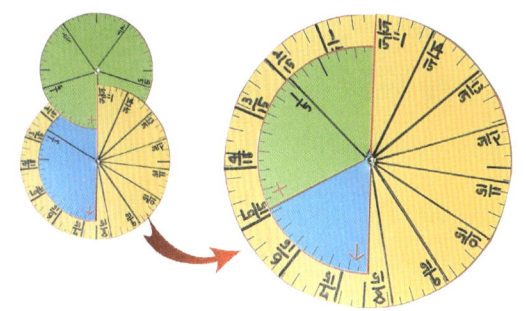

⓫ 가운데 구멍을 맞춰 할핀을 꽂아요.

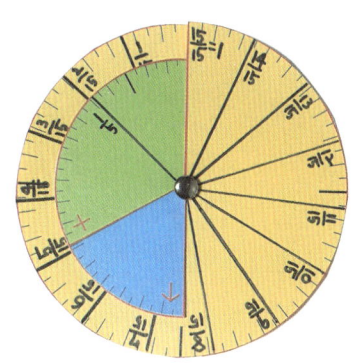

⓬ 파란색 원과 초록색 원에 적은 분수의 덧셈 결과가 맞는지 확인해 보세요.

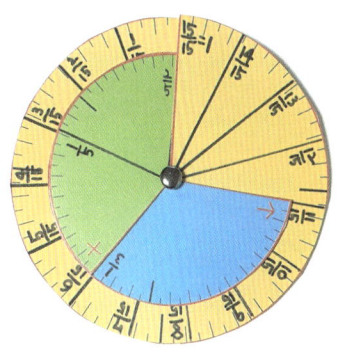

5 내가 만든 분수 계산기와 친구가 만든 분수 계산기를 서로 바꾸어 분수의 덧셈을 계산해 보세요.

예) $\dfrac{1}{4}+\dfrac{1}{6}=\dfrac{5}{12}$

1) ─ + ─ = ─   2) ─ + ─ = ─

3) ─ + ─ = ─   4) ─ + ─ = ─

11 분수 계산기

수학으로 답해요

1 분수 계산기로 $\frac{1}{4}+\frac{1}{6}$ 의 계산을 해 보세요.

❶ ($\frac{1}{4}=\frac{3}{12}$) ❷ ($\frac{5}{12}$) ❸ $\frac{1}{4}+\frac{1}{6}=\frac{5}{12}$

2 분수 계산기로 분수의 덧셈을 하는 방법을 설명해 보세요.

분수 계산기의 노란색 원판을 두 분수의 분모의 최소공배수로 등분하여

분모를 더했을 때 원판을 돌린 결과 값이 노란색 원판에 나타나게 됩니다.

지도 TIP!

1. 지도 시 유의사항
- 분수 계산기는 파란색 원과 초록색 원에 적은 두 분수의 덧셈만 계산할 수 있는 계산기이므로 모든 분수의 계산을 할 수 있는 계산기는 아니라는 점에 유의합니다.
- 파란색 원과 초록색 원에 적은 두 분모의 최소공배수를 이용하여 두 분수의 공통분모를 구하고 노란색 원에 두 분수의 합이 되는 분수를 쓰게 합니다.
- 더해지는 분수인 초록색 원을 먼저 돌리고 더하는 분수인 파란색 원을 돌려 화살표가 가리키는 노란색 원 위의 분수를 읽게 합니다.

2. 분수 계산기 활용 방법
- 친구들과 서로 다른 분수의 덧셈을 할 수 있는 계산기를 만들어 분수의 덧셈을 계산할 때 친구와 함께 문제를 해결하도록 해 보세요.

3. 생각을 키우는 물음
- $\frac{1}{3}+\frac{1}{8}$ 과 같은 분수의 덧셈을 할 수 있는 분수 계산기를 만들려면 원을 각각 몇 칸으로 나누면 될까요?

12 뫼비우스의 띠 자르기

교과서 6학년
입체도형
교과서 4학년
규칙찾기

뫼비우스의 띠

종이 띠를 한 번 꼬아 양 끝을 붙이면 안쪽과 바깥쪽 구별이 없는 고리 형태의 띠가 되어 두 바퀴 돌면 출발 지점으로 돌아옵니다. 이러한 띠를 뫼비우스의 띠라고 하는데 이 띠 가운데 선을 따라 자르면 어떻게 될까요? 고리를 자르며 특성을 살펴봅시다.

Tip

뫼비우스
(1790-1868)
독일의 수학자.

재활용 마크는 뫼비우스의 띠 모양입니다.

수학으로 생각해요

뫼비우스의 띠 자르기

<일반 고리 자르기>

 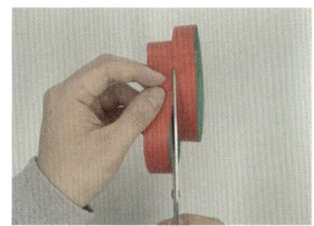 

<뫼비우스의 띠 자르기>

 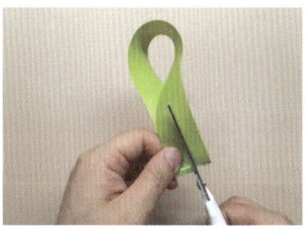 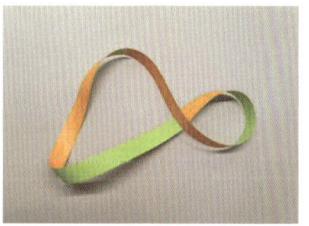

일반 고리는 가운데 선을 따라 자르면 두 개의 고리가 되지만, 뫼비우스의 띠를 2등분선을 따라 자르면 길이가 2배인 두 번 꼬인 띠가 됩니다.

왜 그럴까?

뫼비우스의 띠는 꼬인 횟수에 따라 결정됩니다. 홀수 번 꼬인 띠는 안쪽과 바깥쪽의 구분이 없는 뫼비우스의 띠가 되지만, 짝수 번 꼬인 띠는 안쪽과 바깥쪽이 구분되기 때문에 뫼비우스의 띠가 아닙니다. 또 꼬인 횟수에 따라 가운데 2등분선을 따라 잘랐을 때의 모양도 달라집니다. 홀수 번 꼬인 띠를 가운데 2등분선을 따라 자르면 띠 개수는 하나지만 길이가 2배가 되고, 짝수 번 꼬인 띠를 2등분선을 따라 자르면 띠가 2개로 나누어집니다.

Tip

양면색종이로 뫼비우스의 띠를 만들면 서로 다른 색의 양끝이 만나게 됩니다.

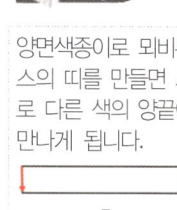

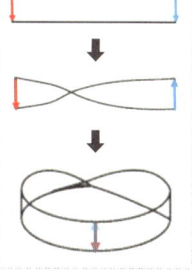

놀면서 깨우쳐요

준비물: 색종이, 연필, 자, 가위, 자, 풀

뫼비우스의 띠

1 양면 색종이로 뫼비우스의 띠를 만들어 보세요.

❶ 길게 자른 양면 색종이를 한 번만 꼬아 주세요.   ❷ 한 번 꼰 종이띠의 양 끝을 테이프로 이어 주세요.

2 뫼비우스의 띠 한쪽 면에 펜으로 중앙을 따라 선을 그어 보세요. 선이 어떻게 그려지나요?

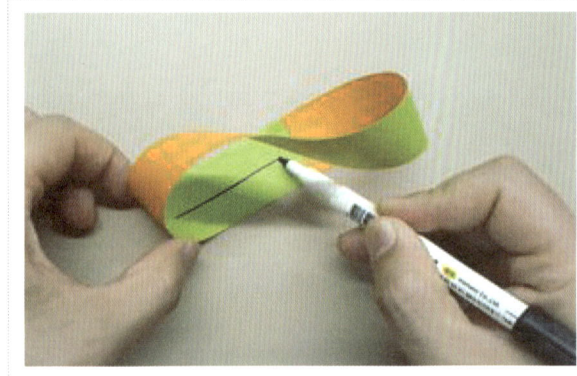 

3 뫼비우스의 띠 한쪽 모서리를 따라 펜으로 색칠해 보세요. 모서리가 어떻게 색칠되나요?

 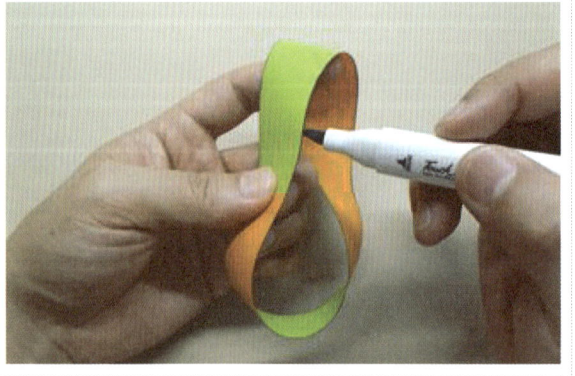

4 뫼비우스의 띠를 만들고, 2등분선을 따라 잘라 보세요.

❶ 종이 띠에 2등분선을 긋고 한 번 꼬아 뫼비우스의 띠를 만드세요.

❷ 가위로 가운데 2등분선을 따라 자르세요.

> **Tip**
> 일반 고리 한 개를 가운데 선을 따라 자르면 두 개의 고리가 되는 것을 경험한 뒤에 뫼비우스의 띠를 잘라 보도록 하는 것도 좋습니다.

5 뫼비우스의 띠를 만들고, 3등분선을 따라 잘라 보세요.

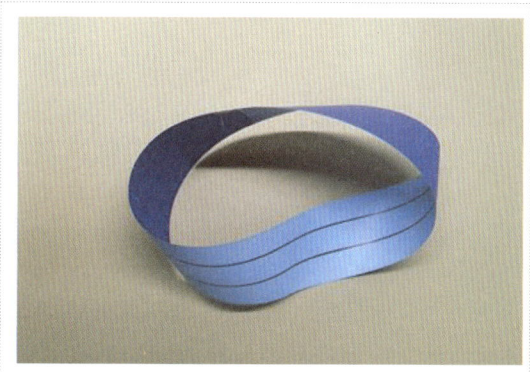 

❶ 종이 띠에 3등분선을 긋고 한 번 꼬아 뫼비우스의 띠를 만드세요.

❷ 가위로 가운데 3등분선을 따라 자르세요.

> **Tip**
> 종이 띠에 긋는 2등분선과 3등분선은 정확하지 않아도 됩니다. 잘랐을 때 끊어지지 않도록 일정한 간격만 유지할 정도면 된답니다.

6 두 번 꼬인 띠를 만들고, 2등분선을 따라 잘라 보세요.

 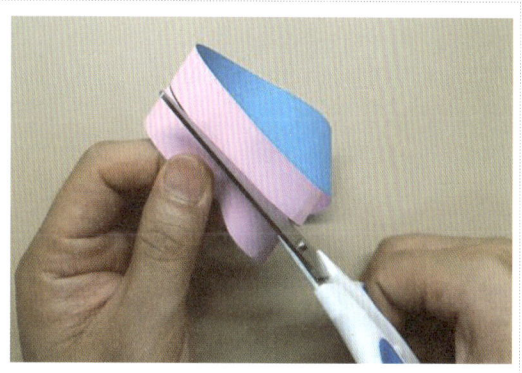

❶ 종이 띠에 2등분선을 긋고 두 번 꼬아 띠를 만드세요.

❷ 가위로 가운데 2등분선을 따라 자르세요.

수학으로 답해요

2 처음 시작한 지점으로 돌아올 때까지 그리면 띠의 양 면에 모두 선이 그어진 것을 볼 수 있습니다. 즉, 면이 하나라는 의미입니다.

3 띠의 모서리가 모두 색칠된 것을 볼 수 있습니다. 이는 모서리가 하나라는 의미입니다.

4 2등분선을 따라 자르면 길이가 2배인 2번 꼬인 띠가 됩니다.

5 3등분선을 따라 자르면 길이가 2배인 3번 꼬인 띠와 뫼비우스의 띠가 얽힌 모양이 됩니다.

6 2등분선을 따라 자르면 2번 꼬인 띠 2개가 얽힌 모양이 됩니다.

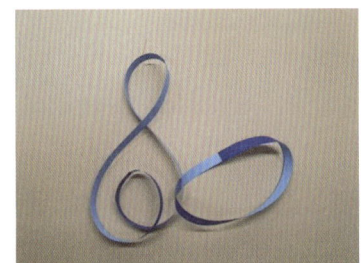

지도 TIP!

1. 생각을 키우는 물음

Q) 종이 띠를 홀수 번 꼬아 만든 고리와 짝수 번 꼬아 만든 고리의 차이점은 무엇일까요?

A) 홀수 번 꼬인 띠는 안쪽과 바깥쪽 구분이 없는 뫼비우스의 띠가 되지만, 짝수 번 꼬인 띠는 안쪽과 바깥쪽의 구분이 되므로 뫼비우스의 띠가 아닙니다. 즉, 꼬인 횟수가 짝수이면 두 면, 홀수이면 한 면의 띠가 됩니다.

2. 한 걸음 더!

뫼비우스의 띠와 같이 안과 밖의 구분이 없는 도형으로 '클라인 병'이 있습니다. 클라인 병은 밑면과 윗면이 뚫려 있는 원기둥으로 만들 수 있는데, 원기둥의 한쪽 끝이 원기둥의 옆면을 뚫고 들어가서 뚫고 들어간 쪽의 끝이 다른 쪽과 만나게 하면 클라인 병이 됩니다. 재미있는 것은 클라인 병을 반으로 자르면 뫼비우스의 띠 2개를 얻을 수 있다는 것입니다.

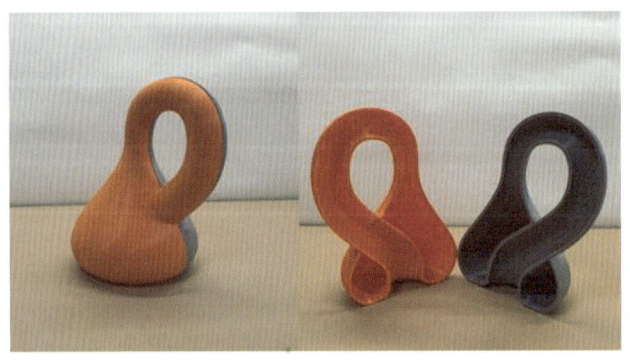

13 삼면접시

창의융합

삼면접시란?

삼면접시는 안과 밖의 구별이 없는 '뫼비우스의 띠'를 응용한 것입니다. 뫼비우스의 띠를 접시 모양이 되도록 만든 후 안쪽을 중심으로 뒤집으면 또 다른 면이 만들어집니다. 모두 3개의 면이 나타나기 때문에 삼면접시라고 부른답니다.

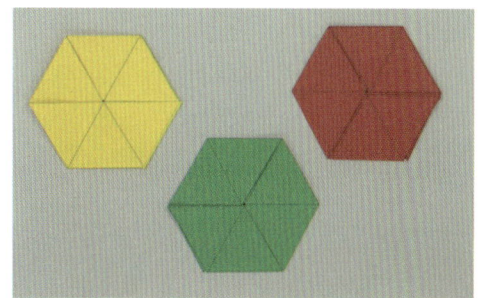

 **Tip**

좁고 긴 직사각형 종이의 한쪽 끝을 180°로 돌려서, 즉 한 번 꼬아서 종이의 다른 쪽 끝에 붙이면 하나의 면을 가진 곡면이 되는데 이것을 '뫼비우스의 띠'라고 부릅니다.

수학으로 생각해요

안쪽과 바깥쪽의 구별이 없는 뫼비우스의 띠

원통형 띠와 뫼비우스의 띠의 각 면을 따라 선을 그어보면 원통형 띠의 경우, 안 또는 밖 한 면만 선이 그어짐을 볼 수 있습니다. 반면, 뫼비우스의 띠에 선을 그을 경우에는 띠의 안과 밖이 통하는 도형임을 경험할 수 있습니다. 즉, 종이 띠의 양끝을 그냥 붙인 원통형 띠는 안과 밖이 구별되지만, 종이 띠를 한 번 꼬아서 만든 뫼비우스의 띠는 안과 밖의 구별이 없습니다.

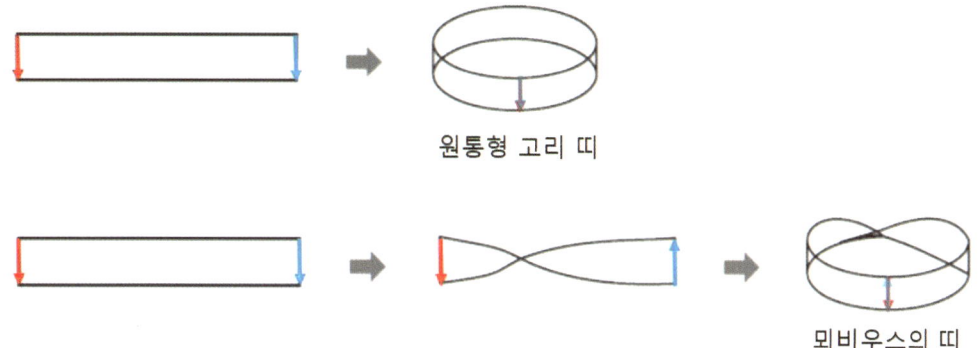

뫼비우스의 띠를 응용한 삼면접시

삼면접시는 보기에는 2개의 면으로 되어 있는 것 같지만 모두 3개의 면으로 되어 있습니다. 삼면접시는 앞 뒤 정삼각형 18개로 이어진 뫼비우스의 띠를 눌러 놓은 것이라고 생각하면 됩니다. 안과 밖이 바뀌면서 18개의 정삼각형이 6개씩 모여 정육각형 모양의 3개의 면이 되는 것입니다. 정삼각형 9개를 붙여서 삼면접시를 만들 수도 있고, 긴 띠로 정삼각형을 접어서 삼면 접시를 만들 수도 있답니다.

놀면서 깨우쳐요

삼면접시 만들기

준비물: 삼면접시 도안(243쪽), 풀, 가위, 테이프, 색칠도구

삼면접시

1 도안을 이용하여 삼면접시를 만들어 보세요.

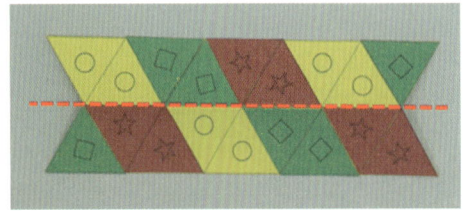 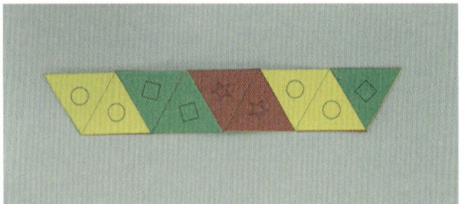

❶ 도안의 무늬가 보이도록 빨간 선을 따라 뒤로 접고 풀로 붙이세요.

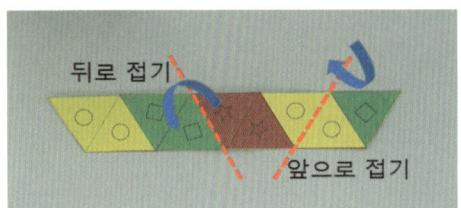 

❷ 같은 무늬가 나오도록 빨간 선을 따라 접으세요.

 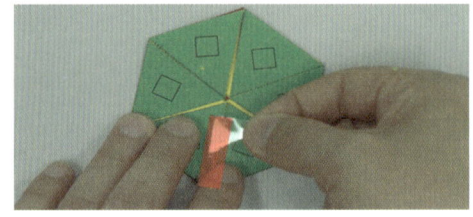

❸ 겹쳐지는 양끝 삼각형의 모서리가 만나도록 테이프로 붙여 연결하세요.

 **Tip**

가운데 부분을 눌러 삼면접시를 안으로 모으면서 젖혀주면 잘 뒤집어집니다. B선들을 안으로 모아서 젖혀보고, 잘 되지 않으면 A선들을 안으로 모아서 젖혀봅니다.

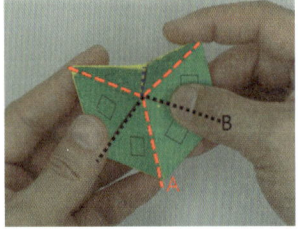  

❹ 완성한 삼면접시를 뒤집어서 3면을 확인해 보세요.

수학으로 답해요

2 (예시)삼면접시 학생작품

지도 TIP!

1. 생각을 키우는 물음

Q: '뫼비우스의 띠'가 우리 생활 속에서 사용되는 경우가 있을까요?

A: 종이 띠를 한 번 꼬아서 만든 뫼비우스의 띠는 안과 밖의 구별이 없는 한 면이라는 특징이 있습니다. 때문에 뫼비우스의 띠는 우리 생활 속에서 아주 실용적으로 사용되고 있습니다. 예를 들면 에스컬레이터의 손잡이 벨트, 자동차에 사용하는 벨트, 방앗간에서 쌀가루를 빻는 기계에 장착된 벨트 등이 그렇습니다. 사람들은 뫼비우스의 띠가 되도록 한 번 꼬아 한 면이 되도록 하면 벨트의 면이 고르게 닳아서 벨트의 수명이 더 오래 간다는 사실을 알았던 것입니다.

2. 지도 시 유의사항

자르는 부분과 접는 부분이 정교하지 않으면 잘 뒤집어지지 않거나 뒤집었을 때 정육각형이 되지 않을 수 있습니다. 여러 번 뒤집다보면 접히는 부분이 끊어질 수도 있습니다. 접히는 모서리마다 테이프를 붙여두면 보다 오래 사용할 수 있습니다.

3. 한 걸음 더! 4개의 그림이 반복되는 칼레이도사이클

칼레이도사이클의 전개도를 따라 접고 이를 돌리면 4개의 그림이 반복됩니다.
아래 사이트에서 나만의 칼레이도사이클 도안을 무료로 쉽게 만들 수 있습니다.

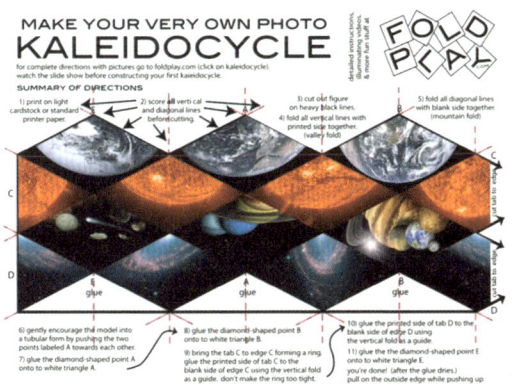

http://foldplay.com/kaleidocycle.action

쉬어가기

66 도형과 측정

14 한 번만 잘라서 만든 정다각형

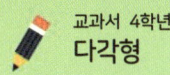
교과서 4학년
다각형

Fold and Cut이란?

종이를 접은 뒤 한 번만 가위로 잘라 어떤 모양을 만드는 문제입니다. 오목 다각형, 구멍이 있는 모양, 글자 등 직선으로 이루어진 모든 평면도형을 만들 수 있습니다.

 Tip

Flold and Cut은 1721년 일본에서 출판된 와코쿠 키에쿠라베라는 책에서 처음 제시되었습니다. 이 책에는 ❊ 모양을 한 번에 자르는 문제를 다루고 있습니다.

수학으로 생각해요

종이를 한 번 잘라 생기는 마술

종이를 단 한 번 잘랐을 뿐인데 종이를 펼치면 하트, 별 등 예쁜 도형이 나온다면 마술 같지 않을까요? 실제로 마술사가 종이를 한 번만 잘라 복잡한 모양이 나오는 마술을 하기도 합니다.

이 마술의 숨겨진 비밀이 Fold and Cut입니다. 사실 종이를 평평하게 접어 직선으로 자르고 펼쳐서 확인하는 굉장히 간단한 방법이지요. 그럼 별 모양을 만들어볼까요? 먼저 선대칭 도형인 별을 만들기 위해서 대칭축을 따라 반으로 접습니다. 그리고 한 번만 잘라야 하니 별의 선분들이 일직선 위에 모이도록 접어야 합니다. 별의 각 변의 길이가 모두 같으므로 변들이 일직선 위에 모두 모이도록 접어 자르면, 한 번만 잘라 각 변의 길이가 같은 별을 만들 수 있습니다.

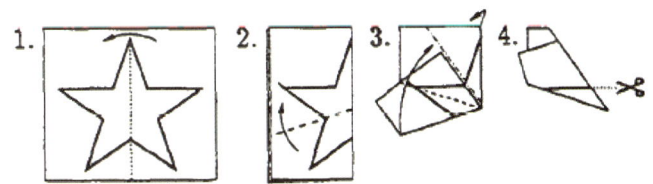

[출처] Folding and One Straight Cut Suffice(Erik, 1999)

별 모양이 아닌 다른 모양의 도형도 한 번만에 잘라 만들 수 있을까요? 직선으로 이루어진 도형이라면 무엇이든 한 번만 잘라 만들 수 있습니다. 26개의 한글 자음과 모음이나, 알파벳, 비대칭 모양의 도형, 가운데 구멍이 뚫린 모양의 도형도 직선으로 이루어져 있다면 모두 만들 수 있습니다.

그렇다면 어떤 방법으로 접어야 할까요? 먼저 단순하게 생각해 봅시다. [그림1]과 같이 직사각형 모양의 종이에 선분이 하나 그려져 있다면, 어떻게 잘라야 할까요? 어렵게 생각할 것 없이 그냥 선을 따라 자르면 됩니다.

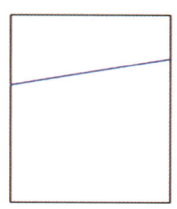

[그림1] 선분이 1개일 때

그렇다면 [그림2]와 같이 선분이 두 개 그려져 있다면, 어떻게 접어 잘라야 할까요? 두 선분의 가운데를 따라 접은 뒤, 자르면 됩니다. 여기서 '두 선분의 가운데'라는 말은 두 선분의 연장선을 이었을 때 생기는 각의 이등분선이 됩니다.

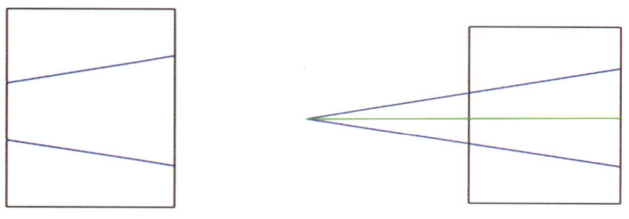

[그림2] 선분이 2개일 때

그렇다면 [그림3]과 같이 삼각형 모양이 그려져 있다면, 어떻게 접어 잘라야 할까요? [그림2]에서 생각해 본 것을 적용하면 삼각형의 세 내각의 이등분선을 따라 접어야 할 것입니다. 그런데, 이 이등분선을 따라서 접기만 한다고 해서 평평하게 접을 순 없습니다. 삼각형의 세 변이 한 번에 잘라져야 하므로, 이등분선의 교점에서 각 변에 내린 수선을 따라 접는 추가적인 선이 필요합니다.

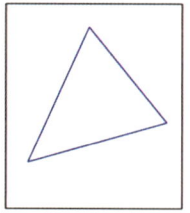 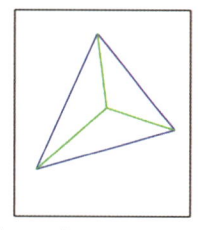 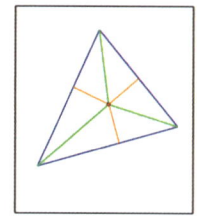

[그림3] 삼각형일 때

이러한 아이디어로 종이를 접는 방법인 직선골격방법(Straight skeleton method)이 있습니다. 여기서의 골격이란 종이를 접는 기본적인 선입니다. 골격을 만드는 방법은 두 가지인데, 직선으로 이루어진 하트 모양을 가지고 생각해 봅시다.

첫째, 앞서 생각한 방법과 같이 각의 이등분선을 활용하는 방법입니다. 도형의 각 꼭짓점에서 각의 이등분선을 그리고, 이등분선이 만나는 교점을 잇습니다(그림4).

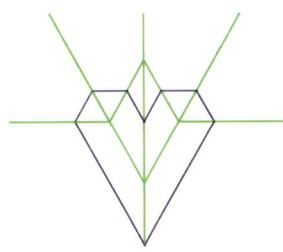

[그림4] 골격 만드는 방법①

둘째, 원래 도형을 이루는 선분과 평행을 유지하며 도형을 확대, 축소하며 그리는 방법입니다(그림5). 그 후 확대, 축소하면서 이동한 꼭짓점의 자취를 이어주면 됩니다(그림6).

[그림5] 도형의 확대, 축소

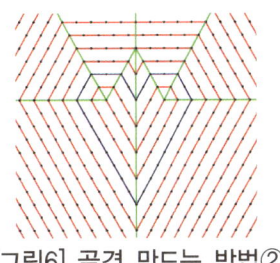

[그림6] 골격 만드는 방법②

두 가지 방법 중 어떤 방법으로든 골격을 만들 수 있습니다. 골격을 만들고 나면 골격대로 접는다고 해서 평평하게 접을 수 없습니다. 평평하게 접기 위해서는 추가적인 선분이 필요합니다. 삼각형을 한 번에 자를 때 사용했던 아이디어처럼, 이등분선의 교점에서 원래 도형의 선분에 수선이 되도록 그립니다(그림7).

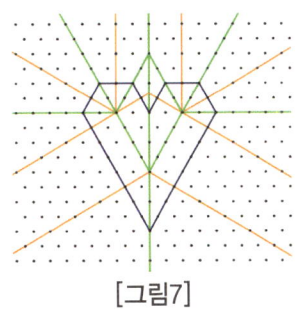

[그림7]

이후 그려진 직선 골격과 수직선에 따라 종이를 평평하게 접어줍니다. 다 접은 뒤 처음 도형의 선분을 따라 한 번만 자르면 하트 모양을 볼 수 있습니다.

이 장에서는 Fold and Cut에서 자르는 선이 만들고 싶은 도형의 선분이 된다는 점, 겹쳐진 선분들의 길이가 같음을 직관적으로 확인할 수 있다는 특징이 있기에 정다각형을 학습하는 데 Fold and Cut을 활용하려고 합니다.

놀면서 깨우쳐요

한 번만 잘라 정다각형 만들기

준비물: 색종이 또는 정사각형 모양의 종이, 가위

정오각형   정육각형

1 Fold and Cut 활동을 알아 보세요.

> 종이를 접은 뒤 한 번만 가위로 잘라 어떤 모양을 만드는 문제입니다. 다각형, 구멍이 있는 모양, 글자 등 직선으로 이루어진 모든 평면도형을 만들 수 있습니다.

2 자유롭게 색종이를 접어 한 번만 잘라보고, 어떤 모양이 나오는지 관찰해 보세요.

3 색종이를 접어 한 번만 잘라 '그림처럼 잘리도록' 만들어 보고 어떻게 접었는지 설명해 보세요.

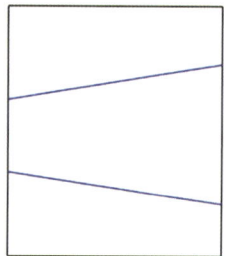

4 색종이를 접어 한 번만 잘라 '그림처럼 잘리도록' 만들어 보고 어떻게 접었는지 설명해 보세요.

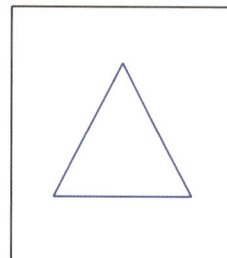

5 종이를 접고 한 번만 잘라 도형을 만들어 보세요.

❶ 색종이 한 장을 준비하세요.

❷ 반으로 올려 접어주세요.

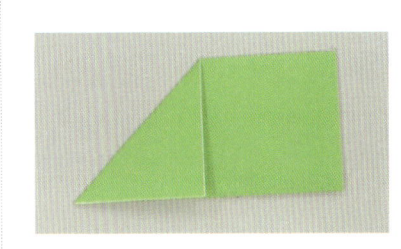

❸ 삼각형으로 접었다 펴세요.

❹ 반대쪽도 삼각형으로 접었다 펴세요.

❺ 접은 선의 교점과 빨간 점이 만나도록 접으세요.

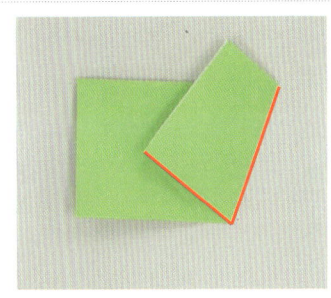

❻ 두 선분(빨간색)이 맞닿도록 접어 올리세요.

❼ 두 선분(빨간색)이 맞닿도록 접으세요.

❽ 종이를 좌우 방향으로 뒤집어 주세요.

❾ 반으로 접으세요.

❿ 맨 윗장을 따라 표시하세요.

⓫ 표시한 선을 따라 자르세요.

⓬ 종이를 펼쳐 모양을 관찰해 보세요.

14 한 번만 잘라서 만든 정다각형

6 종이를 접고 한 번만 잘라 도형을 만들어 보세요.

❶ 색종이 한 장을 준비하세요.

❷ 색종이를 반으로 아래쪽으로 접어주세요.

❸ 한 번 더 반으로 접고, 펼쳐주세요.

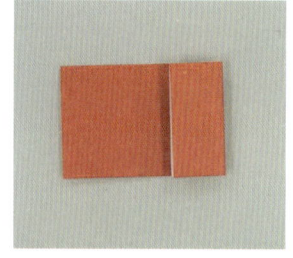
❹ 중심선에 맞추어 접은 뒤 펼쳐주세요.

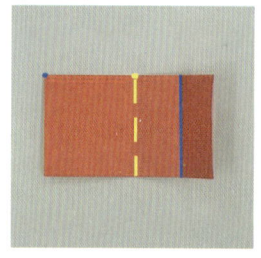
❺ 접은 선(파란선)이 파란 점이 만나도록 접어주세요. 접는 선은 노란 점을 지나야 합니다.

❻ 아래에서 위로 뒤집어 주세요.

❼ 두 선분(빨간색)이 만나도록 반으로 접어주세요.

❽ 앞 뒷면 색종이의 끝에 두 점을 찍고 선을 그려요.

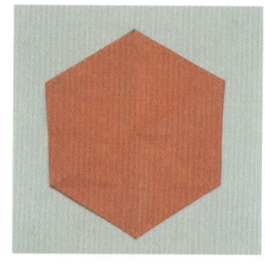
❾ 그린 선을 따라 자르고 종이를 펼쳐 모양을 관찰해 보세요.

7 5와 6에서 만든 도형을 관찰해 보세요. 각 도형의 이름은 무엇인가요?

8 왜 7과 같이 생각했나요?

도형과 측정

수학으로 답해요

3 두 선분이 겹치도록 두 선분의 가운데를 접었습니다. 그리고 파란선을 따라 한 번 잘랐습니다.

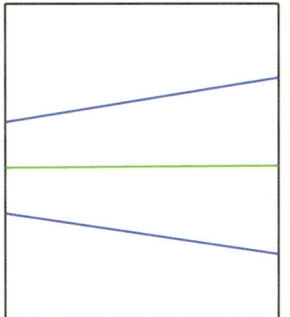

4 먼저 반으로 접은 뒤, 두 선분이 겹치도록 두 선분의 가운데를 접었습니다. 그리고 파란선을 따라 한 번 잘랐습니다.

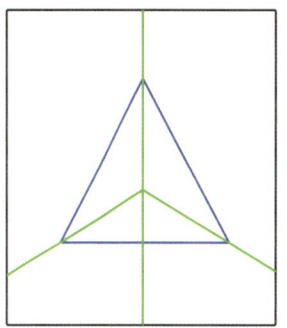

7 정오각형과 정육각형입니다.

8 종이를 접어 자를 때 선분들이 모두 겹쳐져 있고 길이가 같으며, 선분의 개수가 각각 5개와 6개이기 때문에 정오각형과 정육각형입니다.

지도 TIP!

1. 지도 시 유의사항
- 정다각형 지도를 위해 종이를 접는 방법을 제시하였습니다. 수업의 목표나 학생의 수준에 따라 한글 자음자를 만들어보는 등 접는 방법을 찾아보는 것도 도형 학습에 도움이 될 것입니다.
- 한 번에 자르는 선이 만든 도형의 외곽선이 된다는 것에 주목할 수 있도록 해 주세요. 또한, 겹쳐진 선의 길이가 모두 같음을 직관적으로 확인하여 정다각형이 됨을 확인할 수 있도록 해 주세요.

2. 한 걸음 더! 직선골격방법과 원포장방법
Fold and Cut을 위한 방법은 직선골격방법과 원포장방법이 있습니다. 직선골격방법과 원포장방법은 각각 Eric demaine의 논문 Folding and Cutting pagper(1998)과 A disk-packing algorithm for an origami magic trick(2002)에서 자세히 알아볼 수 있습니다.

15 하나의 전개도 두 개의 도형

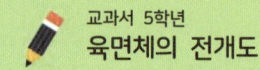

전개도로 만드는 입체

하나의 도형을 펼치면 여러 가지 모양의 전개도가 있다는 것을 알게 됩니다. 그렇다면 전개도 하나가 주어지면 한 가지 입체도형만 만들 수 있는 걸까요? 하나의 전개도로 두 가지 이상의 입체도형을 만들 수는 없을까요?

수학으로 생각해요

전개도란?

전개도(展開圖)란 입체의 표면을 한 평면 위에 펴 놓은 모양을 나타낸 그림을 말합니다. 전개도를 접어서 연결하면 입체도형을 만들 수 있습니다.

> **Tip**
> 전개도를 그릴 때 접는 부분은 점선으로, 나머지 부분은 실선으로 그립니다.

하나의 입체도형은 여러 개의 전개도가 있다!

모든 면이 합동인 정다각형이면서 꼭짓점에 모여 있는 면의 개수가 일정한 입체도형을 정다면체라고 합니다. 아주 오랜 옛날부터 정다면체는 다음과 같이 다섯 가지뿐이라는 사실이 알려져 있었습니다.

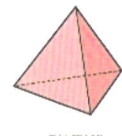 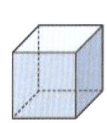 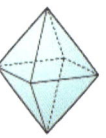 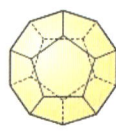 

정사면체　　정육면체　　정팔면체　　정십이면체　　정이십면체

정사면체의 전개도는 두 가지,

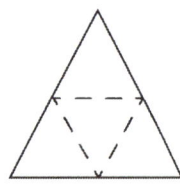 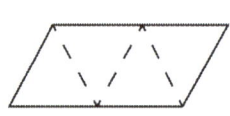

정육면체의 전개도는 11가지이고,

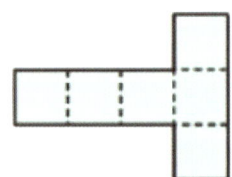 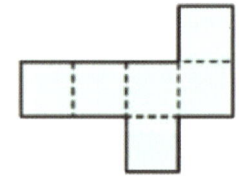 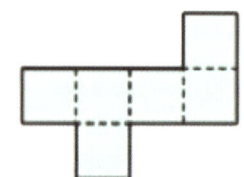

74　도형과 측정

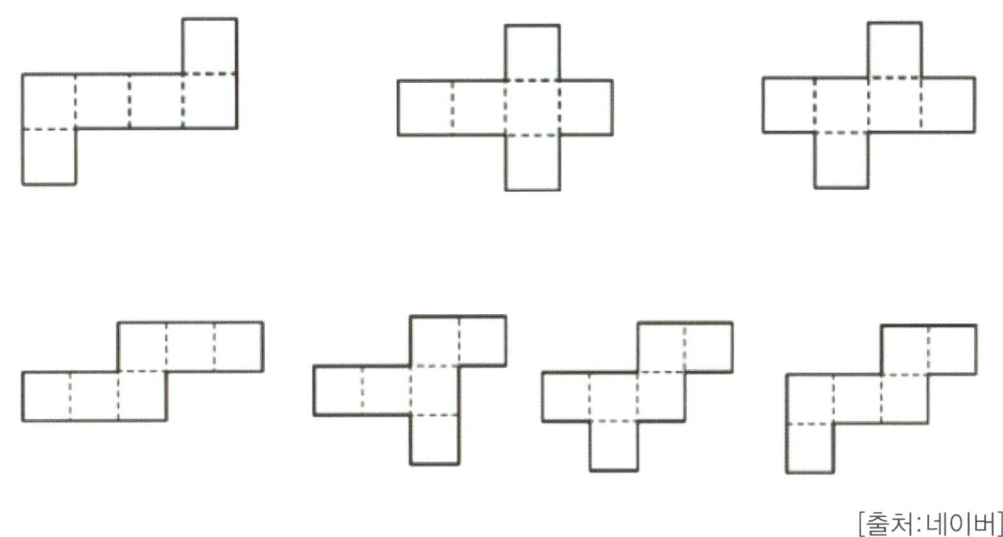

정팔면체의 전개도는 11가지, 정십이면체와 정이십면체의 전개도는 43,380가지나 있습니다.

그렇다면 전개도가 하나 주어졌을 때, 이 전개도로 만들 수 있는 입체도형은 한 가지로 정해져 있을까요? 전개도 하나로 두 가지 이상의 입체도형을 만들 수는 없을까요?

하나의 전개도로 두 개의 입체도형을 만든다?

하나의 전개도로 두 가지 이상의 입체도형을 만들 수 있는 전개도가 있습니다. ①~⑤번을 각각 같은 번호끼리 오목하게 연결하면 정팔면체가 되고, ❶~❺번을 연결하면 보트 모양이 됩니다. 이때, ❹번과 ❹번은 오목하게 연결해야 합니다.

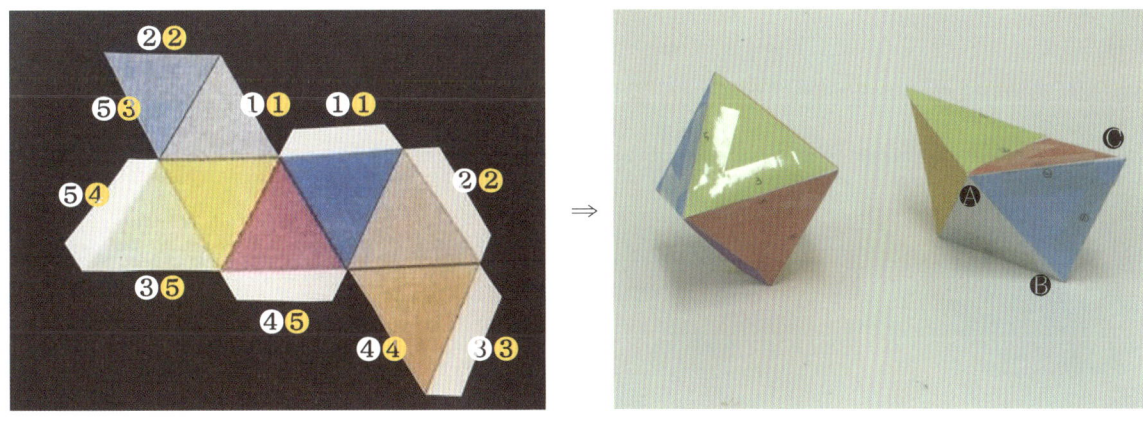

하나의 전개도로 만든 두 가지 입체 도형을 살펴보면 꼭짓점의 수, 변의 수, 면의 수는 같지만, 한 꼭짓점에 모여 있는 면의 개수는 다르다는 것을 알 수 있습니다.

정팔면체와 보트모양 입체는 각각 꼭짓점이 6개, 변은 12개, 면은 8개로 같습니다. 그러나 한 꼭짓점에 모여 있는 면의 개수를 살펴보면, 정팔면체는 각 꼭짓점에 4면씩 모여 있지만 보트모양은 꼭짓점 Ⓐ에 5개, 꼭짓점 Ⓑ는 4개, 꼭짓점 Ⓒ는 3개의 면이 모여 있습니다. 변의 수도 마찬가지입니다.

이처럼 하나의 전개도를 연결하는 방법을 다르게 하면 여러 가지 입체도형을 만들 수 있습니다.

놀면서 깨우쳐요

준비물: 전개도 도안(245~247쪽), 가위, 풀

하나의 전개도
두 개의 도형

1 다음 전개도를 살펴보고 물음에 답하세요.

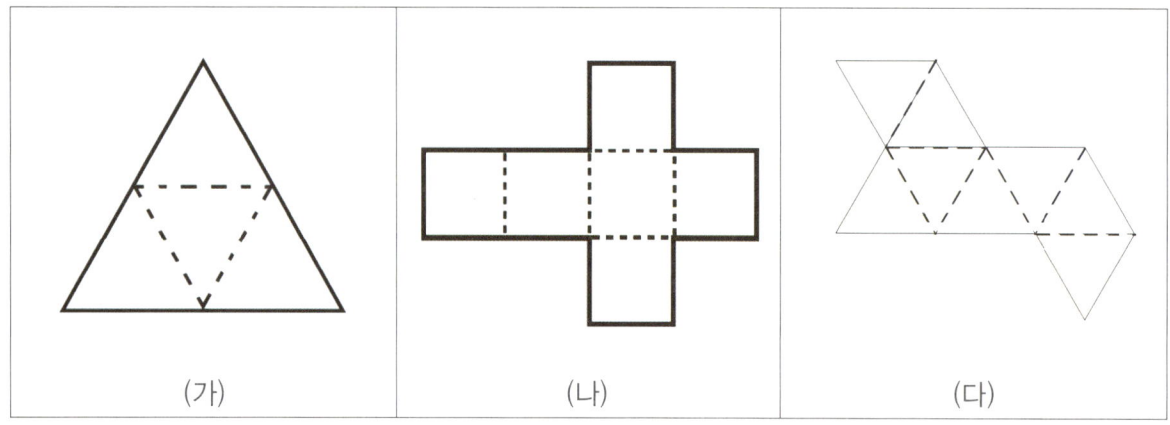

❶ 각 전개도의 면은 몇 개인가요?

전개도	(가)	(나)	(다)
면의 수	개	개	개

❷ 어떤 입체도형이 될지 예상해 보고, 그 도형의 이름을 뭐라고 하면 좋을지 써 보세요.

전개도	(가)	(나)	(다)
입체도형의 이름			

❸ (가)~(다) 중, 하나의 전개도로 두 개의 입체도형을 만들 수 있는 전개도가 있다면 어느 것이라고 생각하나요? 그 이유는 무엇인지 써 보세요.

하나의 전개도로 두 개의 입체도형을 만들 수 있는 전개도:

그렇게 생각한 이유:

2 하나의 전개도로 두 개의 입체도형을 만들어 보세요.

❶ 전개도1, 2를 실선대로 자르고 점선대로 접었다 펴 주세요.

❷ 전개도 1, 2의 연결 부분에 풀칠을 합니다.

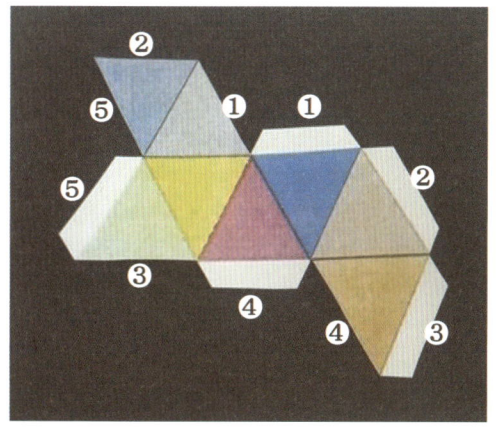

❸ 전개도1을 그림과 같이 연결합니다.

❹ 정팔면체가 만들어집니다.

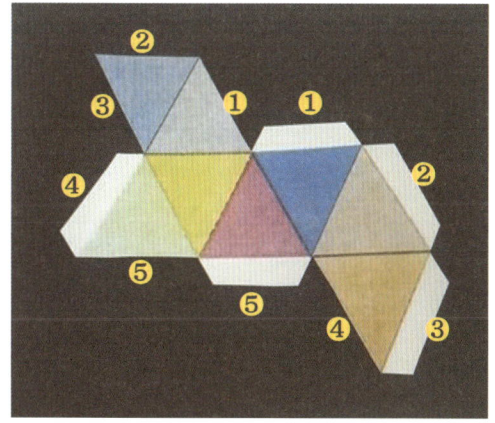

❺ 전개도2를 그림과 같이 연결합니다. 이때, ❹번과 ❹번은 오목하게 연결합니다.

❻ 보트 모양이 만들어집니다.

15 하나의 전개도 두 개의 도형

3 두 개의 입체 도형을 살펴보고 물음에 답하세요.

도형(가)

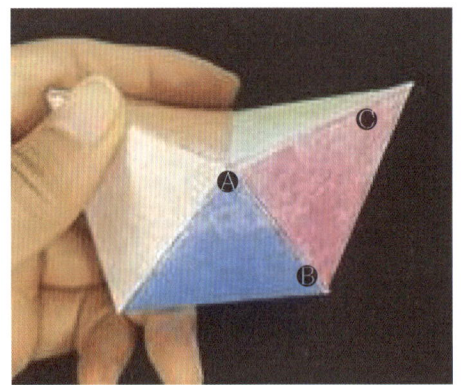

도형(나)

❶ 각 입체도형에 이름을 붙여보고 꼭짓점, 변, 면의 수를 써 보세요.

입체도형	도형 (가)	도형 (나)
입체도형의 이름		
꼭짓점의 수	개	개
변의 수	개	개
면의 수	개	개

❷ 한 꼭짓점에 모여 있는 변의 수, 면의 수는 각각 몇 개인가요?

입체도형	도형 (가)	도형 (나)
한 꼭짓점에 모여 있는 변의 수	개	Ⓐ : 개 Ⓑ : 개 Ⓒ : 개
한 꼭짓점에 모여 있는 면의 수	개	Ⓐ : 개 Ⓑ : 개 Ⓒ : 개

❸ 하나의 전개도로 두 개의 입체도형을 만드는 방법은 무엇이라고 생각하나요?

78   도형과 측정

수학으로 답해요

놀면서 깨우쳐요

준비물: 전개도 도안(242~243쪽), 가위, 풀

하나의 전개도 두 개의 도형

1 다음 전개도를 살펴보고 물음에 답하세요.

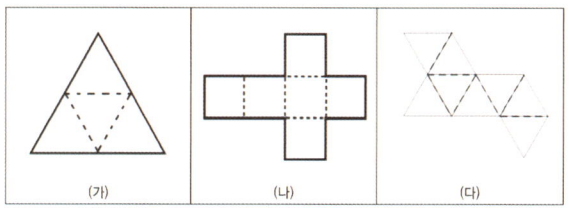

❶ 각 전개도의 면은 몇 개인가요?

전개도	(가)	(나)	(다)
면의 수	4 개	6 개	8 개

❷ 어떤 입체도형이 될지 예상해 보고, 그 도형의 이름을 뭐라고 하면 좋을지 써 보세요.

전개도	(가)	(나)	(다)
입체도형의 이름	예) 정사면체	예) 정육면체	예) 정팔면체

❸ (가)~(다) 중, 하나의 전개도로 두 개의 입체도형을 만들 수 있는 전개도가 있다면 어느 것이라고 생각하나요? 그 이유는 무엇인지 써 보세요.

하나의 전개도로 두 개의 입체도형을 만들 수 있는 전개도: 예) (다)

그렇게 생각한 이유: 예) 삼각형을 연결하는 방법을 다르게 하면 서로 다른 모양의 입체도형을 만들 수 있을 것 같기 때문입니다. 등

3 두 개의 입체 도형을 살펴보고 물음에 답하세요.

도형(가)

도형(나)

❶ 각 입체도형에 이름을 붙여보고 꼭짓점, 변, 면의 수를 써 보세요.

입체도형	도형 (가)	도형 (나)
입체도형의 이름	예) 팔면체	예) 보트
꼭짓점의 수	6 개	6 개
변의 수	12 개	12 개
면의 수	8 개	8 개

❷ 한 꼭짓점에 모여 있는 변의 수, 면의 수는 각각 몇 개인가요?

입체도형	도형 (가)	도형 (나)
한 꼭짓점에 모여 있는 변의 수	4 개	Ⓐ : 5 개 Ⓑ : 4 개 Ⓒ : 3 개
한 꼭짓점에 모여 있는 면의 수	4 개	Ⓐ : 5 개 Ⓑ : 4 개 Ⓒ : 3 개

❸ 하나의 전개도로 두 개의 입체도형을 만드는 방법은 무엇이라고 생각하나요?

예) 한 꼭짓점에 모여 있는 변의 수, 또는 면의 수를 서로 다르게 하여 연결하면 모양이 서로 다른 입체도형을 만들 수 있습니다. 등

지도 TIP!

1. 생각을 키우는 질문
Q) 하나의 전개도로 세 가지 이상의 입체도형을 만들 수 있는 전개도는 없을까요?
A) 면의 수가 같고 모양이 서로 다른 입체도형으로 하나의 같은 전개도를 찾을 수 있습니다.

2. 지도 시 유의사항
- 하나의 전개도로 하나의 입체도형만 만들 수 있다는 고정관념을 스스로 바꿀 수 있도록 유도해 주세요.
- 볼록하게, 오목하게 연결하는 방법을 이해할 수 있도록 예시를 보여주세요.
- 다른 입체도형을 활용하여 창의성을 발휘할 수 있는 기회를 제공해 주세요.

3. 한 걸음 더
오른쪽 전개도는 무려 일곱 가지 다른 입체도형을 만들 수 있습니다. (전개도 안쪽의 실선은 자르는 선입니다.) 어떻게 접으면 될까요? 전개도의 정사각형을 일부 겹치면 일곱 번째 납작한 직육면체도 만들 수 있습니다.

16 평면에서 입체로, 무브폼

교과서 3학년 **평면도형**
교과서 6학년 **원기둥**

무브폼이란?

움직이는 다면체, 무브폼(Move Form)은 1964년 일본의 조형예술가 토무라 히로시가 고안한 접히는 다면체입니다. 다면체를 다양한 형태로 만들어 볼 수 있고 특히 입체도형에서 평면도형으로 변형할 수 있는 재미있는 교구입니다.

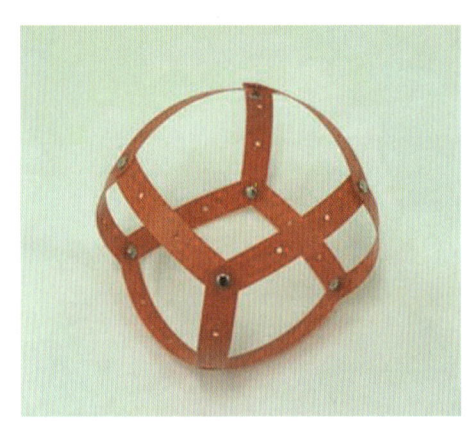

수학으로 생각해요

평면에서 입체로! 다양하게 활용 가능한 무브폼!

무브폼은 12개의 구멍이 뚫린 막대와 연결핀으로 만듭니다. 다음과 같이 구멍을 연결하여 만들 수 있습니다.

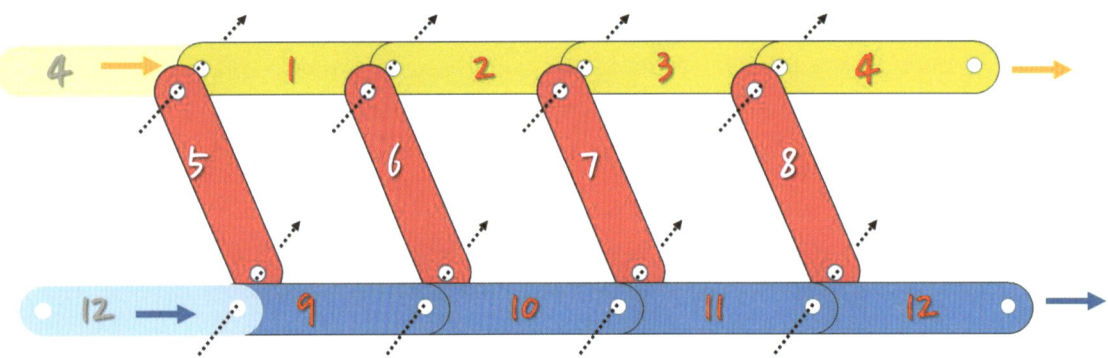

옆면의 막대를 위와 아래에 연결하는 순서가 서로 다릅니다. 순서에 주의하여 연결핀을 꽂으면 각 막대를 돌릴 수 있게 되어 평면에서 입체로의 변형이 가능해집니다.

무브폼으로 만든 도형에서 꼭짓점과 모서리, 면의 개수를 세어 봅시다.

무브폼			
도형 이름	정사각형	마름모	정육각형
꼭짓점의 수	4	4	6
변의 수	4	4	6
면의 수	1	1	1

80 도형과 측정

다양한 도형을 직접 보고 만지며 탐구하는 무브폼!

정사각형에서 평행사변형으로 변하는 모양을 관찰하며 각의 변화를 이해할 수 있습니다.

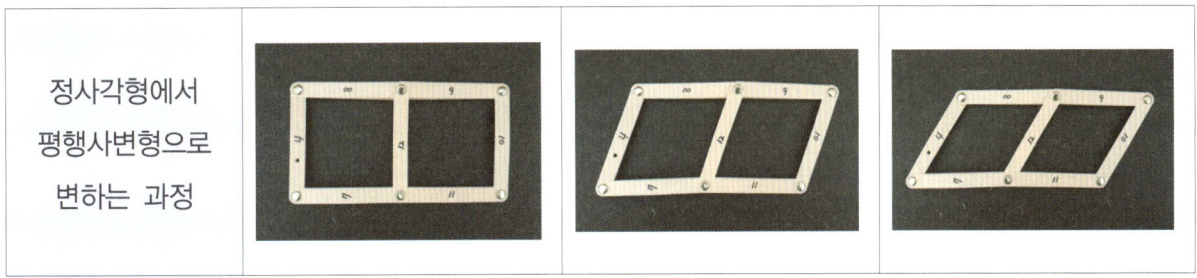

| 정사각형에서 평행사변형으로 변하는 과정 | | | |

무브폼은 입체도형도 표현할 수 있습니다. 원기둥, 구 등을 무브폼으로 표현하고 꼭짓점과 모서리, 면의 개수를 직접 확인해 볼 수 있습니다.

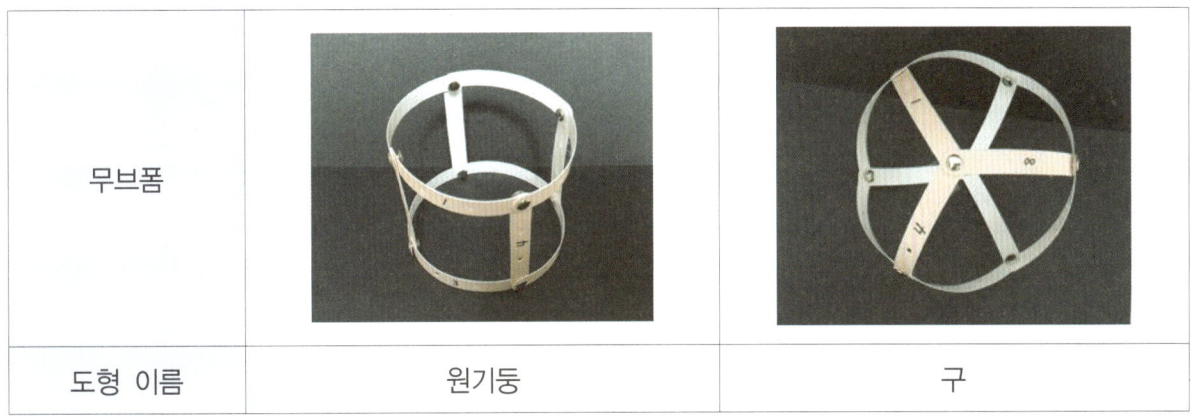

무브폼		
도형 이름	원기둥	구

이외에도 무브폼으로 다양하고 창의적인 모양을 만들 수 있습니다.

무브폼			
도형 이름	원	정육면체의 겨냥도	하트 모양
무브폼			
도형 이름	숫자 8	숫자 9	X모양

16 평면에서 입체로, 무브폼

놀면서 깨우쳐요

육면체 무브폼 만들기

준비물: 8 × 1.5cm 플라스틱 막대 12개, 할핀 8개

무브폼

1 무브폼을 만들어 보세요.

❶ 막대의 위, 아래 부분에 구멍을 뚫어요.

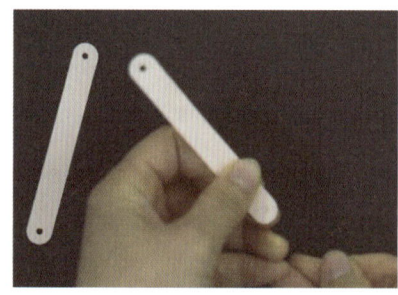

❷ 다음과 같이 막대를 순서대로 놓아요.

막대에 번호를 써 두면 연결하기 편해요

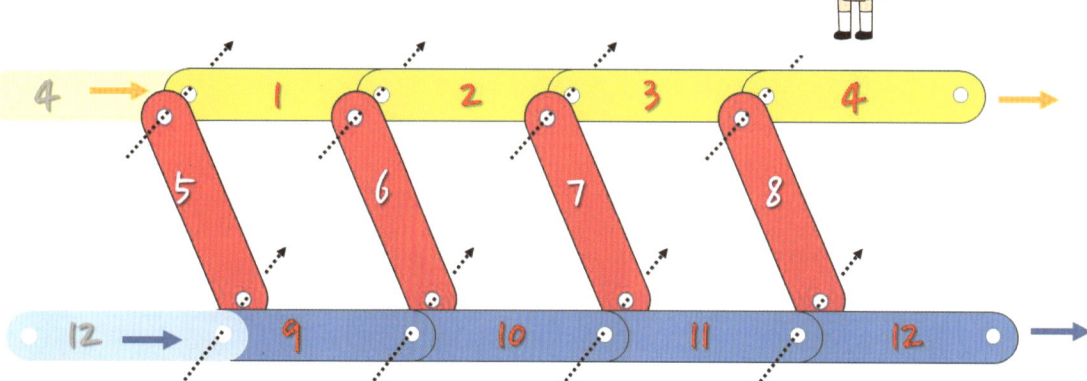

❸ 구멍에 할핀을 끼워 연결해요.

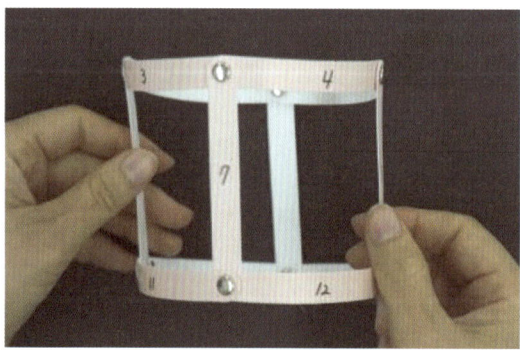

2 무브폼을 살펴보고 특징을 써 보세요.

3 무브폼으로 다양한 평면 도형을 만들어 보고 꼭짓점과 변, 면의 개수를 알아보세요.

무브폼			
도형 이름			
꼭짓점의 수			
변의 수			
면의 수			

4 무브폼으로 만들 수 없는 도형은 어떤 도형인가요? 그 이유는 무엇일까요?

5 무브폼으로 입체도형을 만들어 보세요.

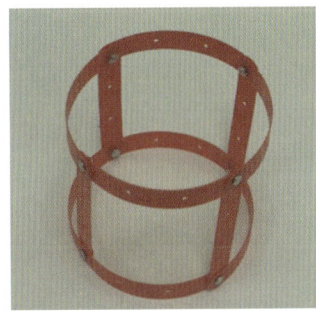 

6 무브폼으로 나만의 창의적인 모양을 만들어 보세요.

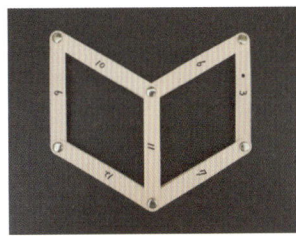  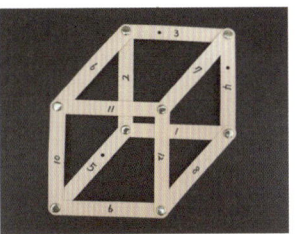

수학으로 답해요

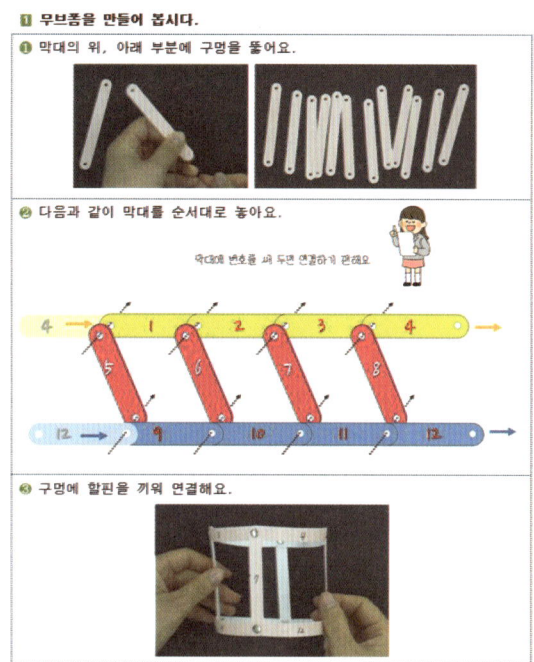

2 무브폼을 살펴보고 특징을 써 보세요.
- 연결 부분이 12개이다.
- 연결 선이 12개이다.
- 잘 휘어진다.
- 여러 가지 도형을 만들 수 있다.

3 무브폼으로 다양한 평면 도형을 만들어 보고 꼭짓점과 변, 면의 개수를 알아보세요.

무브폼			
도형 이름	직사각형	마름모	정육각형
꼭짓점의 수	4	4	6
변의 수	4	4	6
면의 수	1	1	1

4 무브폼으로 만들 수 없는 도형은 어떤 도형이고, 그 이유는 무엇인가요?
사다리꼴. 사다리꼴은 윗변과 아랫변의 길이가 달라야 하는데 무브폼의 연결 구조로는 윗변과 아랫변의 길이가 다른 사다리꼴을 만들 수 없습니다.

5 무브폼으로 입체도형을 만들어 보세요.
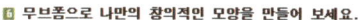

6 무브폼으로 나만의 창의적인 모양을 만들어 보세요.

지도 TIP!

1. 생각을 키우는 물음
Q) 무브폼으로 입체도형을 만들 때 원기둥 모양과 구 모양의 차이점을 말해 보세요.
A) 원기둥 모양은 같은 모양의 밑면이 2개 나오도록 표현해야하고 구 모양은 모든 막대가 같은 각도로 구부러져 전체적으로 둥근 공 모양을 띠도록 만들어야 합니다.

2. 지도 시 유의사항
- 무브폼으로 평면도형을 만들 때 막대 여러 개가 겹쳐서 한 변을 이루는 경우도 있는데 오개념을 심어주지 않도록 지도해야 합니다.
- 무브폼으로 다양한 모양을 만들며 탐구할 수 있는 충분한 시간을 제공하는 것이 좋습니다.

도형과 측정

쉬어가기

17 원이 그리는 예술, 써클아트

교과서 3학년
원

써클아트?

원으로 그린 작품을 써클아트라고 합니다. 써클아트는 다양한 크기와 색상의 원으로 표현할 수 있어 그리는 사람에 따라 독특한 작품을 만들 수 있습니다.

[출처- 네이버]

수학으로 생각해요

원의 역사

원의 역사는 인류의 역사와 함께 시작되었다고 해도 과언이 아닙니다. 고대 이집트의 수학책 「린드 파피루스」에는 다음과 같은 문제가 기록되어 있습니다.

　　　　지름이 9이고 높이가 6인 곡물 창고가 있다.
　　　　　이 안에 들어가는 곡물의 양은 얼마인가?

또한, 고대 그리스 수학자 탈레스(Thales, 기원전 624?~기원전546?)는 다음과 같이 언급하였습니다.

　　　　　원은 지름에 의하여 이등분된다.
　　　　반원에 대한 원주각의 크기는 항상 직각이다.

원의 정의

「유클리드의 원론」에서는 원과 관련하여 다음과 같이 정의합니다.

　원은 원주라고 부르는 곡선으로 형성된 평면도형이며, 원 안의 한 점으로부터 원주까지 그린 직선의 길이가 모두 같은 평면도형이다.
　　　　　그리고 그 점을 중심이라고 한다.
　　원의 반지름은 중심으로부터 원주까지 그린 직선이다.
　원의 지름은 중심을 지나서 양쪽으로 원주까지 그린 직선이다.

> **Tip**
>
> 원을 그릴 때 사용하는 도구 컴퍼스(Compass)는 그리스 신화에서 뭐든지 잘 만드는 다이달로스의 조카, '탈로스'가 만들었다는 설이 있습니다.
>
> 《유클리드의 원론》(그리스어: Στοιχεῖα, 스토이케이아)은 고대 그리스의 저명한 수학자인 에우클레이데스(유클리드)가 기원전 3세기에 집필한 책으로 총 13권으로 구성되어 있습니다.

도형과 측정

원의 성질

원에 대한 정의 '원 안의 한 점으로부터 원주까지 그린 직선의 길이가 모두 같은 평면도형'을 이해하기 위해 다음과 같이 구체적 활동을 할 수 있습니다.

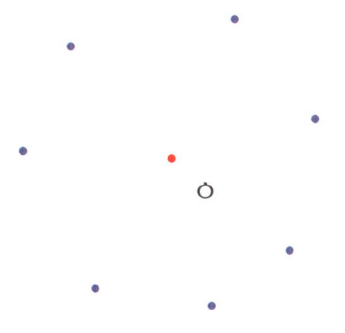 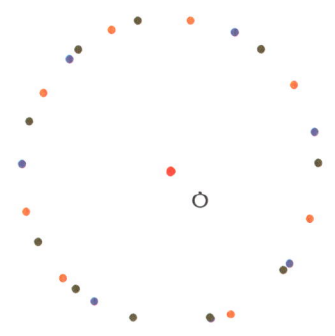 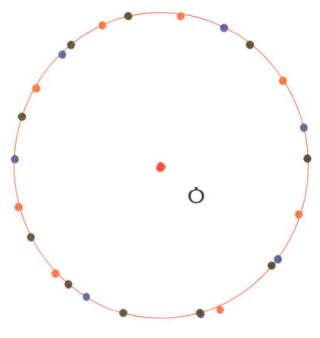

❶ 투명한 필름 위에 한 점ㅇ(원의 중심)를 정하고, 점ㅇ로부터 6cm 떨어진 곳에 자를 이용하여 점을 찍습니다.

❷ 3~5명이 각각 점을 찍은 뒤, 투명한 필름을 모두 겹쳐 봅니다.

❸ 한 점으로부터 6cm씩 떨어진 여러 개의 점이 모여 원이 되어 가는 것을 볼 수 있습니다.

원을 그리는 다양한 방법

❶ **컴퍼스로 원 그리기** 컴퍼스로 원을 그릴 때는 먼저 원의 중심이 되는 점ㅇ을 정한 뒤, 컴퍼스를 원의 반지름이 되도록 벌립니다. 그다음 컴퍼스의 침을 점ㅇ에 꽂고, 머리를 한 바퀴 돌려 원을 그리면 됩니다.

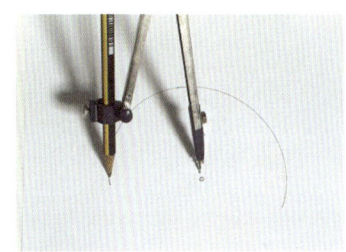

❷ **실로 원 그리기** 실을 원의 중심이 되는 한 점에 고정하고 실의 다른 한 쪽 끝에 연필을 고정합니다. 그다음 실을 팽팽하게 유지하면서 연필을 한 바퀴 돌려 원을 그리면 됩니다.

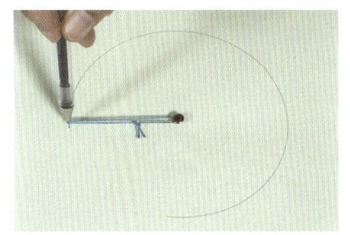

❸ **종이로 원 그리기** 일정한 간격으로 구멍을 뚫은 종이의 한쪽 끝을 핀으로 고정합니다. 그다음 다른 구멍에 연필을 넣어 한 바퀴 돌려 원을 그리면 됩니다.

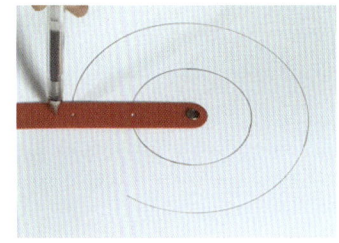

놀면서 깨우쳐요

준비물: 컴퍼스, 색연필 또는 마카, 가위, 칼

써클아트

1 우리 주변에서 원 모양을 갖고 있는 물건을 찾아 써 보세요.

　　　병뚜껑

2 그림을 보고 '원'을 넣어 문장으로 나타내어 보세요.

_____　　　_____

_____　　　_____

_____　　　_____

3 다음 그림에서 규칙을 찾아 원을 1개 더 그려 보세요.

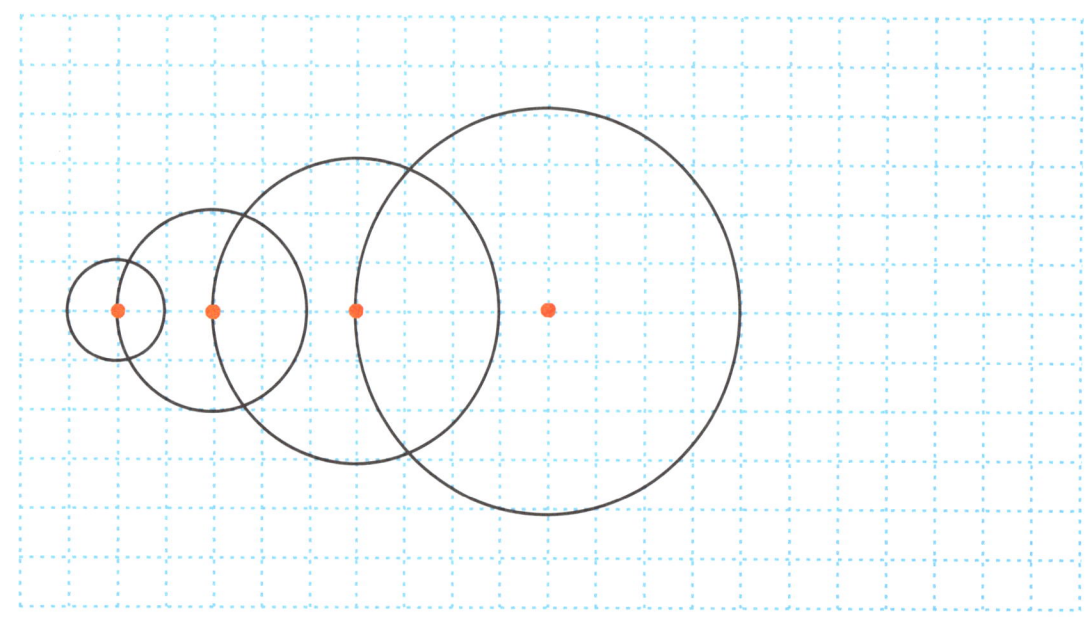

88　도형과 측정

4 컴퍼스와 자를 이용하여 왼쪽 그림을 오른쪽에 옮겨 그리세요.

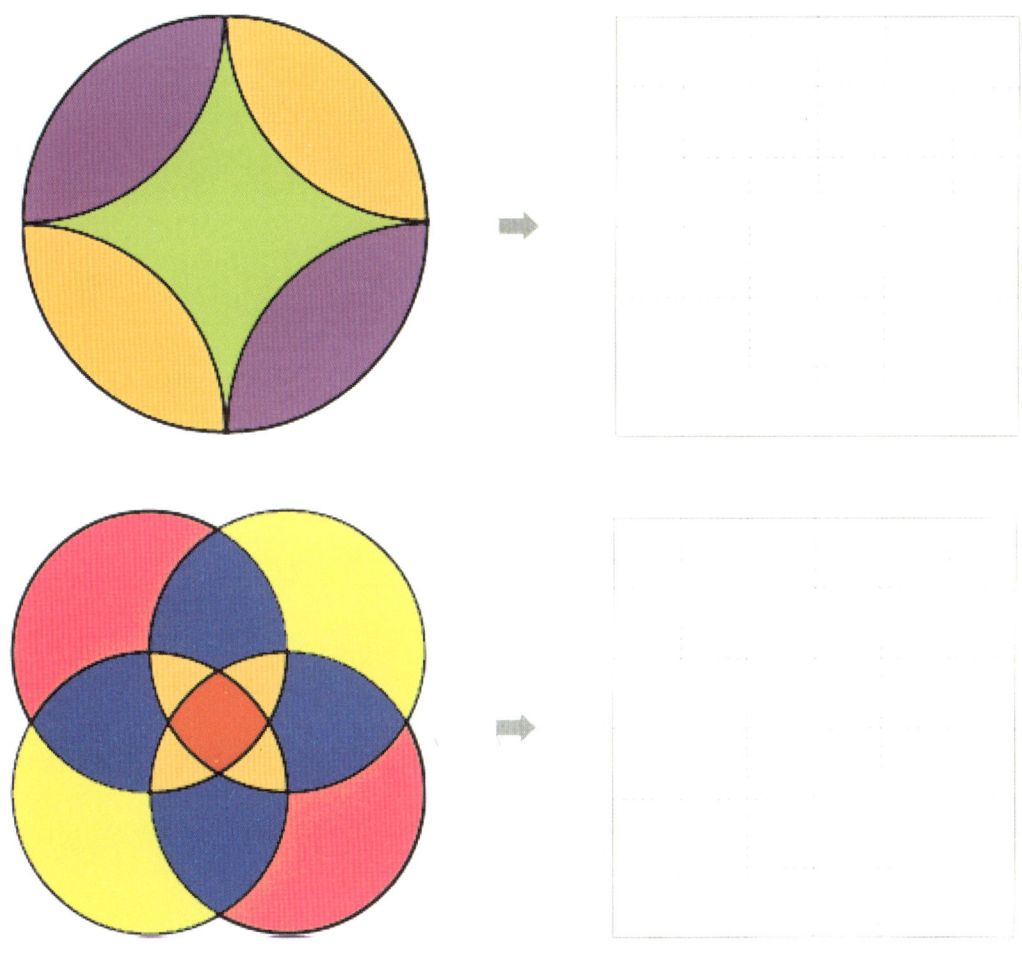

5 원을 이용하여 동물 그림을 그려 보아요.

[출처:http://dorotapankowska.com]

6 컴퍼스를 이용하여 원으로 나만의 '써클아트'를 디자인해 보세요.

7 원을 이용하여 나만의 핸드폰 케이스를 만들어 보아요.

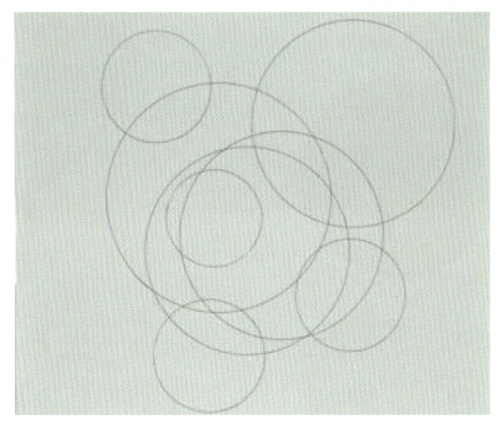

❶ 컴퍼스로 그리고 싶은 원을 그려요.
(**6**에서 그린 도안을 활용하세요.)

❷ 색연필이나 마카로 색칠합니다.

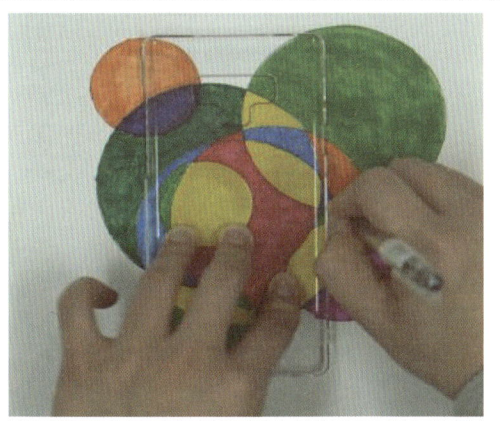

❸ ❷위에 핸드폰 케이스를 올려 놓고 윤곽선을 그립니다.

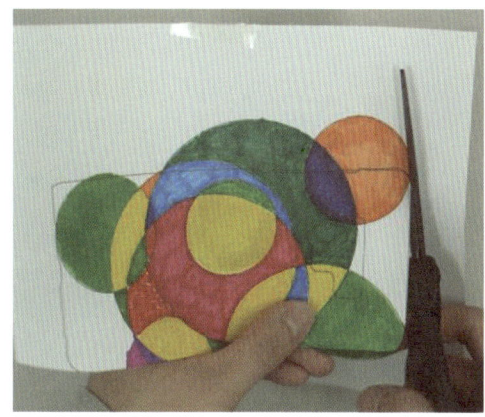

❹ 핸드폰 윤곽선을를 따라 자릅니다.

❺ 칼을 사용하여 카메라 구멍을 뚫습니다.
(칼 사용 시 주의하세요.)

❻ 자른 작품을 투명 핸드폰 케이스에 끼웁니다.

17 원이 그리는 예술, 써클아트

수학으로 답해요

1. 우리 주변에서 원 모양을 갖고 있는 물건을 찾아 써 보세요.

   병뚜껑   동전   음료수 캔   훌라후프   컵   나사 못

2. 그림을 보고 '원'을 넣어 문장으로 나타내어 보세요.

잔잔한 물 표면에 물 한방울
이 똑 떨어져서 원 모양의
파문을 일으킨다.

양파를 자른 면에
여러 개의 원이 있습니다.

3. 다음 그림에서 규칙을 찾아 원을 1개 더 그려보세요.

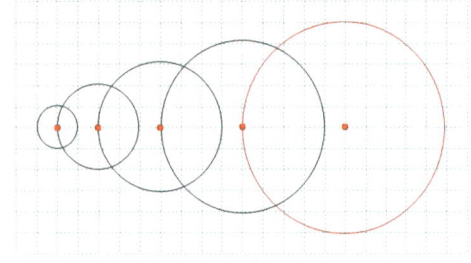

4. 컴퍼스와 자를 이용하여 왼쪽 그림을 오른쪽에 옮겨 그리세요.

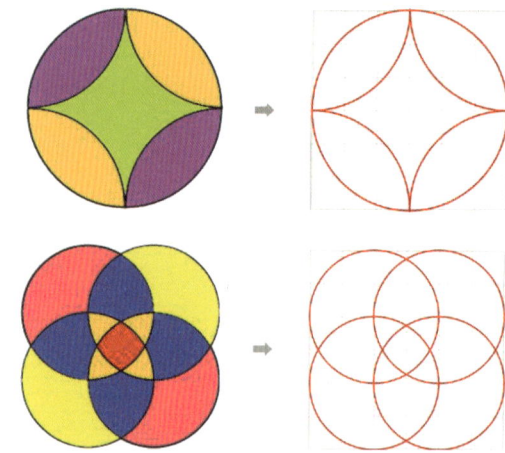

여러 가지 동물 그림 QR코드

지도 TIP!

1. 생각을 키우는 물음

Q) 맨홀 뚜껑의 모양은 대부분 원인데요, 그 이유는 무엇일까요?

A) 맨홀(Manhole)은 지하에 묻혀 있는 전기선, 수도관, 하수관, 가스관 등을 점검하기 위해 드나드는 길의 입구입니다. 위 그림과 같이 삼각형, 사각형, 원 모양의 맨홀 뚜껑이 있다고 생각하고 맨홀로 빠지지 않는 뚜껑의 모양은 무엇일지 찾아보세요. 맨홀 뚜껑이 삼각형, 사각형이라면 맨홀로 빠지기 쉽습니다. 그래서 어떤 방향으로 넣어도 맨홀로 빠지지 않는 원 모양으로 맨홀 뚜껑을 만든답니다!

2. 지도 시 유의사항

- 주변의 물건의 모양을 통해 원을 직관적으로 이해하는 활동을 충분히 한 후, 원의 개념에 대한 이해가 이루어져야 합니다.
- 한 점으로부터 같은 거리에 있는 점들의 집합이 '원'이라는 개념을 이해하기 위해 투명한 필름에 같은 거리에 있는 점을 찍어 모아보는 활동 등의 다양한 구체적 조작활동이 필요합니다.

3. 한 걸음 더!

하나의 큰 원 안에 이 원과 접하는 원을 두 개 그리면 근처의 다른 모든 원에 접하는 원을 그릴 수 있습니다. 이를 아폴로니언 개스킷(Apollonian Gasket)이라고 하며 이는 프랙탈 유형의 여러 이름 중 하나입니다.

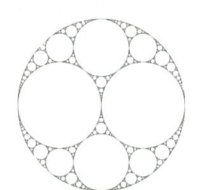

도형과 측정

18 안과 밖이 바뀌는 큐브

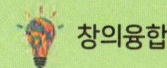 창의융합

요시모토 큐브란?

1971년 일본의 나오키 요시모토가 정육면체를 분할하는 방법을 연구하다가 발견하게 된 큐브입니다. 8개의 정육면체가 서로 연결되어 있는 형태로 풀어졌다가 다시 접하는 순환접음이 가능합니다. 현재는 다양한 형태로 변형·발전되었습니다.

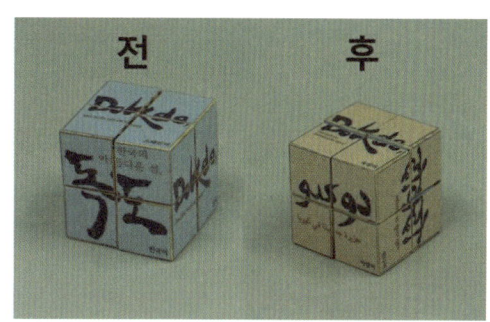

수학으로 생각해요

48개의 면과 12장의 그림

요시모토 큐브는 작은 정육면체 8개로 이루어져 있으므로 작은 정육면체를 기준으로 전체 면의 수는 48개(6×8=48)입니다. 큐브가 큰 정육면체 하나가 되도록 접었을 때, 밖에 보이는 작은 면의 수는 6×4=24이므로 안에 보이지 않는 면의 수도 6×4=24입니다. 이때, 작은 면 4개가 모여 큰 정육면체 한 면의 그림이 되므로, 안쪽 면 그림 6장과 바깥 면 그림 6장이 만들어지는 것입니다.

정육면체의 분할

요시모토 큐브는 작은 정육면체를 서로 합동인 입체도형 2개로 분할하여 만들 수도 있습니다.

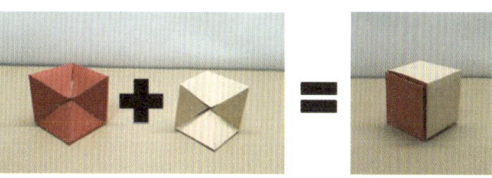

Tip
정육면체 합체 방향

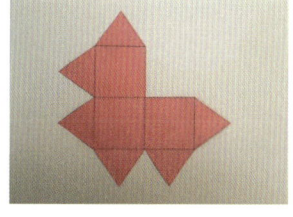

놀면서 깨우쳐요

안과 밖이 바뀌는 독도 큐브 만들기

준비물: 독도큐브 도안(249쪽) 2.5×2.5cm 쌓기나무 8개, 테이프, 스티커 코팅지, 가위

독도 큐브

1 안과 밖이 바뀌는 독도 큐브를 만들어 보세요.

 **Tip**

정육면체의 모서리가 연결되도록 테이프를 붙일 때는 정육면체 사이에 1mm정도의 간격을 띄우고 붙입니다. 또한 모서리의 앞뒤에 테이프를 모두 붙이면 접거나 펼쳤을 때 큐브가 분해되지 않습니다.

❶ 크기가 같은 쌓기나무 8개를 위와 같이 4개씩 놓는다.

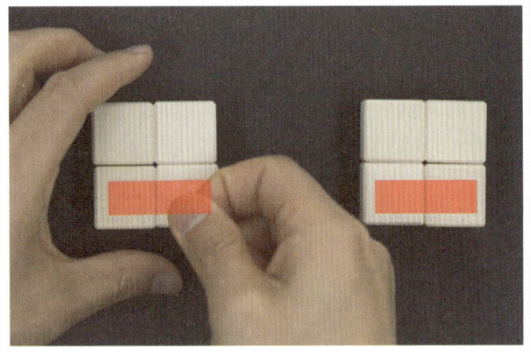

❷ 아래 두 개의 정육면체를 모서리만 연결되도록 테이프로 붙인다.

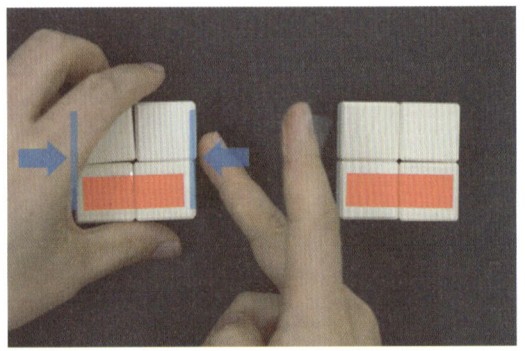

❸ 아래층과 위층의 모서리가 연결되도록 좌우에 테이프를 붙인다.

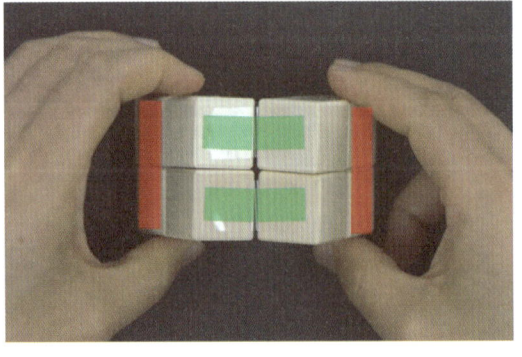

❹ ❸에서 만든 조각이 밖으로 향하도록 놓고, 위쪽을 같은 모서리끼리 붙인다.

❺ 테이프를 붙인 큐브가 제대로 연결되었는지 확인한다.

❻ 큐브의 여섯 면에 A1부터 A6를 표시한다.

도안을 한꺼번에 다 자르면 섞여서 해당 도안을 찾기가 어렵습니다. 한 면씩 붙일 때마다 자르는 것이 좋습니다.

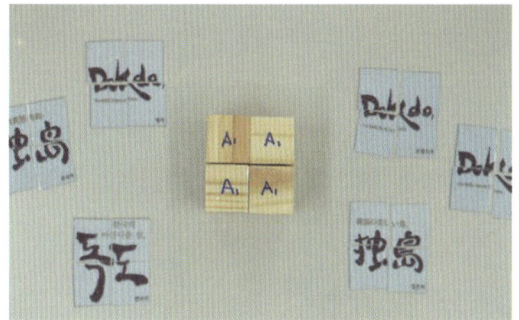 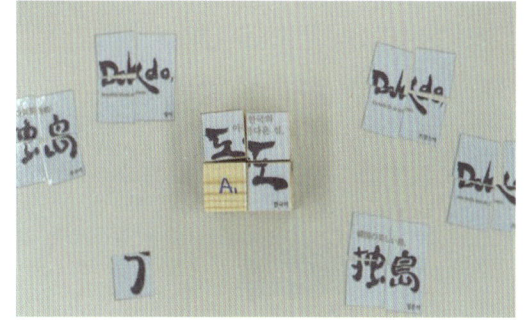

❼ 6장으로 이루어진 한 가지 도안을 4조각으로 잘라 큐브의 각 여섯 면(A1~A6)에 알맞게 붙인다.

도안을 쌓기나무에 붙일 때는 라벨지나 스티커 코팅지를 이용하면 편리합니다.

❽ 큐브를 뒤집어 또 다른 여섯 면에 B1~B6를 표시 후, 남은 도안을 4조각으로 잘라 붙인다.

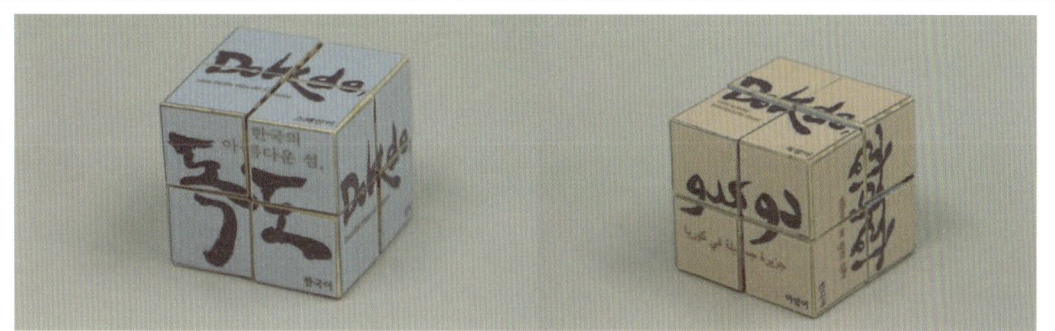

❾ 큐브가 제대로 작동하는지, 도안을 제대로 붙였는지 확인한다.

18 안과 밖이 바뀌는 큐브

수학으로 답해요

지도 TIP!

1. 생각을 키우는 물음

Q) 요시모토 큐브는 작은 정육면체 8개로 만듭니다. 요시모토 큐브로 큰 정육면체를 만들고 이를 뒤집으면 모두 12가지 그림을 담을 수 있습니다. 왜 그럴까요?

A) 요시모토 큐브는 8개의 작은 정육면체가 연결되어 있지만 모서리만 연결되어 있어 면이 맞붙지 않습니다. 따라서 작은 정육면체의 면이 모두 48개 있습니다. 또한 큰 정육면체를 만들었을 때, 작은 면 4개씩 모여 6개의 큰 면을 이루므로 24개의 면이 보이고, 안쪽의 보이지 않는 24개의 면이 있습니다. 즉, 큰 정육면체를 만들었을 때, 보이는 6개 면과 보이지 않는 6개 면이 있어 12가지 그림을 담을 수 있습니다.

2. 한 걸음 더! 별이 있는 요시모토 큐브

- 아래 전개도로 유닛 16개(서로 다른 색으로 각 8개씩)를 만들고 이를 이어붙이면 요시모토 큐브를 만들 수 있습니다. 약간 두꺼운 종이로 만드는 것이 좋고, 실선을 따라 접을 때 자를 대고 칼등으로 금을 내어 놓으면 깔끔하게 잘 접힙니다.

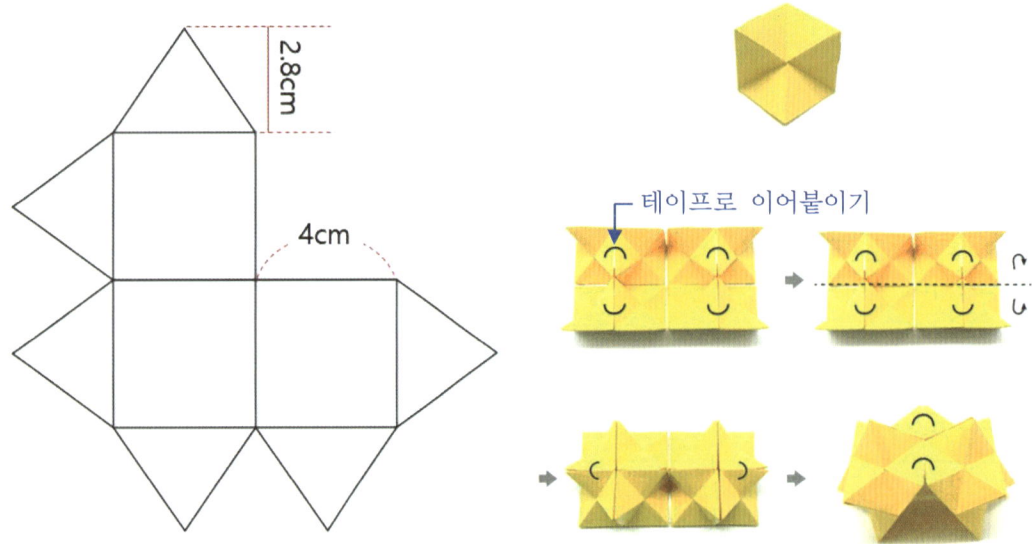

- 같은 방법으로 다른 색 입체도형을 완성하고, 두 입체도형이 서로 다른 모양이 되도록 놓은 뒤 끼워 넣으면 요시모토 큐브가 완성됩니다.

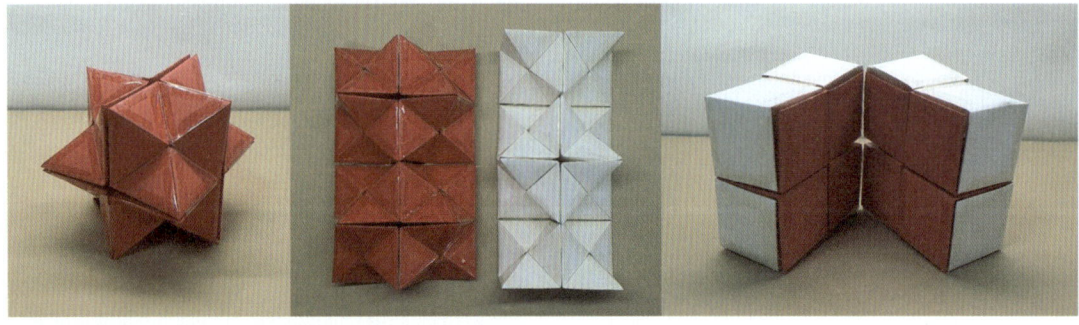

19 무한반복 피라미드

시에르핀스키 피라미드란?

시에르핀스키 피라미드는 시에르핀스키 삼각형을 공간으로 확장시킨 입체모형입니다. 이 입체 도형은 처음에 주어진 정사면체 모서리의 중점을 연결하였을 때 생기는 작은 피라미드 4개를 제외한 가운데 부분(정팔면체)을 제거하는 과정을 무한히 반복했을 때 생기는 프렉탈 형태의 입체 도형입니다.

Tip

바츠와프 시에르핀스키 (1882~1969). 폴란드 수학자.
프렉탈: 작은 구조가 전체 구조와 비슷한 형태로 끊임없이 되풀이 되는 구조로 '쪼개다'라는 뜻을 가진 그리스어 '프렉투스(fractus)'에서 따온 말입니다.

수학으로 생각해요

시에르핀스키 삼각형 만들기

❶ 색칠되어 있는 임의의 정삼각형에서 시작합니다.
❷ 세 변의 중점을 이어 합동인 작은 정삼각형 4개를 만듭니다.
❸ 가운데 있는 작은 정삼각형을 제거하여 3개의 정삼각형만 남깁니다.
❹ 남아있는 3개의 색칠된 정삼각형에 위의 과정을 반복하여 시행합니다.
위 그림은 4차례 반복한 결과입니다.

시에르핀스키 삼각형의 변화

처음 0단계 삼각형의 넓이가 1이라면 각 단계를 거듭할수록 색칠된 삼각형의 전체 넓이는 이전 단계의 3/4배만큼만 남아있게 되므로, 이 과정을 여러 번 반복하면 남아있는 도형의 넓이는 0에 가까워집니다. 또한 단계별 삼각형의 개수, 색칠된 한 삼각형의 넓이 변화도 살펴볼 수 있습니다.

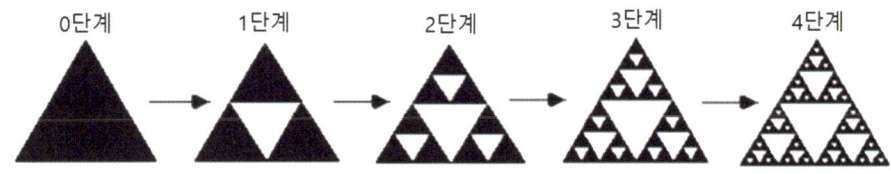

색칠된 삼각형의 전체 넓이	0단계	1단계	2단계	3단계	4단계
	1	$\dfrac{3}{4}$	$\dfrac{9}{16}$	$\dfrac{27}{64}$	$\dfrac{81}{256}$

놀면서 깨우쳐요

시에르핀스키 피라미드 만들기

정사면체 접기

시에르핀스키 피라미드 만들기

준비물: 시에르핀스키 삼각형 활동지(251쪽), 시에르핀스키 사각형 활동지(253쪽), A4 색지, 테이프, 글루건, 가위, 풀

1 시에르핀스키 삼각형을 색칠해 보세요.

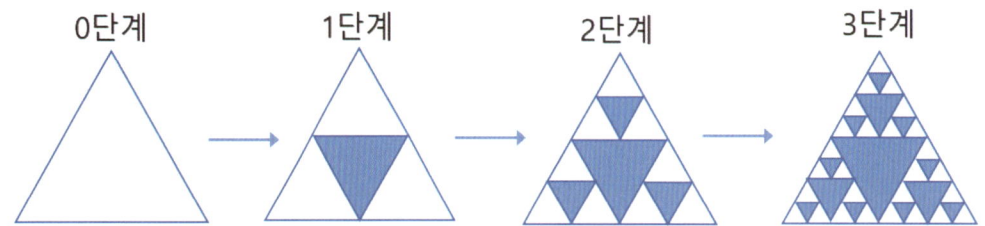

❶ 세 변을 각각 이등분하여 작은 정삼각형 4개를 만듭니다.
❷ 가운데 있는 작은 정삼각형만 색칠합니다.
❸ 남아있는 3개의 정삼각형에 위의 ❶~❷ 과정을 반복합니다.
❹ 각 단계에서 남아있는 흰색 부분을 관찰하면서 3단계까지 도전해 보세요.

1-1 시에르핀스키 삼각형을 보고 물음에 답해 보세요.

❶ 맨 처음 정삼각형의 넓이가 1이라면 각 단계에서 흰색 삼각형 전체의 넓이는 각각 얼마인가요? 분수로 나타내어 보세요.

흰색 삼각형의 전체 넓이	0단계	1단계	2단계	3단계
	1			

❷ 시에르핀스키 삼각형의 넓이는 어떻게 변화하고 있나요?

2 시에르핀스키 사각형을 색칠해 보고, 맨 처음 정사각형의 넓이가 1이라면 각 단계에서 흰색 사각형 전체의 넓이는 어떻게 변화하고 있는지 알아보세요.

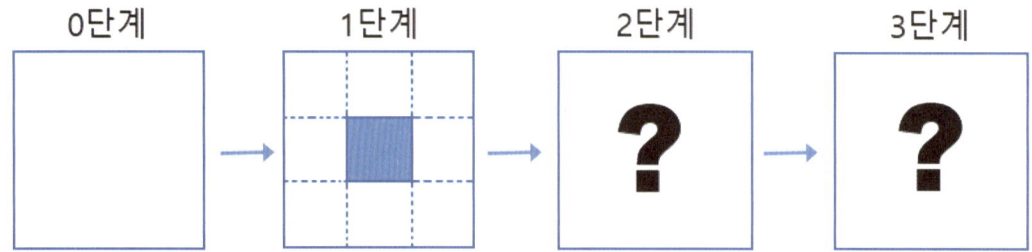

98 도형과 측정

3 A4 종이를 접어 정사면체를 만들어 보세요.

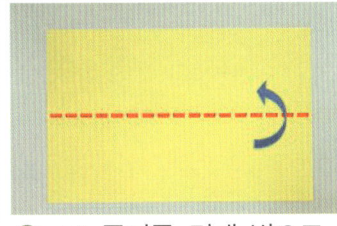 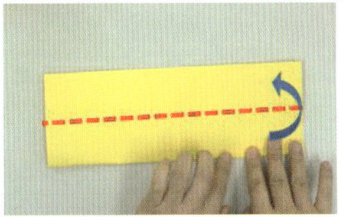 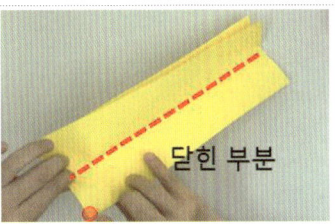

닫힌 부분

> **Tip**
> 반으로 자른 색종이로 만들 수도 있습니다.

❶ A4 종이를 길게 반으로 접고, 다시 한번 더 접은 후 펼칩니다. 반으로 접었을 때 닫힌 부분이 아래에 오게 둡니다.

 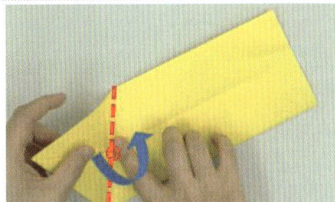 

❷ 왼쪽 아래 꼭짓점이 가운데 있는 선에 오도록 한 후 그 선을 기준으로 삼각형을 접습니다.

 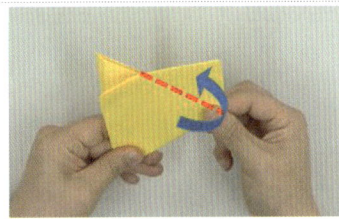 

❸ 만들어지는 삼각형을 기준으로 반복하여 접고, 끝부분도 삼각형에 맞추어 접으면 평면 정삼각형 모양이 됩니다.

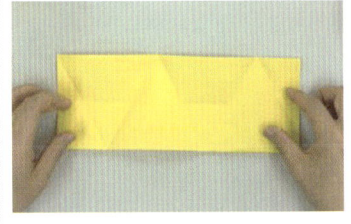  

❹ A4의 절반 크기가 될 때까지 다시 펼친 후, 이를 접어 입체 정사면체를 만듭니다. 이때, 끝부분은 ❷에서 맨 처음 접었던 직각삼각형에 끼워 넣어야 합니다.

> **Tip**
> 글루건을 사용할 때 화상을 입지 않도록 유의하며, 테이프로 고정하여 연결할 수도 있습니다. 단, 단계를 거듭할수록 피라미드 지지대가 필요하기도 합니다.

4 정사면체를 글루건으로 연결하여 피라미드 형태로 만들어 보세요.

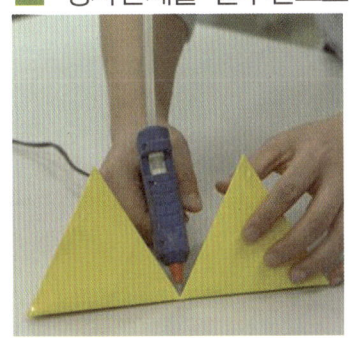  

19 무한반복 피라미드

수학으로 답해요

1-1 ❶

흰색 삼각형의 전체 넓이	0단계	1단계	2단계	3단계
	1	$\frac{3}{4}$	$\frac{9}{16}$	$\frac{27}{64}$

❷ 처음 0단계 삼각형의 넓이가 1이라면 각 단계를 거듭할수록 흰색 삼각형의 전체 넓이는 이전 단계의 $\frac{3}{4}$ 배만큼만 남아있게 되므로, 단계를 거듭할수록 넓이는 0에 가까워질 것입니다.

2

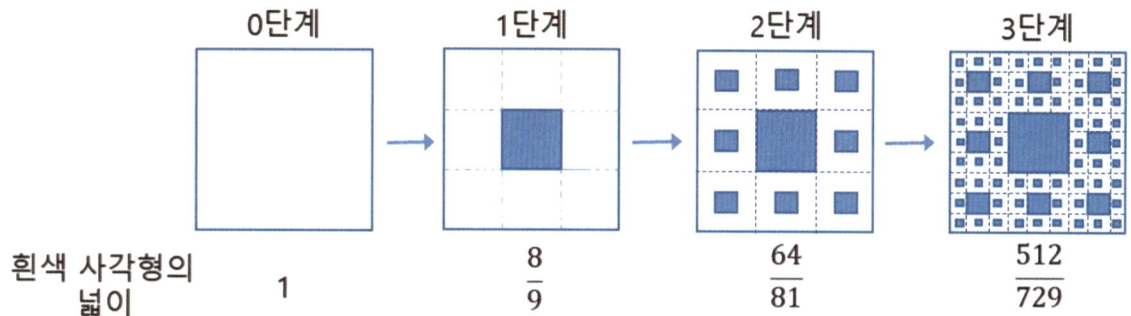

| 흰색 사각형의 넓이 | 1 | $\frac{8}{9}$ | $\frac{64}{81}$ | $\frac{512}{729}$ |

지도 TIP!

1. 생각을 키우는 물음
Q) 시에르핀스키 피라미드의 각 단계에서는 정사면체가 몇 개씩 필요하나요?
A) 1단계 4개, 2단계 16개, 3단계 64개, 4단계 256개처럼 단계가 늘어날수록 4배씩 필요합니다.

2. 지도 시 유의사항
- 사실 우리가 만들고 있는 과정(작은 피라미드들이 모여 큰 피라미드를 만드는)은 처음에 주어진 피라미드의 모서리의 중점을 연결하였을 생기는 작은 피라미드를 제외한 나머지 부분을 제거하는 과정을 정반대 과정으로 만들고 있는 것입니다. 이는 이러한 방법으로 시에르핀스키 피라미드를 만드는 것이 훨씬 편리하기 때문입니다. 학생들이 오개념을 갖지 않도록 유의해야 합니다.

3. 한 걸음 더! 멩거 스펀지!
- 정육면체의 각 모서리를 3등분하여 27개의 작은 정육면체로 만든 다음, 처음 정육면체 각 면의 가운데 부분 6개와 중심에 있는 1개를 합쳐 7개를 없애는 방법으로 멩거 스펀지를 만들 수 있습니다.
- 멩거 스펀지는 오스트리아의 수학자 카를 멩거(1902~1985)가 만든 도형입니다. 시에르핀스키 피라미드와 멩거 스펀지 모두 같은 규칙을 반복하면서 겉넓이는 한없이 커지는 반면 도형의 부피는 0에 가까워집니다.

맹거 스펀지

20 빈틈없이 가득 채우는 재미

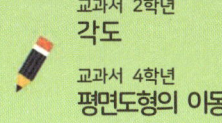
교과서 2학년
각도
교과서 4학년
평면도형의 이동

테셀레이션이란?

그림과 같이 모양의 조각들을 이용하여 틈이나 포개짐 없이 덮는 것을 테셀레이션이라고 합니다. 테셀레이션은 매일 걸어 다니는 보도블록, 전통 문화재의 소슬금단청무늬, 돌담 등에서도 쉽게 찾아볼 수 있습니다. 테셀레이션 조각을 통해 각도와 다각형의 밀기, 돌리기, 뒤집기와 같은 도형의 이동을 알아봅시다.

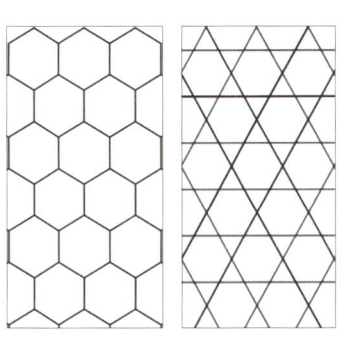

수학으로 생각해요

수학과 예술의 만남! 정다각형으로 만드는 다양한 무늬

미술가 에셔는 테셀레이션을 이용해 신비하고 비현실적인 작품을 만들었습니다. 에셔의 그림은 육각형에서 만들어진 도마뱀처럼 신기한 그림들로 가득합니다.

평면을 하나의 도형으로 틈이 생기거나 겹치지 않고 가득 채우기 위해서는 한 점에서 모이는 각의 크기가 360°가 되어야 합니다. 정다각형을 살펴봅시다([그림2]). 정삼각형 6개로 틈이 생기거나 겹치지 않게 평면을 덮을 수 있습니다. 정삼각형의 한 내각의 크기가 60°이고, 60°×6=360°이기

[그림1] 에셔, 도마뱀

때문입니다. 마찬가지로 내각의 크기가 각각 90°, 120°인 정사각형과 정육각형도 평면을 덮을 수 있습니다. 반면 [그림2]처럼 한 내각의 크기가 108°인 정오각형의 경우, 3개는 틈이 생기고 4개는 겹쳐져서 평면이 만들어지지 않습니다. 이는 108°×3=324°, 108°×4=432°로 360°가 되지 않기 때문입니다.

 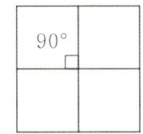  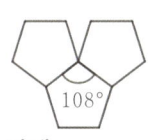 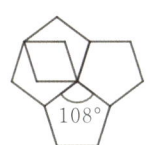

[그림 2] 테셀레이션의 예시와 반례

테셀레이션이 가능한 도형이 더 있을까요? 임의의 사각형은 어떤 모양이든지 테셀레이션이 가능합니다. 내각의 합이 360°가 되기 때문입니다. 예를 들어 [그림3]처럼 한 점에 네 내각이 360°가 되도록 평면을 만들 수 있습니다.

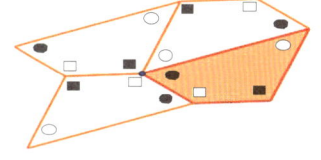

[그림3]
사각형 테셀레이션

놀면서 깨우쳐요

테셀레이션의 특징 알기

테셀레이션

준비물: 테셀레이션 도형(255~261쪽), 정삼각형, 정사각형 종이(색종이 또는 포스트잇), 정오각형, 정육각형 종이, 합동인 사각형 종이 여러 장, 가위, 테이프

1 같은 모양의 조각들을 이용하여 틈이나 포개짐 없이 덮는 것을 테셀레이션이라고 합니다. 같은 모양의 정다각형을 이용하여 테셀레이션을 해 보고, 테셀레이션이 되는 정다각형과 안 되는 정다각형을 구분하세요.

❶ 테셀레이션이 되는 정다각형:

❷ 테셀레이션이 안 되는 정다각형:

2 테셀레이션이 안 되는 도형은 왜 안 되는지 이유를 써 보세요.

3 붙임자료①을 활용하여 합동인 임의의 사각형으로 테셀레이션을 해 보세요 테셀레이션이 되는지 확인하고, 그 이유를 생각하여 써 보세요.

4 붙임자료②를 활용하여 정다각형이 아닌 모양도 테셀레이션이 되는지 해 보세요

5 정다각형을 변형해 테셀레이션 도형을 만들어 봅시다.

 ❶ 정삼각형, 정사각형, 정육각형 중 기본도형을 하나 선택하세요(붙임자료③ 활용).	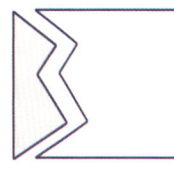 ❷ 도형의 한 변에 원하는 모양으로 잘라 보세요.
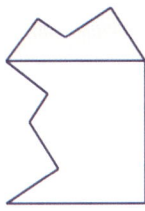 ❸ 자른 조각을 밀거나 돌려 다른 변에 붙여 테셀레이션 도형을 만들어 보세요.	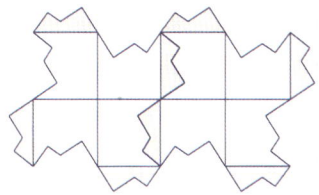 ❹ ❸에서 만든 조각을 여러개 만들어, 평면을 덮어보세요.

6 자른 조각을 어떻게 이동하여 테셀레이션 도형을 만들었나요? 또 평면을 완전히 덮기 위해 테셀레이션 도형을 어떻게 움직였나요?

7 보도블록에서 볼 수 있는 테셀레이션입니다. 어떤 도형으로 테셀레이션을 했는지 찾아 써 보세요.

천장장식   보도블록

8 우리 주변에서 관찰할 수 있는 테셀레이션 무늬들을 찾아보세요. 어디에서 어떤 도형들을 관찰할 수 있나요?

수학으로 답해요

1 ❶ 테셀레이션이 되는 정다각형: 정삼각형, 정사각형, 정육각형
　　❷ 테셀레이션이 안 되는 정다각형: 정오각형

2 한 점에 꼭짓점을 모았을 때 정삼각형, 정사각형, 정육각형은 틈이 생기지 않지만, 정오각형은 3개를 모으면 틈이 생기고 4개를 모으면 빈틈이 생기기 때문입니다. (또는) 테셀레이션이 되려면 한 점에서 360°가 되어야 하는데, 정오각형은 부족하거나 넘치기 때문입니다.

3 사각형의 내각의 합은 360°입니다. 사각형은 한 점에 네 개의 내각이 모여 항상 360°가 되도록 만들 수 있어서 항상 테셀레이션이 됩니다.

6 정사각형에서 잘라낸 조각을 돌렸습니다. 테셀레이션 도형을 돌려서 평면을 만들었습니다. (또는) 정육각형에서 잘라낸 조각을 밀었습니다. 테셀레이션 도형을 밀어서 평면을 만들었습니다.

7 천장장식은 정육각형을 기본도형으로 테셀레이션 했습니다. 보도블록은 정사각형과 직사각형을 이용하여 평면을 가득 채웠습니다. 직사각형의 한 변을 지그재그로 자른 뒤 밀어서 기본도형을 만들었습니다.

8 부엌 벽면의 타일에서 정사각형 모양의 테셀레이션을 관찰할 수 있습니다.
이불 무늬가 정육각형 모양으로 되어 있습니다.

지도 TIP!

1. 생각을 키우는 물음
Q) 평면을 만들기 위해 360°가 되어야 합니다. 각도기를 사용하여 정오각형으로 테셀레이션을 할 수 없는 이유를 조사해 보세요

A) 정오각형의 한 각은 108°입니다. 정오각형이 3개인 경우 108°×3=324°이므로 틈이 생기고, 정오각형이 4개인 경우 108°×4=432°로 겹쳐져서 평면이 만들어지지 않습니다.

2. 지도 시 유의사항
- 테셀레이션이 되는 다각형과 안 되는 다각형을 설명할 때, 틈이 생기거나 겹쳐짐을 이해하는 것만으로도 충분합니다. 학생의 수준에 따라 각도기를 사용하여 탐구할 수 있습니다.
- GSP, GeoGebra와 같은 동적 기하 프로그램을 사용하여 테셀레이션 조각을 만들어 볼 수 있습니다.

21 두 개의 기둥을 품은 하나의 기둥

교과서 6학년 **각기둥**
교과서 6학년 **원기둥**

착시도형이란?

하나의 입체 기둥이 있습니다. 이 기둥을 앞에서 보면 원기둥으로 보이고 뒷면을 거울로 비추어 보면 사각기둥으로 보입니다. 이런 현상이 가능한 일일까요?

두 개의 기둥을 품은 착시 기둥을 만들어 봅시다.

Tip

일본 메이지 공대의 심리학자 '코키치 스기하라(Kokichi Sugihara)' 교수는 2016 Best Illusion (세계착시대회)에서 두 개의 기둥을 동시에 품고 있는 착시 기둥을 만들어 2위를 수상하였습니다.

수학으로 생각해요

착시란?

시각 정보를 처리하는 뇌는 이전의 기억을 활용하면서 물체의 생김새를 파악하는데, 뇌가 해석한 생김새와 실제 물체의 생김새가 다를 때 착시가 일어납니다.

오른쪽의 그림에서 각각의 선들이 어떻게 보이나요? 실제로는 모두 평행한 선이지만 선이 기울어진 듯한 착각을 일으킵니다.

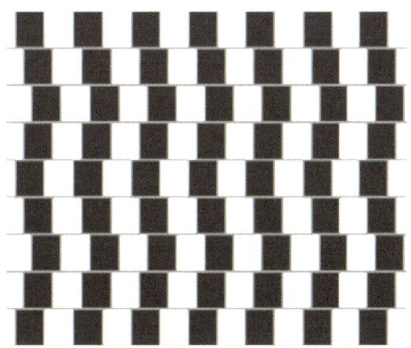

착시 현상에는 물리적 착시와 인지적 착시가 있습니다. 물리적 착시에는 생리적 착시, 원근에 의한 착시, 가현현상에 의한 착시, 밝기나 대비를 이용한 착시 등이 있습니다.

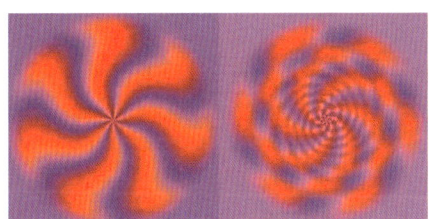

생리적 착시

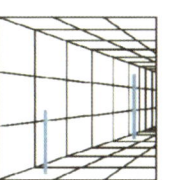

원근에 의한 착시

가현현상에 의한 착시

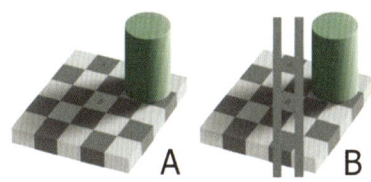

밝기나 대비를 이용한 착시

[이미지출처: 네이버]

생리적 착시는 특정 자극을 과도하게 수용하여 붉은 날개가 회전하는 것처럼 보이고, 원근에 의한 착시는 멀고 가까움으로 인해 어긋나게 보여 똑같은 파랑 막대의 길이가 다르게 보입니다. 가현현상에 의한 착시는 영화와 같이 책장을 넘기면 연속적인 이미지가 움직이는 것처럼 보이고, 밝기나 대비를 이용한 착시는 주변의 색과 밝기에 따라 같은 회색이지만 A와 B의 회색이 다르게 보이는 것을 말합니다.

인지적 착시에는 모호한 이미지에 의한 착시, 기하학적 착시, 패러독스 착시, 환각 등이 있습니다.

[모호한 이미지에 의한 착시]   [기하학적 착시]

[패러독스 착시]   [환각]

[이미지출처: 네이버]

모호한 이미지에 의한 착시는 두 가지 다른 이미지로 보일 수 있는 그림에 의한 착시로, 개구리로 보이는 그림을 왼쪽에서 보면 말로 보이는 착각을 일으킵니다. 기하학적 착시는 길이, 크기, 위치 등의 기하학적 성질이 객관적 성질과 다르게 보이는 착시로, 실제로 평행한 직선이 휜 것처럼 보이며, 패러독스 착시는 실제로 존재하지 않는 현상을 인지적 오해에 의존하여 일어나는 착시로, 펜로즈의 삼각형이 대표적입니다. 환각은 실제로 존재하지 않는 것을 시각적으로 오해하여 인식하는 착시로, 구체적이지 않은 형상을 사람으로 인식하는 것 등이 있습니다.

두 개의 기둥을 품은 착시 기둥의 원리

아래 그림과 같이 보는 각도에 따라 사각형으로도, 삼각형으로도 보일 수 있는 도형이 있습니다. 이러한 원리를 이용하여 착시 도형을 만들 수 있습니다.

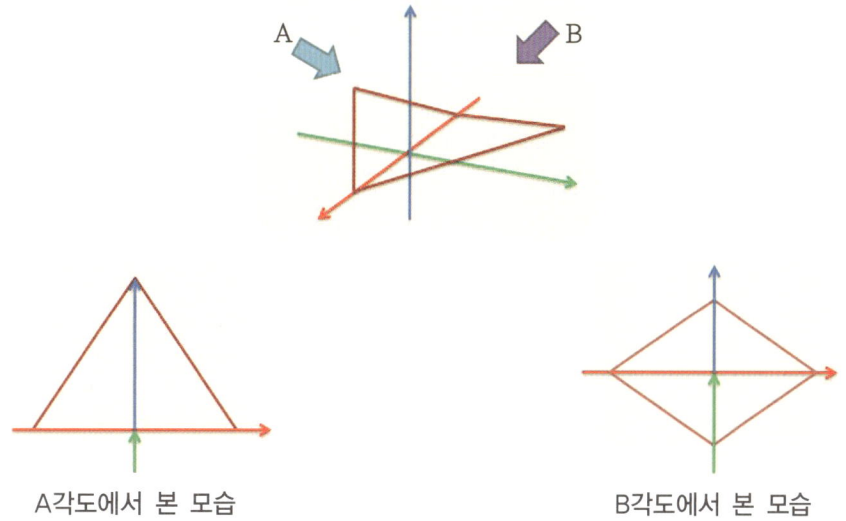

위와 같은 착시의 원리는 아래 그림과 같이 구부러진 빨대 4개를 연결하면 확인할 수 있습니다.

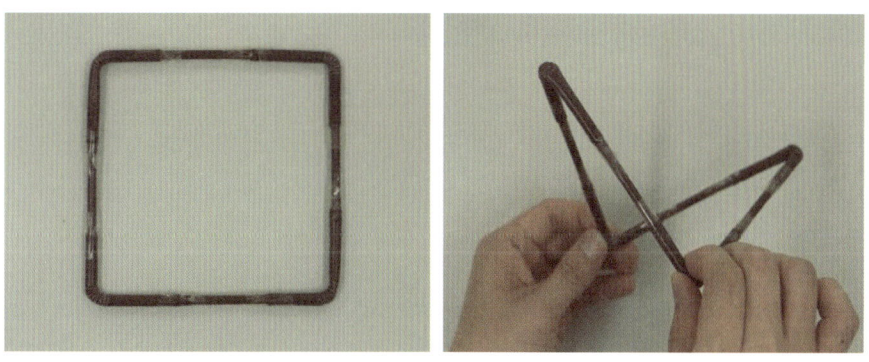

A각도에서 보면 삼각형처럼, B각도에서 보면 사각형처럼 보입니다.

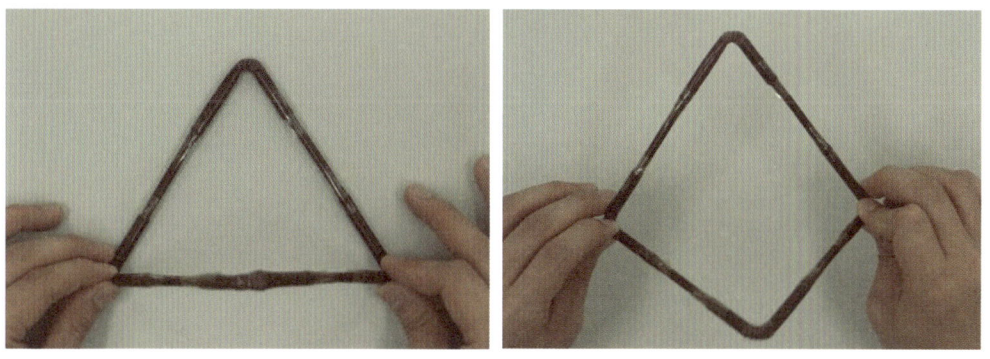

21 두 개의 기둥을 품은 하나의 기둥

놀면서 깨우쳐요

준비물: 착시도형 전개도(263쪽), 풀

착시도형

1️⃣ 착시도형의 원리를 알아보세요.

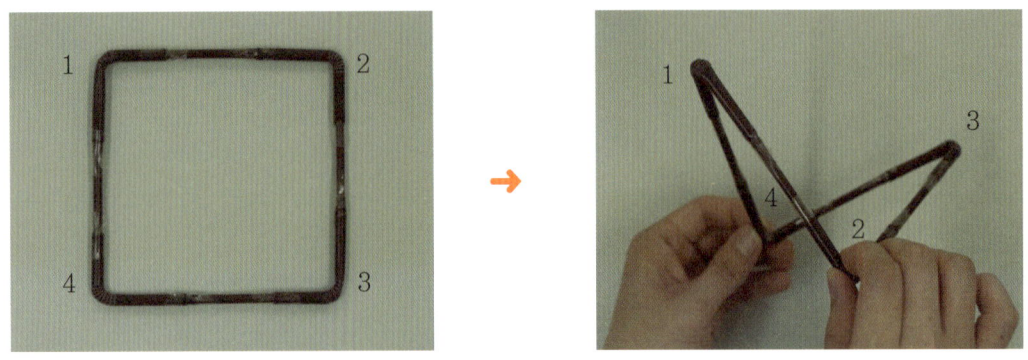

구부러진 빨대 4개를 연결하여 1번과 3번 부분은 조금 높게, 2번과 4번 부분은 조금 낮게 구부립니다.

❶ 빨대를 돌려가며 2가지의 서로 다른 도형을 찾아 그려보세요.

모양1   모양2

❷ 하나의 도형이 두 가지 도형으로 보이는 착시의 원리를 설명해 보세요.

2 다양한 착시도형 전개도로 여러 가지 착시도형을 만들어 보세요.

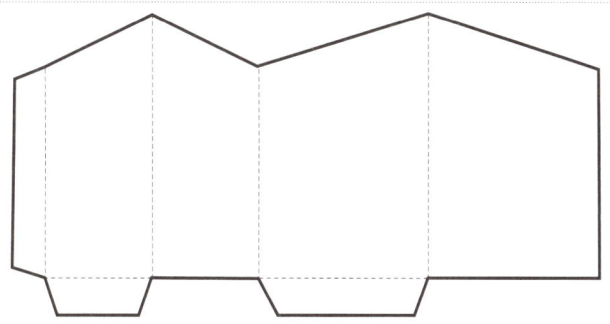

❶ 착시도형 전개도를 준비합니다.
(더 많은 전개도가 251쪽에 있어요.)

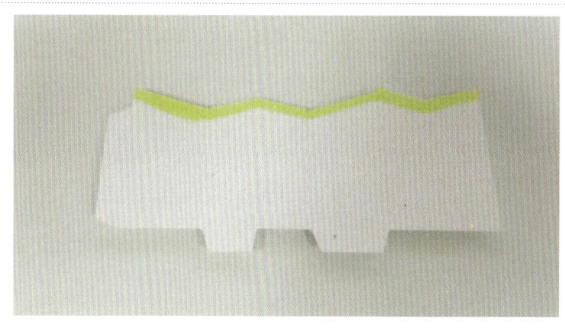

❷ 실선을 따라 가위로 자릅니다.

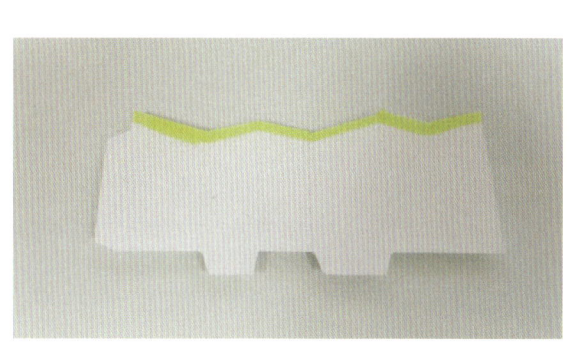

❸ 도형이 잘 보이도록 윗부분의 선을 따라 색칠해 줍니다.

❹ 점선대로 접어 풀칠합니다.

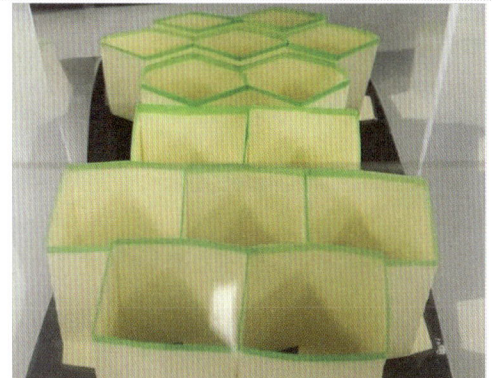

❺ 여러 개를 만들어 붙입니다.

❻ 거울에 비추어 앞면과 뒷면에서 보이는 도형을 비교해 봅니다.

21 두 개의 기둥을 품은 하나의 기둥

수학으로 답해요

1 착시도형의 원리를 알아보세요.

구부러진 빨대 4개를 연결하여 1번과 3번 부분은 조금 높게, 2번과 4번 부분은 조금 낮게 구부립니다.

① 빨대를 돌려가며 2가지의 서로 다른 도형을 찾아 그려보세요.

모양1   모양2

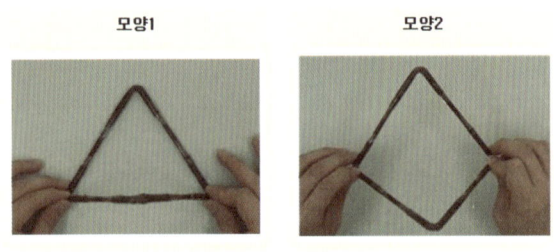

② 하나의 도형이 두 가지 도형으로 보이는 착시의 원리를 설명해 보세요.
보는 각도에 따라 빨대의 구부러진 부분이 일직선으로 보여 삼각형으로 보이기도 하고, 구부러진 4부분이 모두 보이는 각도에서 보면 사각형으로 보이기도 합니다.

착시도형 만들기 도안
◆ 사각형과 마름모 도안

◆ 사각형과 육각형 도안

◆ 사각형과 삼각형 도안

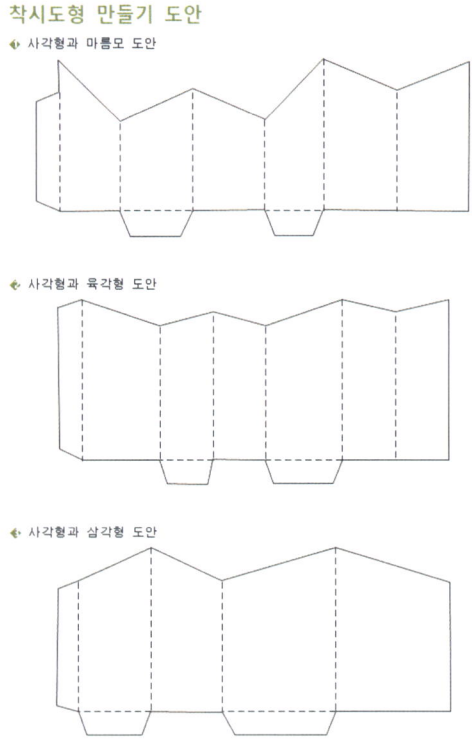

지도 TIP!

1. 생각을 키우는 물음
Q) 다음과 같이 두 방향에서 관찰되는 입체도형의 원리를 생각해 봅시다. 앞에서 바라보았을 때는 (타)원이 보이고 뒤에서 바라보았을 때는 사각형이 보입니다. 하나의 도형이 보는 각도에 따라 다른 보이게 됩니다.

2. 착시기둥 지도 시 유의사항
- 착시도형을 지도할 때 각각 다른 각도에서 보았을 때 보이는 모양으로 각기둥과 원기둥을 지도해야 합니다. 착시도형의 구조는 실제 각기둥과 원기둥의 구조와 정확하게 같지 않으므로 오개념을 가지지 않도록 주의해야 합니다.
- 착시의 원리보다는 착시현상으로 흥미를 유발하여 각기둥 및 원기둥에 대한 탐구가 이루어지게 합니다.

도형과 측정

22 새를 품은 에그 퍼즐

교과서 3학년 **평면도형/원**
교과서 4학년 **수직과 평행**
교과서 5학년 **합동과 대칭**

에그 퍼즐이란?

독일에서 개발한 에그 퍼즐은 알에서 부화한 아기새가 어미 새가 되듯이 9개의 퍼즐 조각으로 여러 모양의 새를 만들 수 있어서 '요술 달걀', '콜럼버스의 달걀'이라고도 부릅니다. 에그 퍼즐을 직접 만들어서 여러 가지 모양을 만들어 봅시다.

> **Tip**
> '콜럼버스의 달걀'은 달걀을 깨뜨려서 세운 콜럼버스의 일화에서 나온 말로, 단순하고 쉬워 보이지만 쉽게 떠올릴 수 없는 뛰어난 아이디어나 발견을 의미하기도 합니다.

수학으로 생각해요

호와 현

원은 그 위에 있는 두 점에 의하여 두 개의 곡선으로 나뉘는데, 각각의 곡선을 호라고 합니다. 두 곡선 중 짧은 쪽을 열호, 긴 쪽을 우호라고 합니다.

원 위의 서로 다른 두 점을 연결한 선분을 현이라고 합니다. 현AB는 양 끝점이 A, B인 현을 나타냅니다. 원의 중심을 지나는 현은 지름이 됩니다.

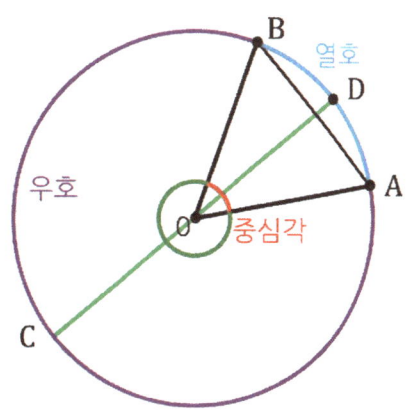

> **Tip**
> 눈금 없는 자와 컴퍼스로만 도형을 그리는 것을 '작도'라고 하는데, 고대 수학자들은 기하학의 도구로 눈금 없는 자와 컴퍼스만 인정했습니다.

부채꼴과 활꼴

원O 위에 점A, B가 있다고 할 때, 두 반지름OA, OB와 호AB로 이루어진 도형을 부채꼴AOB라고 합니다. 이때, ∠AOB를 부채꼴AOB의 중심각이라고 합니다.

원O 위에 점A, B가 있다고 할 때, 중심각의 크기가 π보다 작은 호AB와 현AB로 둘러싸인 도형을 활꼴AB라고 합니다.

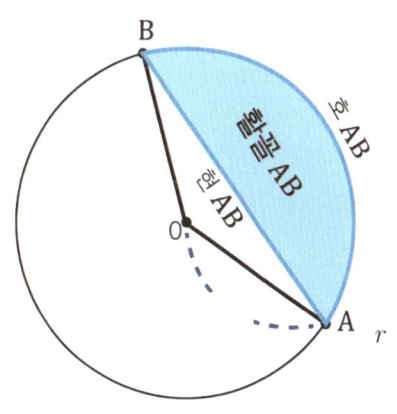

22 새를 품은 에그 퍼즐 **111**

놀면서 깨우쳐요

내 손으로 직접 만드는 에그퍼즐

준비물: 에그퍼즐 도안(265쪽), 모눈종이, 자, 컴퍼스, 연필, 지우개, 가위

에그퍼즐 만들기

1 에그 퍼즐 조각을 살펴봅시다.

❶ 에그퍼즐에서 삼각형 조각은 몇개 인가요?

　　　　　　　개

❷ 곡선이 있는 조각은 몇 개인가요?

　　　　　　　개

❸ 서로 합동인 조각은 몇 쌍인가요?

　　　　　　　쌍

2 에그퍼즐을 그려봅시다.

❶ 반지름이 5cm인 원을 그립니다.

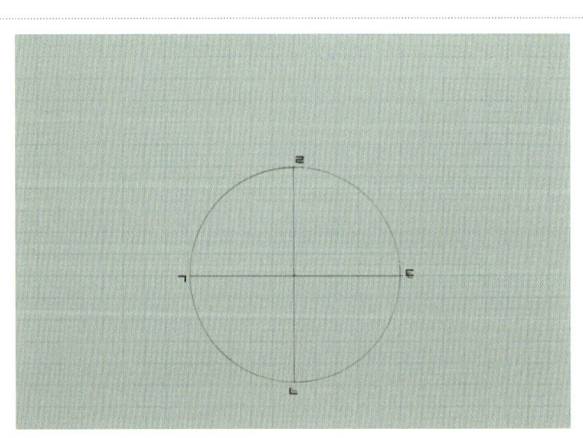

❷ 서로 수직이 되도록 지름 ㄱㄷ과 ㄴㄹ을 그립니다.

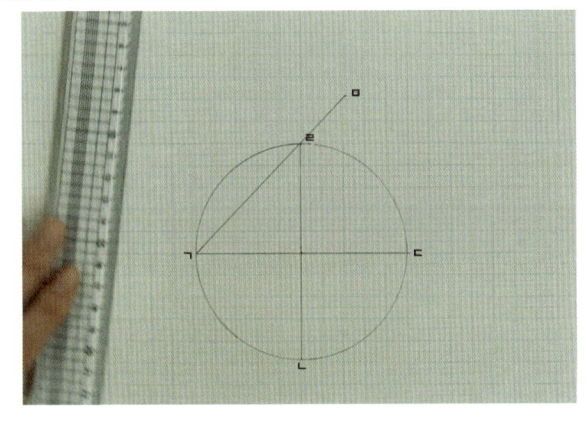

❸ 점 ㄱ에서 점 ㄹ을 지나고 길이가 10cm인 선분 ㄱㅁ을 그립니다.

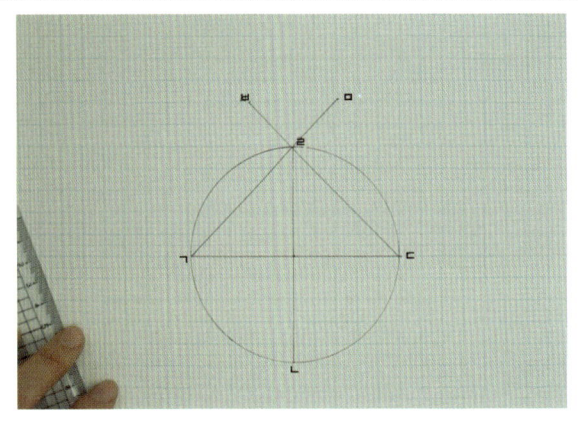

❹ 점 ㄷ에서 점 ㄹ을 지나고 길이가 10cm인 선분 ㄷㅂ을 그립니다.

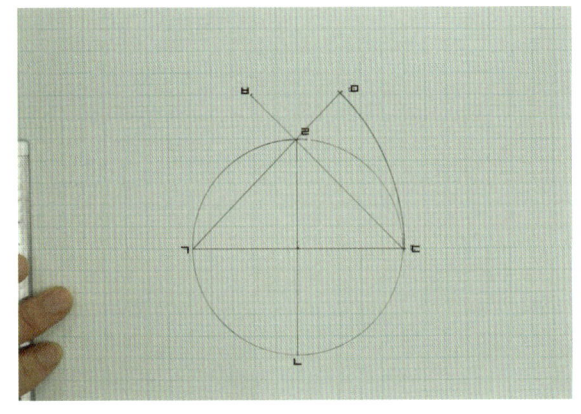

❺ 점 ㄱ을 중심으로 반지름의 길이가 10cm이고 점 ㅁ과 점 ㄷ을 연결하는 원(호)을 그립니다.

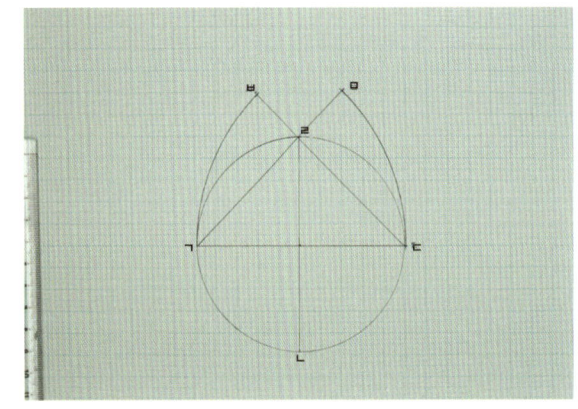

❻ 점 ㄷ을 중심으로 반지름의 길이가 10cm이고 점 ㅂ과 점 ㄱ을 연결하는 원(호)을 그립니다.

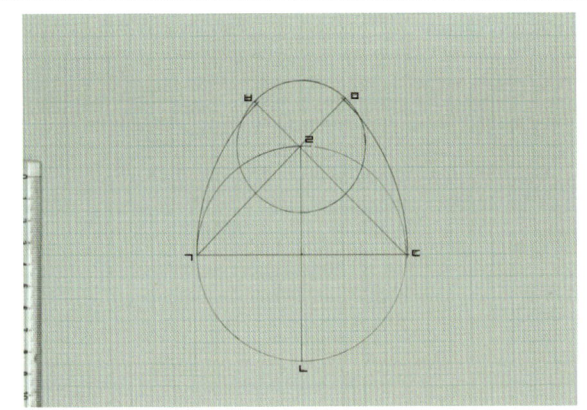

❼ 점 ㄹ을 중심으로 점 ㅁ과 점 ㅂ을 지나는 원을 그립니다.

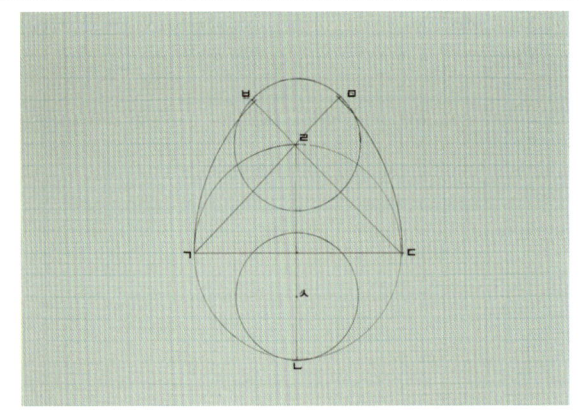

❽ 점 ㄴ에서 선분 ㄹㅁ만큼 떨어져 있는 점을 점 ㅅ 이라고 하고, 점 ㅅ에서 선분 ㅅㄴ의 길이를 반지름으로 하는 원을 그립니다.

22 새를 품은 에그 퍼즐

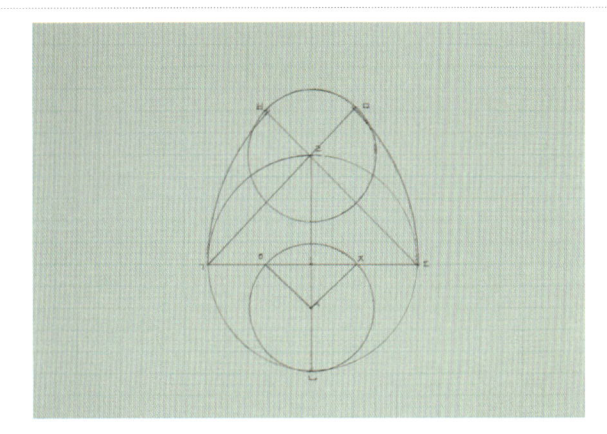

❾ 선분 ㅅㅇ, 선분 ㅅㅈ을 그립니다.

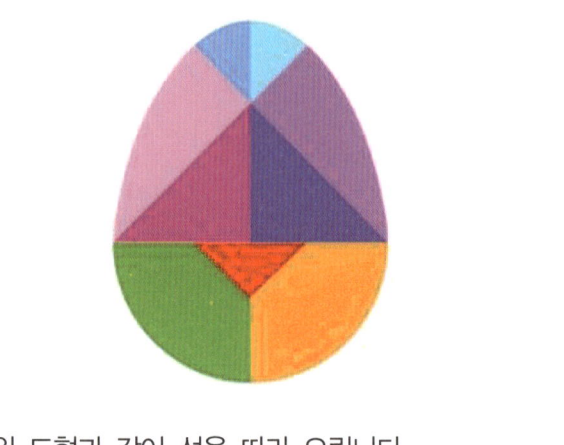

❿ 위 도형과 같이 선을 따라 오립니다.

3 에그퍼즐의 특징을 찾아 써 보세요.

4 에그퍼즐로 여러 가지 새 모양 퍼즐을 맞춰 보고 창의적으로 새 모양을 만들어 봅시다.

[출처: 구글이미지]

114 　도형과 측정

수학으로 답해요

1

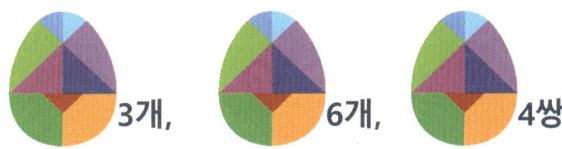
3개,　　6개,　　4쌍

3 아기 새가 어미 새가 되듯이 처음 퍼즐판의 모양은 9조각으로 이루어진 달걀 모양이나 이 조각들로 새 모양을 만들 수 있습니다. 등

4
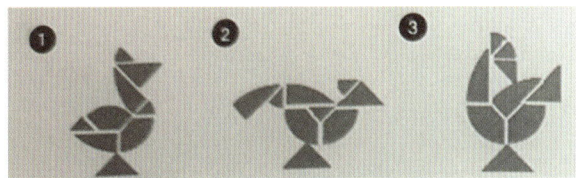

[출처: 구글이미지]

지도 TIP!

1. 생각을 키우는 물음

Q) 더 많은 새의 모양을 창의적으로 만들어 봅시다.
A)

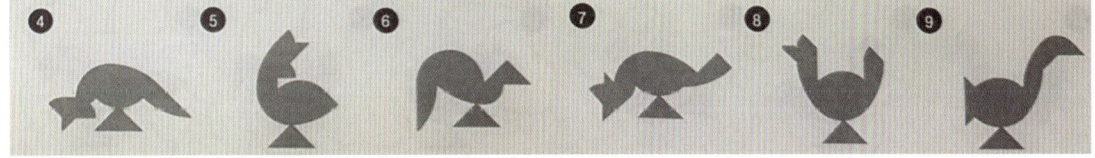

[출처: 구글이미지]

2. 에그퍼즐 지도 시 유의사항

- 컴퍼스로 작도를 하는 것은 학생들에게 어렵게 느껴질 수도 있으므로 컴퍼스로 원 그리기를 충분히 익힌 후에 작도할 수 있게 합니다.
- 에그퍼즐 각 모양을 살펴볼 때 부채꼴과 활꼴의 의미를 무리하게 지도하지 않습니다.
- GSP, GeoGebra와 같은 동적 기하 프로그램을 사용하여 에그퍼즐을 만들어 볼 수 있습니다.

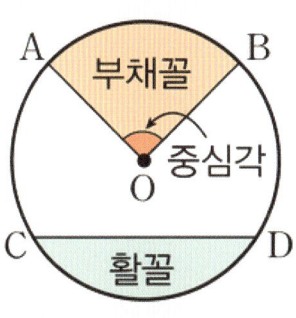

[출처: 네이버]

쉬어가기

23 일곱 개의 조각이 이루는 도형

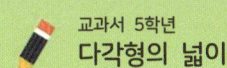
교과서 5학년
다각형의 넓이

칠교놀이란?

칠교놀이는 정사각형의 평면을 일곱 개로 나눈 조각을 사용하여 여러 가지 모양을 만드는 퍼즐입니다. 이때 일곱 개의 조각 중 하나라도 빼거나 추가하지 않고 모든 조각을 사용하여야 합니다.

수학으로 생각해요

서로 다른 모양, 같은 넓이! 칠교조각과 분할합동

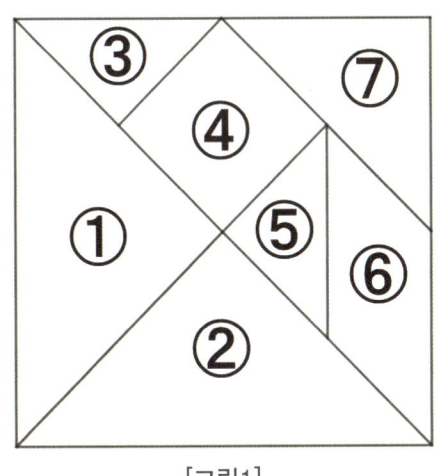

[그림1]

칠교판의 일곱 개 조각으로 몇 가지의 모양을 만들 수 있을까요? 일곱 개의 조각으로 만들 수 있는 모양은 무궁무진한데, 동물, 사람, 물건 등 의미가 있는 모양은 약 1000여 개로 알려져 있습니다.

칠교판의 조각들은 삼각형과 사각형으로 이루어져 있는데, 직각이등변삼각형 5개(①,②,③,⑤,⑦), 정사각형 1개(④), 평행사변형 1개(⑥)가 있습니다. 이러한 일곱 개의 조각들을 분할합동하여 다양한 모양을 만드는 것입니다. 분할합동이란 2차원 평면에서 넓이가 같은 것을 말합니다. 일곱 개의 조각을 모두 사용하여 정사각형의 칠교판을 다른 모양으로 만들어도 넓이는 같으니 분할합동이라고 말할 수 있습니다.

[그림2]를 통해 칠교 조각들 사이의 넓이 비를 살펴봅시다. 가장 작은 직각이등변삼각형(③,⑤)의 넓이를 1이라고 한다면, ④,⑥,⑦조각의 넓이는 ③조각의 2배이므로 2입니다. ①,②조각은 ⑦조각 넓이의 2배이므로 4입니다. 전체 칠교판의 넓이는 각 조각들의 합으로 구할 수 있으므로, 전체 칠교판의 넓이는 $1 \times 2 + 2 \times 3 + 4 \times 2 = 16$이 됩니다.

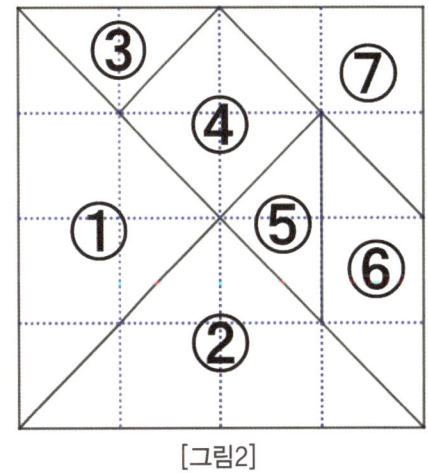

[그림2]

놀면서 깨우쳐요

칠교놀이를 만들고, 넓이 생각하기

준비물: 자, 각도기, 정사각형 색종이, 가위, 연필 또는 펜

칠교놀이

1 칠교 조각을 관찰하여 물음에 답해 보세요.

1-1 칠교 조각에서 볼 수 있는 도형들을 관찰하여 써보세요.

-
-
-

1-2 칠교 조각에서 합동인 조각을 찾아 번호를 써보세요.

( )과 ( )　　　　( )과 ( )

1-3 칠교 조각에서 직각을 찾아 표시해 보세요.

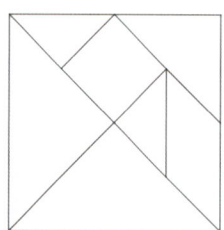

2 색종이를 접어 칠교 조각을 만들려면, 어떻게 해야 할지 생각해 봅시다.

2-1 색종이를 접어 합동인 도형 두 개를 만들려면, 어떻게 접어야 할지 써 보세요.

2-2 색종이를 접어 직각을 만들려면, 어떻게 접어야 할지 써 보세요.

3 색종이를 접어 칠교 조각을 만들어 봅시다.

❶ 두 개의 삼각형이 합동이 되도록 정사각형 종이를 대각선으로 포개어 접고, 접은 선을 따라 자릅니다.

❷ 자른 조각 중 하나를 가져옵니다. 합동인 삼각형이 되도록 반으로 포개어 접고, 접은 선을 따라 자릅니다.

118　도형과 측정

❸ 나머지 자른 조각에서 빗변과 평행인 선을 찾기 위해 빗변을 반으로 살짝 접습니다. 직각인 꼭짓점을 접은 점에 닿도록 하여 접어 평행인 선을 찾고, 선을 따라 자릅니다.

❹ 사다리꼴 조각의 밑변을 수직으로 이등분하기 위해, 접힌 각이 직각이 되도록 밑변을 반으로 포개어 접고 접은 선을 따라 자릅니다.

❺ 사다리꼴 조각 하나를 취해 접힌 각이 직각이 되도록 밑변을 반으로 포개어 접습니다. 접은 선을 따라 자르면, 네 각이 직각이고, 네 변의 길이가 색종이 대각선의 $\frac{1}{4}$인 정사각형이 만들어집니다.

❻ 나머지 사다리꼴 조각을 취해, 두 밑변 중 길이가 긴 밑변의 중점을 찾고, 길이가 짧은 밑변에서 직각인 꼭짓점과 이어 접습니다. 접은 선을 따라 자르면, 두 변의 길이가 같은 직각이등변삼각형과 평행사변형이 만들어집니다.

4 ③조각의 넓이를 1이라고 할 때, 각 조각의 넓이와 전체 넓이는 얼마일지 생각해 보세요. 그 이유도 써 봅시다.

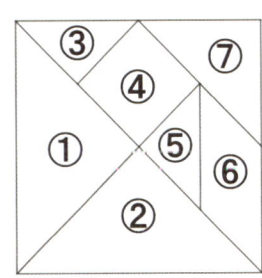

조각	넓이	이유
①		
②		
③	1	
④		
⑤		
⑥		
⑦		
칠교 전체		

5 **4**의 칠교 조각을 이용해 집모양을 만들었습니다. ③조각의 넓이를 1이라고 할 때, 집 모양의 넓이는 얼마인가요?

넓이:

이유:

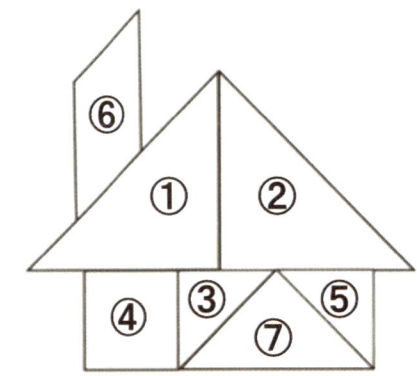

23 일곱 개의 조각이 이루는 도형 119

수학으로 답해요

1-1 직각삼각형 또는 이등변삼각형 (또는 직각이등변삼각형), 정사각형, 평행사변형

풀이) 직각이등변삼각형은 초등학교 교육과정에서 등장하지 않는 용어입니다. 다만 각과 길이를 재어보면서, 한 각이 직각임과 두 변의 길이가 같다는 특징을 발견할 수 있도록 해주세요.

1-2 ①과 ②, ③과 ⑤

1-3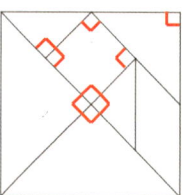

2-1 색종이를 포갰을 때 똑같은 모양이 되도록 반으로 나누어 접습니다.

2-2 직각을 만들려는 변이 접은 뒤에도 맞닿도록 포개어 접습니다.

4

조각	넓이	이유
①	4	③,④,⑤조각으로 채울 수 있습니다.
②	4	⑦조각 두 개로 채울 수 있습니다.
③	1	
④	2	③,⑤조각으로 채울 수 있습니다.
⑤	1	③조각과 넓이가 같습니다.
⑥	2	③,⑤조각으로 채울 수 있습니다.
⑦	2	③,⑤조각으로 채울 수 있습니다.
칠교 전체	16	각 조각의 넓이를 모두 더한 것과 같으므로, 넓이는 16입니다.

풀이) 칠교 조각을 덮어보면서 넓이가 몇 배가 되는지 생각해보도록 합니다. 또는 [그림2]와 같이 보조선을 제시하여 같은 임의단위가 몇 번 들어가는지 세어 넓이비를 구할 수 있습니다.

5 넓이: 16

이유: 같은 조각 7개를 사용하여 모양만 바꾸었기 때문에 넓이는 변하지 않습니다. 따라서 넓이는 똑같이 16입니다.

풀이) 모양은 바뀌어도 넓이가 변하지 않음을 주의해서 지도해 주세요.

지도 TIP!

생각을 키우는 질문

Q) ③조각의 넓이를 1이라고 합시다. 칠교조각으로 만든 집 모양에서 지붕의 넓이는 얼마일까요?
A) 지붕은 ①,② 조각으로 만들었으므로 8입니다.
Q) 칠교 조각을 사용하여 다른 모양을 만들었습니다. 어떤 모양을 만들어도 넓이는 16입니다. 왜 그럴까요?
A) 일곱 개의 조각을 모두 사용해서 만들었기 때문에 모양이 변해도 전체 넓이는 변하지 않습니다.

24 색종이로 만드는 삼각자

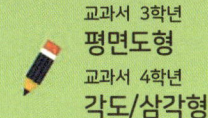

직각삼각형과 삼각자

한 각이 직각인 삼각형을 직각삼각형이라고 합니다. 삼각자는 직각삼각형 모양의 자(ruler) 한 쌍으로 밑각이 60°와 30°로 된 직각삼각형과 두 밑각이 모두 45°로 된 직각이등변삼각형 두 가지가 있습니다.

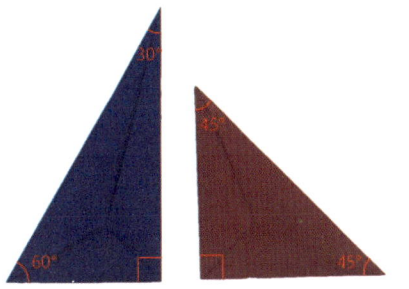

Tip

삼각자는 영어로 'set square'입니다. 여기서 'square'는 직각자를 의미합니다.

수학으로 생각해요

삼각자의 주목적은 특수각 그리기와 측정

정다각형을 이등분하여 합동인 직각삼각형을 얻을 수 있는 경우는 정삼각형과 정사각형뿐입니다. 정삼각형을 이등분한 직각삼각형은 두 내각의 크기가 각각 30°, 60°이고, 정사각형을 이등분한 직각이등변삼각형은 두 내각이 45°입니다. 이처럼 삼각자는 직선을 긋는 용도 보다는 모든 특수각(30°, 45°, 60°, 90°)을 정확하게 그리고 측정할 수 있도록 고안된 수학교구로 볼 수 있습니다.

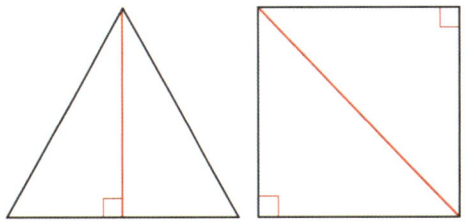

두 삼각자의 같은 것

두 삼각자를 A, B라고 하면, 삼각자 A의 한 변의 길이와 삼가자 B의 빗변의 길이는 서로 같습니다.

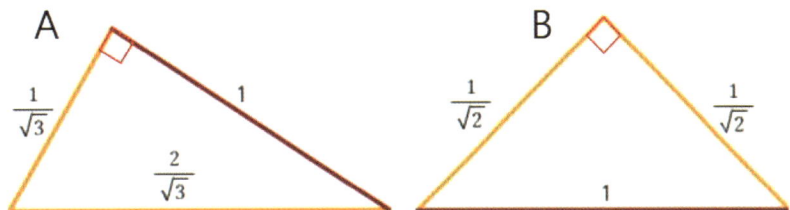

또한 두 삼각자의 빗변이 밑변이 되도록 위치시키고, 두 삼각형의 동일한 변의 길이를 1이라고 하면 각각의 변의 길이는 위 그림과 같습니다. 이때, 삼각자 A의 높이 h와 삼각자 B의 높이 k는 $\frac{1}{2}$로 같습니다.

$$\triangle A \text{의 넓이} = \frac{1}{2} \times \frac{1}{\sqrt{3}} \times 1 = \frac{1}{2} \times \frac{2}{\sqrt{3}} \times h \quad \therefore h = \frac{1}{2}$$

$$\triangle B \text{의 넓이} = \frac{1}{2} \times \frac{1}{\sqrt{2}} \times \frac{1}{\sqrt{2}} = \frac{1}{2} \times 1 \times k \quad \therefore k = \frac{1}{2}$$

놀면서 깨우쳐요

색종이로 삼각자 접기

준비물: 색종이

45°-45°   60°-30°

1  모양의 삼각자를 접어보세요.

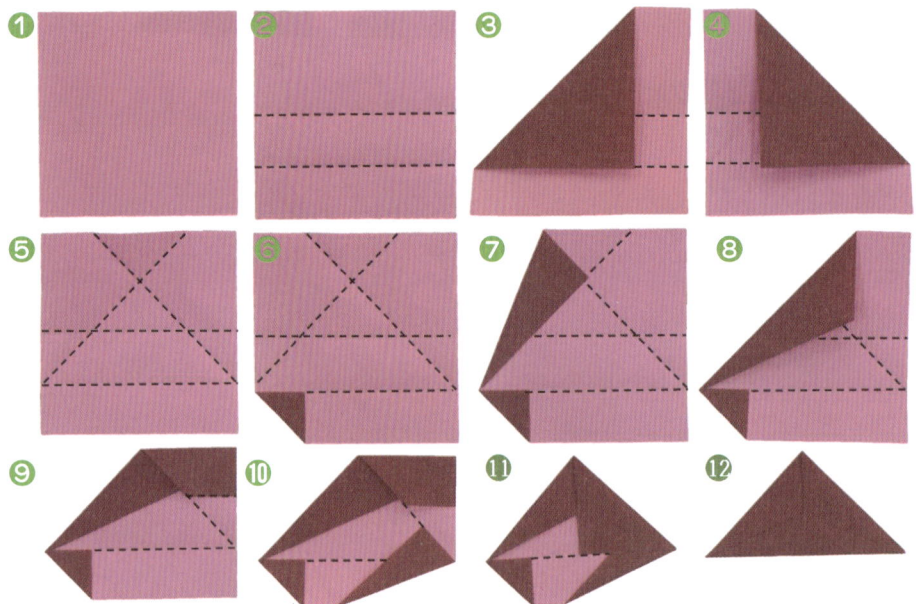

2  모양의 삼각자를 접어보세요.

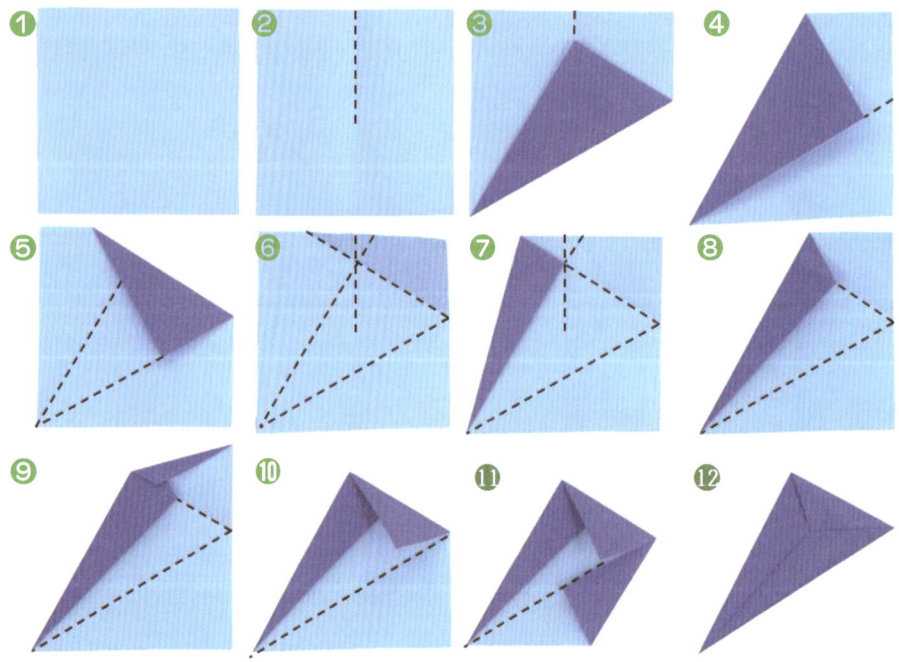

3. ▲ 와 같은 모양의 삼각자 2개를 이어 붙여서 여러 가지 다각형을 만들어 보고, 만든 다각형을 간단히 그림으로 나타내어 보세요.

Tip
두 삼각자를 뒤집거나 돌려가며 이어 붙여보세요. 단, 삼각자를 포개거나 겹치는 것은 안됩니다.

4. ◢ 와 같은 모양의 삼각자 2개를 이어 붙여서 여러 가지 다각형을 만들어 보고, 만든 다각형을 간단히 그림으로 나타내어 보세요.

5. 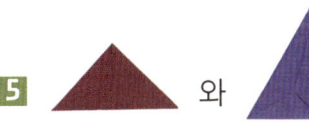 를 이용하여 주어진 각을 그려 보세요.

Tip
두 삼각자의 각을 빼거나 더하여 다양한 크기의 각을 그릴 수 있습니다.

75° 120° 150°

105° 135° 15°

수학으로 답해요

3

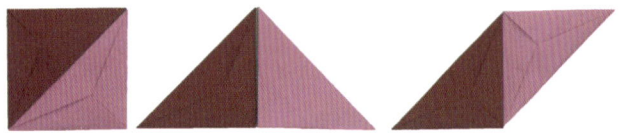

4

5

75° = 30° + 45°   120° = 90° + 30°   150° = 90° + 60°
105° = 60° + 45°   135° = 90° + 45°   15° = 60° − 45° (또는 45° − 30°)

지도 TIP!

1. 지도 시 유의사항
- 색종이를 접어 만든 삼각자의 각도는 실제 삼각자의 각도와 차이가 있을 수 있습니다. 본 활동에 앞서 각도기로 측정해보거나 실물 삼각자와 겹쳐보는 활동을 통해 각의 크기를 확인해 볼 수 있습니다.

2. 한 걸음 더!
- 직각삼각형 3개를 접고 엇갈리게 끼우면 정삼각형이 만들어집니다.

- 직각이등변삼각형 4개를 접고 엇갈리게 끼우면 정사각형이 만들어집니다.

25 넓이가 늘어나는 마술퍼즐

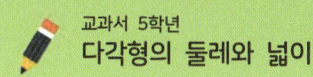
교과서 5학년
다각형의 둘레와 넓이

보고도 믿기지 않는 정사각형 마술퍼즐

64㎠(8×8㎝)의 정사각형 모눈종이를 4조각으로 자른 다음, 이를 65㎠(5×13㎝)의 직사각형 위에 놓으면 완전히 겹쳐집니다. 물론 64㎠의 정사각형 위에 다시 놓아도 완전히 겹쳐집니다. 64㎠이 65㎠으로 바뀌는 마술퍼즐을 만들어 봅시다.

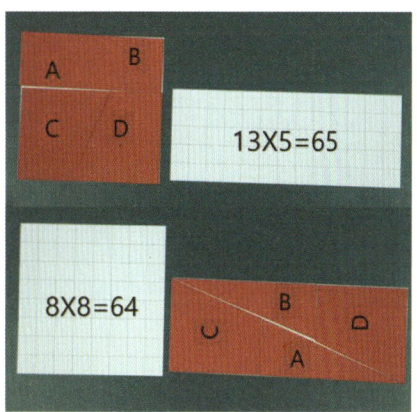

> **Tip**
> 정사각형 마술퍼즐은 한 변의 길이가 3, 5, 8, 13, 21 등 '피보나치 수열'이라고 불리는 수를 이용하여 만들 수 있으며, 그 수가 클수록 대각선 사이의 틈이 잘 보이지 않습니다.

수학으로 생각해요

진짜 넓이가 늘어난 것일까?

그렇지 않습니다. 8×8㎝ 모눈종이를 자른 4조각의 각 넓이는 $A=B=8㎝×3㎝×\frac{1}{2}=12㎠$, $C=D=(5㎝+3㎝)×5㎝×\frac{1}{2}=20㎠$ 입니다. 따라서 A, B, C, D 넓이의 합은 12㎠+12㎠+20㎠+20㎠=64㎠로 처음 주어진 8×8㎝의 넓이 64㎠ 와 같습니다.

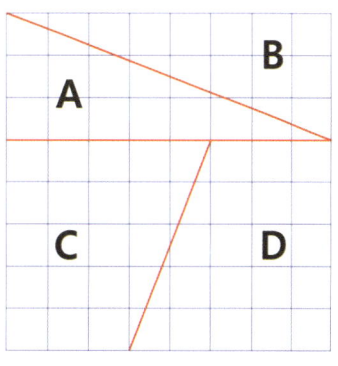

왜 그럴까?

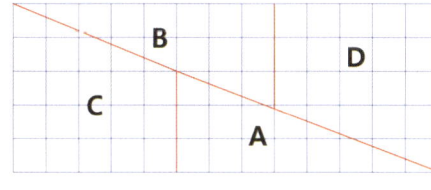

비밀은 직사각형의 대각선에 해당하는 부분에 있습니다. C의 기울기는 $\frac{2}{5}$이고, A의 기울기는 $\frac{3}{8}$으로 서로 다릅니다. 또한 5㎝×13㎝ 직사각형의 대각선 기울기는 $\frac{5}{13}$로 C, A의 기울기와는 다릅니다. 때문에 자세히 보면 대각선에 해당하는 부분에 작은 틈이 생기고, 이 틈의 넓이가 늘어난 1㎠인 것입니다.

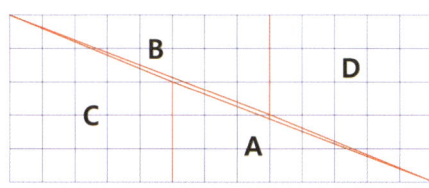

넓이를 살펴보면 5㎝×13㎝ 직사각형의 대각선을 따라 자른 한 삼각형의 넓이는 $13㎝×5㎝×\frac{1}{2}=32.5㎠$이어야 하는데 C, A 넓이의 합은 20㎠+12㎠=32㎠로 0.5㎠의 차가 발생하게 되는 것입니다.

> **Tip**
> 기울기는 수평선 또는 수평면에 대한 기울어진 정도를 나타내는 값입니다.
>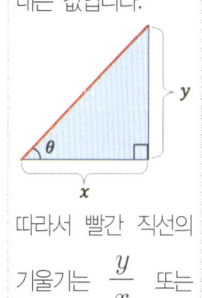
> 따라서 빨간 직선의 기울기는 $\frac{y}{x}$ 또는 $\tan\theta$ 입니다.

놀면서 깨우쳐요

8칸×8칸 정사각형 마술퍼즐 만들기

마술퍼즐

준비물: 모눈종이, 자, 가위

1 8칸×8칸 정사각형 마술퍼즐을 만들어 보세요.

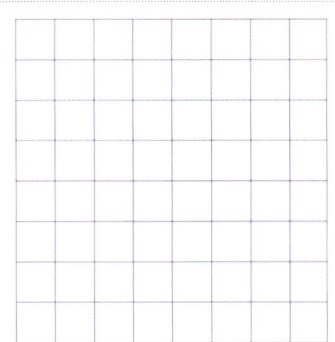

❶ 모눈종이를 잘라 8칸×8칸인 정사각형을 준비합니다.

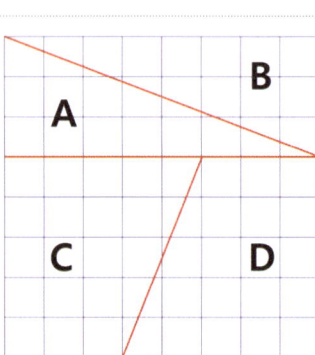

❷ 8칸×8칸 정사각형 모눈종이에 아래와 같이 선을 긋습니다.

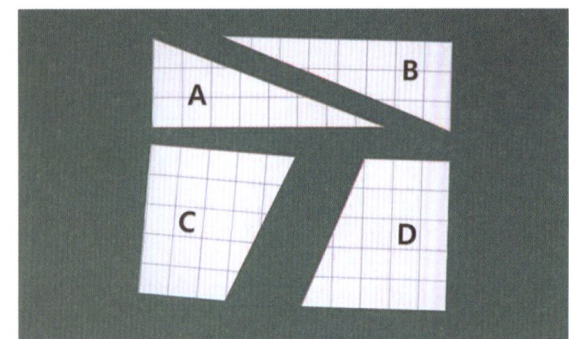

❸ 선을 따라 잘라 4조각의 퍼즐을 만듭니다.

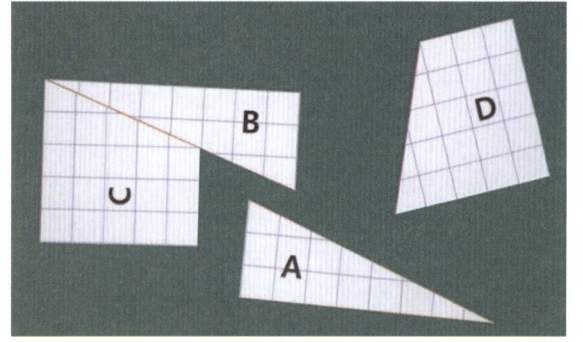

❹ 4조각 퍼즐을 이동하여 5칸×13칸인 직사각형을 만들어 봅니다.

1-1 모눈종이 한 칸의 길이가 1cm라면 8칸×8칸인 정사각형과 5칸×13칸인 직사각형의 넓이를 각각 구해 보세요.

❶

❷
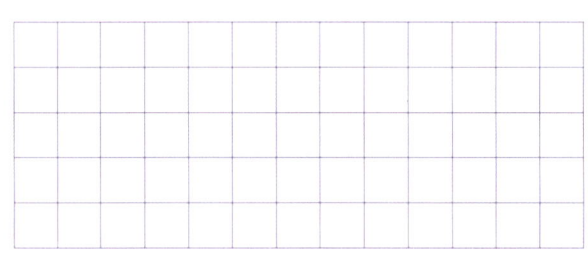

1-2 정사각형 퍼즐로 직사각형을 만들었을 때, 넓이는 어떻게 변하였나요?

2 모눈종이를 잘라 만든 5칸×13칸인 직사각형을 바닥에 놓고, 1에서 만든 직사각형을 겹쳐보세요. 두 직사각형이 완전히 포개어 겹쳐지나요?

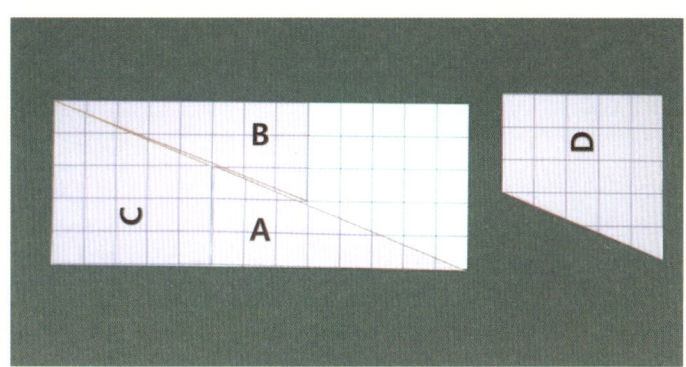

대각선 사이가 빈틈없이 맞닿아 있나요?

2-1

❶ 퍼즐 C조각과 A조각의 넓이를 각각 구한 다음 더해 보세요.

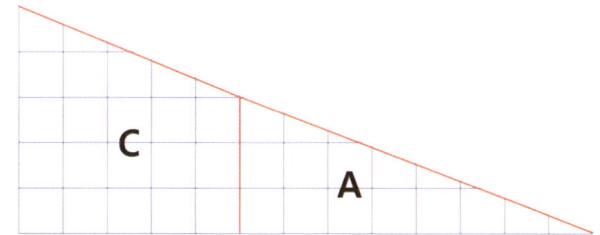

Tip

사다리꼴의 넓이=(윗변의 길이+아랫변의 길이)×높이÷2

삼각형의 넓이=밑변×높이÷2

❷ 5칸×13칸 직사각형의 대각선을 따라 자른 직각삼각형의 넓이를 구해 보세요.

2-2 정사각형 마술퍼즐의 비밀을 설명해 보세요.

수학으로 답해요

1-1 ❶ 8cm×8cm=64cm²   ❷ 5cm×13cm=65cm²

1-2 정사각형 마술퍼즐로 직사각형을 만들면 넓이가 1cm² 늘어납니다.

2 자세히 살펴보니 대각선 사이에 틈이 있습니다.

2-1 ❶ 사다리꼴 C조각의 넓이=(3cm+5cm)×5cm÷2=20cm²이고, 직각삼각형 A조각의
넓이=8cm×3cm÷2=12cm²이므로 두 조각의 넓이의 합은 32cm²입니다.
❷ 밑변이 13cm, 높이가 5cm인 직각삼각형의 넓이=13cm×5cm÷2=32.5cm²입니다.

2-2 정사각형 마술퍼즐로 만든 직사각형에서의 대각선은 하나의 곧은 직선으로 보이지만, 자세히 보면 대각선에 해당하는 부분에 작은 틈이 생기고, 이 틈의 넓이가 늘어난 1cm²입니다. 즉, 착시를 이용한 측정퍼즐입니다.

지도 TIP!

1. 생각을 키우는 질문
Q) 퍼즐 C조각과 A조각의 빗면 기울기는 같은가요?
A) 맞대어보니 퍼즐 C조각의 기울기가 조금 더 큽니다.
따라서 퍼즐 C조각과 A조각의 빗면 기울기는 다릅니다.

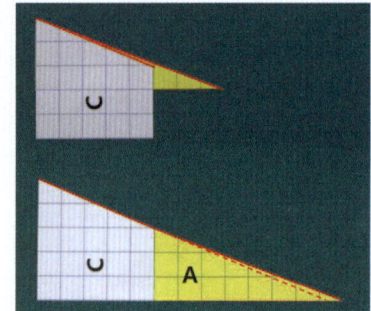

2. 지도 시 유의사항
- 퍼즐조각을 가위와 칼로 자를 때에는 다치지 않도록 안전에 유의해야 합니다.
- 피보나치 수열의 수를 한 변의 길이로 하여 정사각형 퍼즐을 만들 수 있지만, 1, 2는 자르는 선을 그을 수 없고 3×3퍼즐을 2×5로 바꾸면 대각선 사이의 틈이 다소 크게 보이고 5×5퍼즐은 3×8로 바꾸면 대각선이 겹쳐 넓이가 줄어듭니다. 육안으로 어느 정도 빈틈을 직접 확인해 보는 것이 학생의 이해를 돕기 좋습니다.

정사각형	3×3	5×5	8×8	13×13	21×21
직사각형	2×5	3×8	5×13	8×21	13×34
넓이 차	+1	-1	+1	-1	+1

3. 한 걸음 더!
- ① 무료 온라인 그리드 작성 사이트 https://incompetech.com/graphpaper/lite/ 에서 격자 크기와 색을 선택하여 격자 그리드를 작성하고 PDF파일로 다운받을 수 있습니다.
- ② 무료 온라인 그리드 작성 사이트 http://gridzzly.com/ 에서 다양한 형태(점판, 줄선, 격자, 삼각무늬, 육각무늬, 오선악보 등)의 그리드 용지를 만들고 PDF파일로 다운받을 수 있습니다.

26 크기가 다른 두 물통

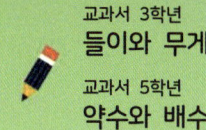
교과서 3학년
들이와 무게
교과서 5학년
약수와 배수

눈금이 없는 물통에 정확한 양의 물 채우기

미국의 한 영화 속 한 장면에 응용되어 더욱 유명해진 이 측정 문제는 눈금이 없는 두 물통(5L와 3L)을 이용해 정확한 양의 물(4L)을 채우는 것입니다. 물통에 물을 채우고 비우기를 반복하며 해결할 수 있답니다.

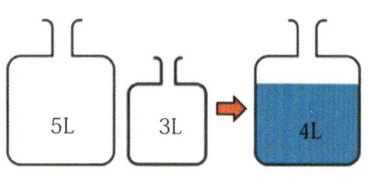

Tip

한 변이 10cm인 그릇에 담을 수 있는 양만큼을 1L라고 하며, 1L=1000mL입니다.

수학으로 생각해요

모든 용량을 만들어낼 수 있을까?

크기가 다른 두 개의 물통에 물을 채우고 비우기를 반복하며 모든 용량을 만들어낼 수 있는 것은 아닙니다. 두 통의 용량의 최대공약수가 1일 때에는 어떤 양도 만들어 낼 수 있지만, 그렇지 않은 경우는 두 용량의 최대공약수의 배수인 양만 만들어 낼 수 있습니다. 예를 들어 2L 물통과 6L 물통으로 2와 6의 최대공약수인 2의 배수, 즉 짝수인 양은 만들어 낼 수 있지만, 홀수인 양은 만들 수 없습니다.

왜 그럴까?

이러한 성질은 다음과 같은 수학 정리의 결과입니다.

> 두 정수 a, b의 최대공약수를 d라 할 때, 적당한 정수 s, t가 존재하여 $d = as + bt$이다.

최대공약수 d는 a와 b에 적당한 정수 s, t를 곱하고 그 값들을 더해 $d = as + bt$로 나타낼 수 있으므로, d의 배수 역시 a와 b에 적당한 정수를 곱하고 그 값들을 더해 나타낼 수 있습니다. a와 b의 최대공약수가 1인 경우에도 적당한 정수 s, t가 존재하므로 $1 = as + bt$입니다. 이때, 측정하고자 하는 임의의 정수 m은 $m = a(ms) + b(mt)$이므로 m은 a와 b에 적당한 정수를 곱한 후 그 값들을 더해 나타낼 수 있습니다.

예) 3L, 5L 물통을 이용하여 4L의 물을 담기

3과 5의 최대공약수는 1이므로 4갤런을 만들 수 있습니다. 실제 4는 3과 5를 결합시킨 4={3×3}+{5×(-1)}로 표현할 수 있습니다.

$$4 = \{3 \times 3\} + \{5 \times (-1)\}$$
↑   ↑   ↑   ↑   ↑
4L   3L 3번 채움 5L 1번 비움

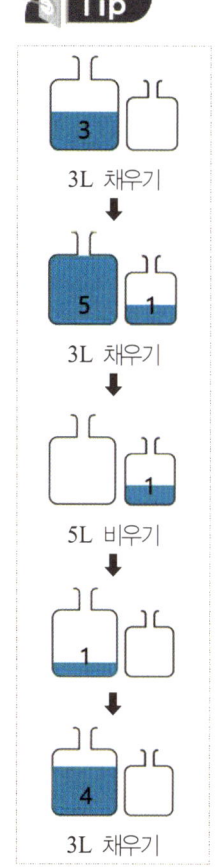

3L 채우기
↓
3L 채우기
↓
5L 비우기
↓
3L 채우기

놀면서 깨우쳐요

300mL와 500mL의 물통으로 400mL의 물 채우기

두 개의 물통

준비물: 크기가 다른 수조 2개, 큰 수조, 비커(100mL), 물, 수건

1 크기가 다른 300mL와 500mL의 물통을 만들고 400mL의 물을 채워보세요.

❶ 100mL 비커를 이용하여 크기가 다른 수조 2개에 각각 300mL, 500mL의 물을 채워 넣고 그 높이를 표시합니다.	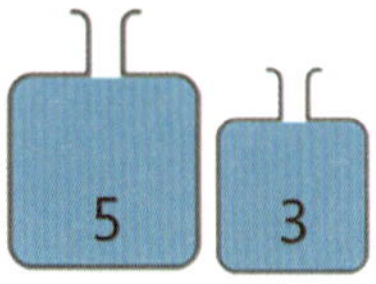 5 3
❷ 500mL 물통을 비웁니다.	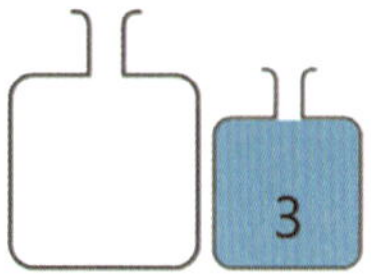 3
❸ 300mL 물통의 물을 500mL 물통에 붓습니다.	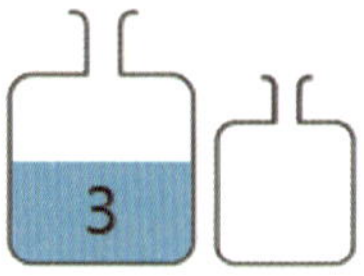 3
❹ 다시 300mL 물통을 가득 채워 500mL 물통의 남은 부분을 채우면, 300mL 물통에는 100mL의 물이 남고 500mL 물통은 가득 찹니다.	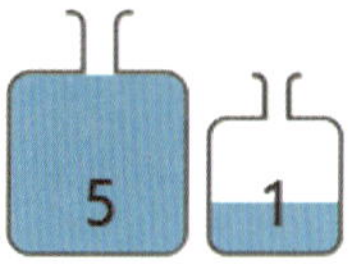 5 1
❺ 500mL 물통을 비우고 300mL 물통에 있던 100mL의 물을 500mL 물통에 붓습니다.	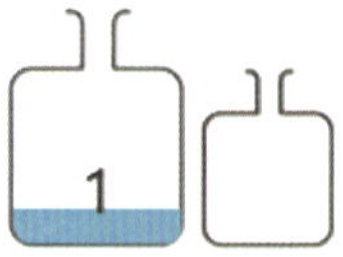 1
❻ 300mL 물통에 물을 가득 채워 500mL 물통에 부으면 정확히 400mL의 물을 채울 수 있습니다.	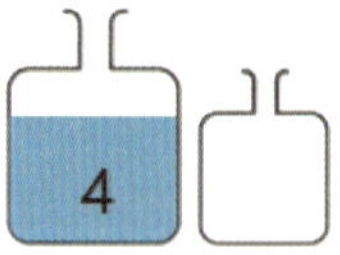 4

1-1 위 방법은 300mL의 물통에 물을 먼저 채워 해결하는 방법입니다. 500mL의 물통에 물을 먼저 채워 해결하는 방법도 생각해 보세요.

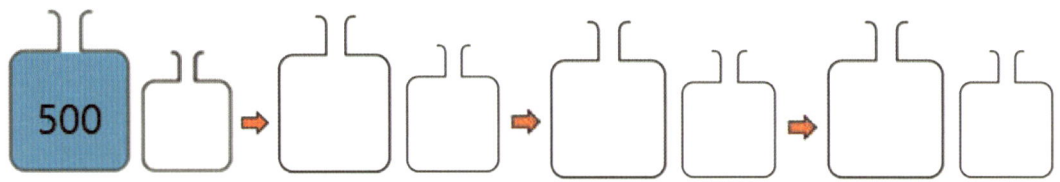

2 300mL와 500mL의 물통만을 사용하여, 두 물통에 700mL의 물을 채우는 방법을 찾아 그림이나 글로 나타내어 보세요.

3 500mL와 800mL의 물통만을 사용하여, 100mL의 물을 채우는 방법을 찾아 그림이나 글로 나타내어 보세요.

4 5분짜리의 모래시계와 3분짜리의 모래시계를 사용하여, 1분에서 10분까지 분 단위로 시간을 잴 수 있는지 생각해 보세요.

Tip

3, 5, +, - 를 가지고 1부터 10까지의 수를 만들어 봅시다.

수학으로 답해요

1-1

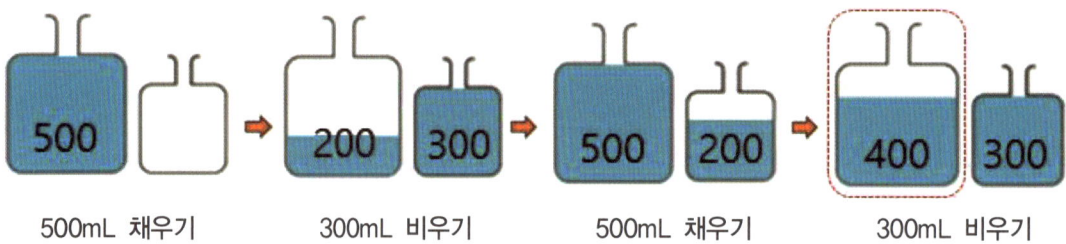

| 500mL 채우기 | 300mL 비우기 | 500mL 채우기 | 300mL 비우기 |

2

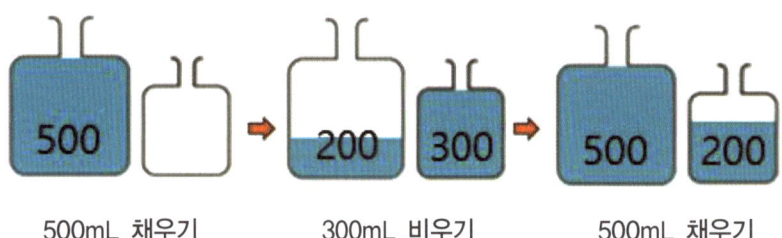

| 500mL 채우기 | 300mL 비우기 | 500mL 채우기 |

3

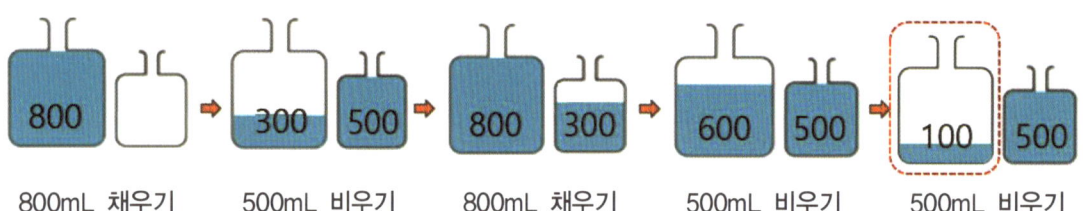

| 800mL 채우기 | 500mL 비우기 | 800mL 채우기 | 500mL 비우기 | 500mL 비우기 |

4 3, 5, +, −를 가지고 1부터 10까지의 수를 모두 만들 수 있습니다. 이것은 3분짜리 모래시계와 5분짜리 모래시계로 1분부터 10분까지 분 단위로 시간을 잴 수 있다는 말입니다.

예)
1=3+3−5 2=5−3   3=3   4=3+3−5+3 5=5
6=3+3   7=5−3+5 8=3+5   9=3+3+3   0=5+5

지도 TIP!

1. 지도 시 유의사항
- 본 활동은 계측퍼즐 활동으로, 해결과정을 수식으로 나타내는 활동에 치우치지 않도록 합니다.
- 정확한 측정과 해결과정의 설명에 활동중점을 두며, 해결방법이 한 가지가 아님을 안내하여 여러 가지 방법을 찾아보도록 합니다.

2. 한 걸음 더!
- 서로소가 아닌 4와 6의 최대공약수가 2이므로 4L와 6L의 물통으로는 1L부터 10L까지 중에서 2의 배수인 2L, 4L, 6L, 8L, 10L만 만들 수 있답니다.

27 각도기로 별 그리기

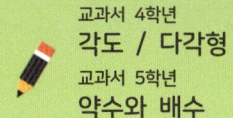

교과서 4학년
각도 / 다각형
교과서 5학년
약수와 배수

일정한 크기의 각을 연결하여 그리는 별 모양

각도기를 이용하여 같은 크기의 뾰족한 각이 여러 개 있는 별을 그릴 수 있습니다. 기준이 되는 각의 크기에 따라 오각 별, 구각 별, 십이각 별, 이십각 별 등 다양한 별 모양을 그려봅시다.

수학으로 생각해요

모든 각으로 별 모양을 그릴 수 있을까?

그렇지 않습니다. 뾰족한 각의 크기가 $\theta°$라면 $(180°-\theta°)\times n$의 값이 360의 배수가 되는 5 이상의 자연수 n이 존재해야 합니다.

> **Tip**
> n이 5 이하 일 경우, n=4이면 정사각형, n=3이면 정삼각형으로 별 모양이 아니며, n이 2 이하이면 다각형이 되지 않습니다.

왜 그럴까?

일정한 각의 크기 $\theta°$ 만큼 회전을 한다는 것은 실제로는 $(180°-\theta°)$ 회전하는 것입니다. 예를 들어, 빨간색 선분과 45°를 이루는 파란색 선분은 45°회전한 것이 아니라 실제로는 $(180°-45°)$ 회전한 것입니다.

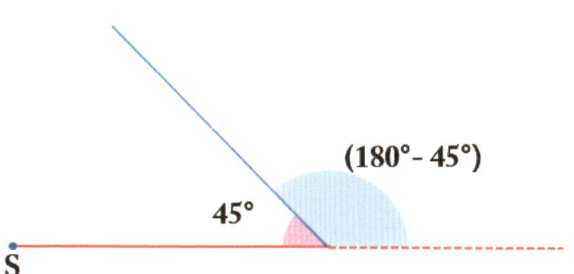

또한 시작점에서 $(180°-45°)$씩 n번 회전하여 끝점이 시작점과 다시 만나게 된다는 것은 360°를 일(또는 여러 번)회전하여 제자리로 돌아오기 때문에 별 모양이 만들어지게 되는 것입니다. 그리고 이때 회전한 횟수 n에 따라 '몇각 별'이 될지 결정됩니다. 예를 들어 뾰족한 한 각의 크기가 45°이면, $(180°-45°)\times n=360\times m$을 만족하는 n과 m이 존재할 때 별 모양을 그릴 수 있습니다. n=8, m=3이면 위 조건을 만족하므로 뾰족한 한 각의 크기가 45°이면, 팔각 별이 만들어지게 되는 것입니다.

놀면서 깨우쳐요

각도기로 별 그리기

준비물: 각도기, 자, 색연필

별 그리기

1 한 각이 45°인 팔각 별을 그려 보세요.

❶ 시작점(S)에서 6cm인 선분을 긋습니다.

❷ 선분과 각도기의 밑금을 일치시키고, 선분의 오른쪽 끝이 각도기의 중심에 오도록 맞춥니다.

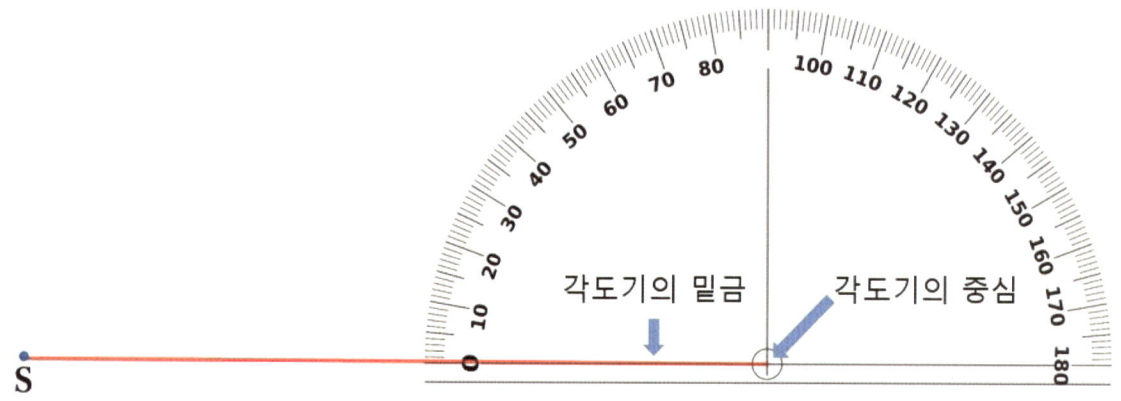

❸ 각도기의 밑금에서부터(왼쪽부터) 각도가 45°가 되는 눈금에 점을 표시합니다.

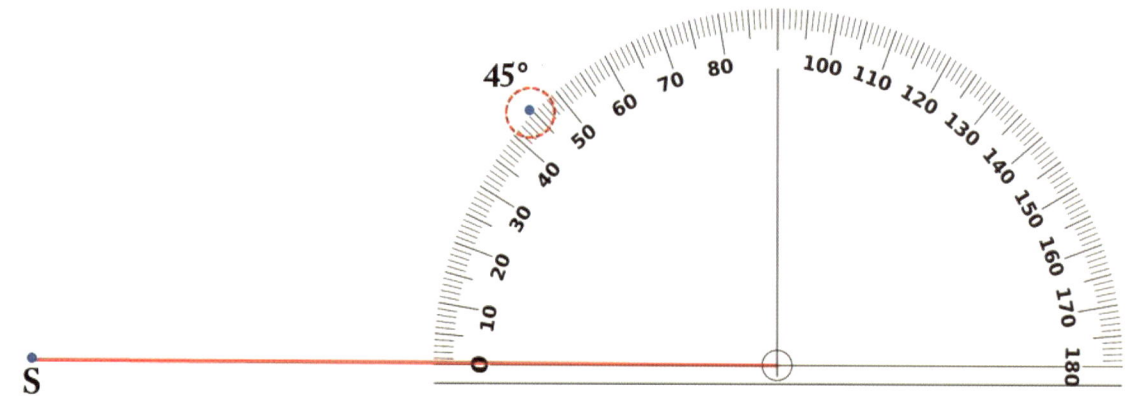

❹ 자를 이용하여 6cm 선분을 그어 각도가 45°인 각을 완성한다.

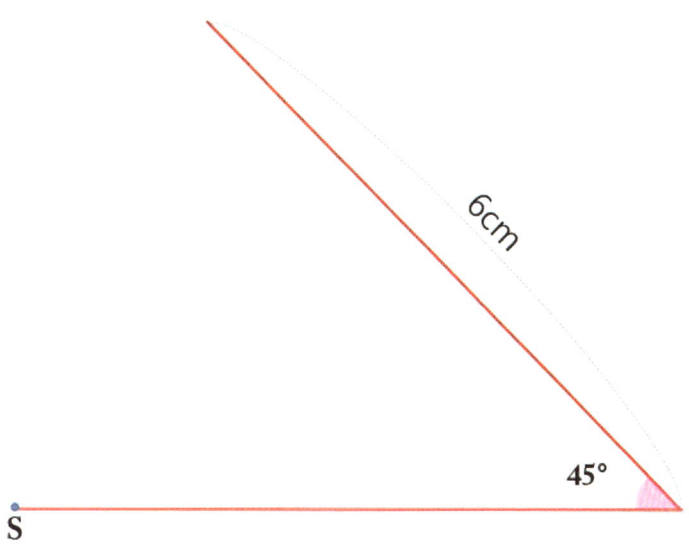

❺ 각도기와 자를 이용하여 ❷~❹의 과정을 끝점이 시작점으로 돌아올 때까지 반복합니다.

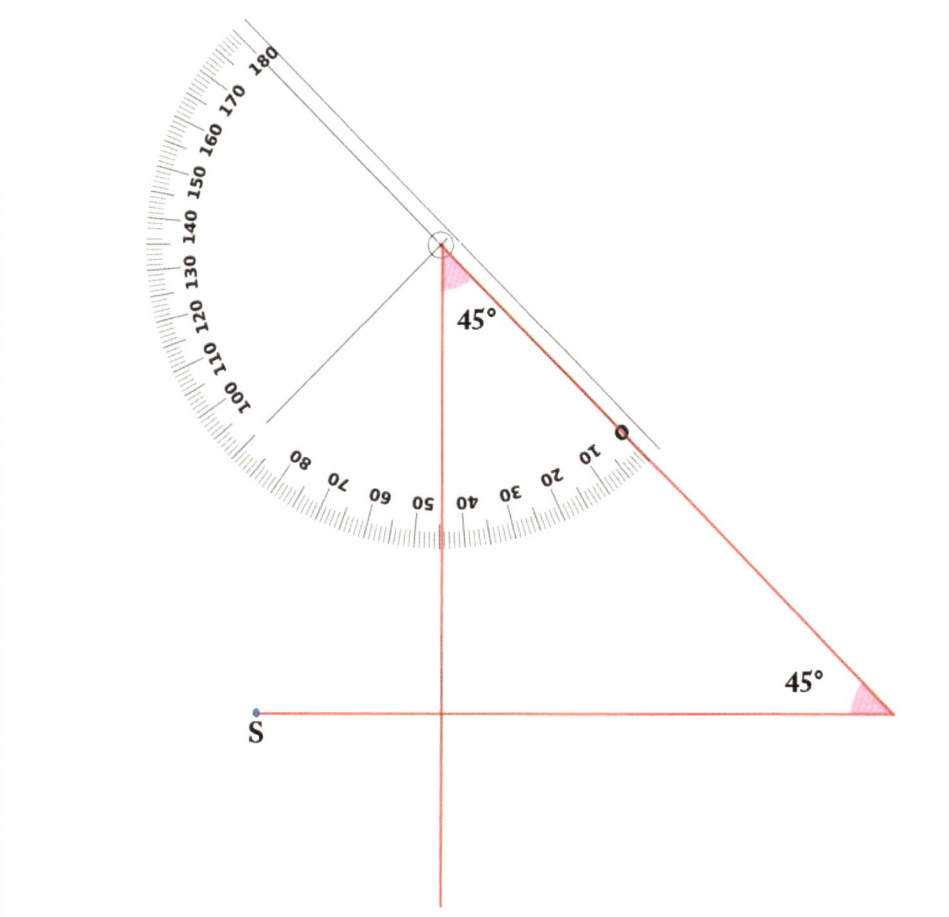

 Tip

매번 마지막으로 그은 선분과 각도기의 밑금을 일치시키고, 끝점이 각도기의 중심에 오도록 맞춰야 합니다. 방향이 달라지지 않도록 주의하세요.

27 각도기로 별 그리기

❻ 끝점과 시작점이 만나면 팔각 별이 만들어집니다.

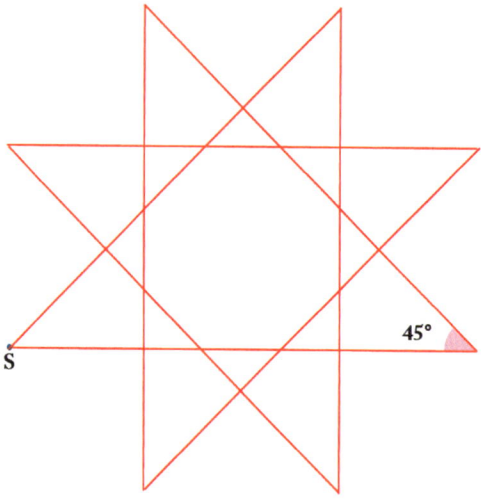

❼ 시작점의 큰 삼각형부터 규칙적인 색칠하여 나만의 별 모양을 완성해 봅시다.

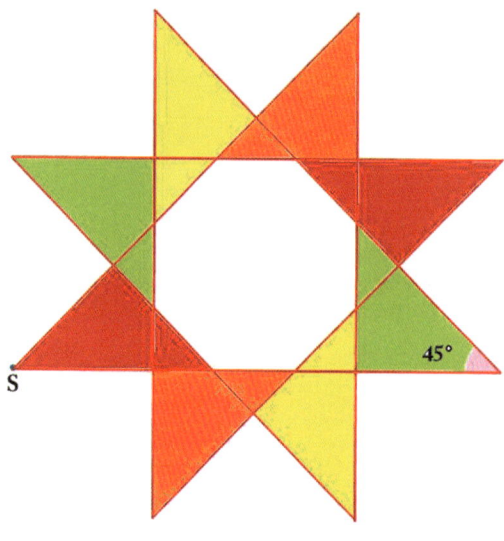

1-1 색칠한 팔각 별 안에 색칠하지 않은 부분은 어떤 도형인가요?

2 한 각의 크기가 다른 여러 가지 별을 그려보세요.

삼각형 부분을 일정한 규칙을 가지고 색칠하면 아름다운 무늬가 만들어 집니다. 또한 몇각 별인지에 따라 반복되는 색의 수를 결정할 수 있습니다.

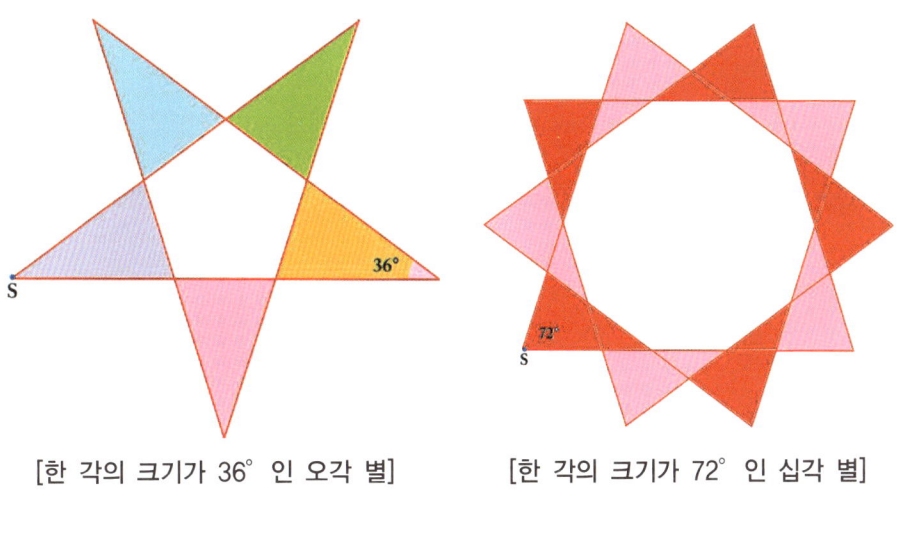

[한 각의 크기가 36°인 오각 별]   [한 각의 크기가 72°인 십각 별]

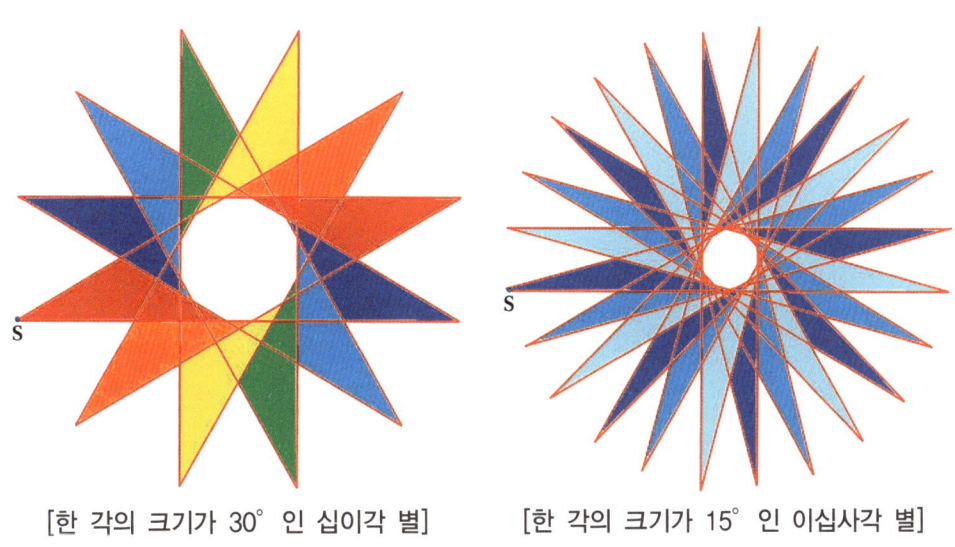

[한 각의 크기가 30°인 십이각 별]   [한 각의 크기가 15°인 이십사각 별]

2-1 한 각이 20°인 별을 그려 보고, 몇각 별인지 말해 보세요.

여러 부분의 각도 재어보세요.

3 각도기로 그린 여러 가지 별을 살펴보고 알게 된 규칙을 말해보세요.

27 각도기로 별 그리기

수학으로 답해요

1-1 정팔각형입니다.

2-1 한 각의 크기가 20°인 구각 별이 만들어집니다.

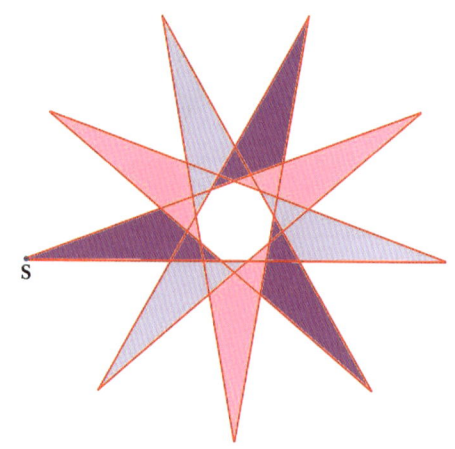

3 ① 만들어지는 몇각 별에 따라 별 안에 같은 정다각형이 나타난다.

② 한 별에서 뾰족한 부분을 연결하면 큰 정다각형이 나타난다.

③ 한 별에서 색칠하는 삼각형의 모양은 모두 같다.

④ (뾰족한 한 각의 크기) × (뾰족한 각의 수) = 180의 배수이다.

⇒ 뾰족한 각의 수가 홀수이면, 뾰족한 각의 전체 합이 180의 배수이다.

예) 구각 별: 20°× 9 = 180°

⇒ 뾰족한 각의 수가 짝수이면, 뾰족한 각의 전체 합이 360의 배수이다.

예) 십이각 별: 30°× 12 = 360°

지도 TIP!

1. 생각을 키우는 질문

Q) 칠각 별을 그릴 수 있을까요?

A) 그릴 수 없습니다. 뾰족한 부분이 홀수(7)이면, 뾰족한 각의 전체 합이 180의 배수여야 하는데 180은 7로 나누어 떨어지지 않기 때문입니다.

2. 지도 시 유의사항

- 각도를 직접 재어보고 그리는 과정에서 오차가 생길 수 있습니다. 학생의 수준에 따라 각의 크기를 달리하여 지도합니다. 또한 한 변의 길이가 너무 짧으면 그리기가 어려우므로 최소 6cm 이상의 선분을 권장합니다.

3. 한 걸음 더!

- 모든 각으로 별 모양을 만들 수 있는 것은 아닙니다. '(180° - 뾰족한 한 각의 크기)×n=360의 배수'가 되는 5 이상의 자연수 n이 존재해야 합니다.

예) 뾰족한 한 각의 크기가 20°일 때, 160×n=360×m에서 n=9, m=4입니다. 이때 만들어지는 별은 n을 따라 구각 별이 됩니다.

28 종이접기로 만드는 곡선

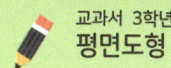
교과서 3학년
평면도형

곡선에 담긴 수학

우리 주변에서 흔히 볼 수 있는 곡선에도 이름이 있습니다. 공을 비스듬히 던지면 공은 '포물선'을 그리며 떨어집니다. 이 포물선을 이용하여 신호를 모으는 파라볼라 안테나를 만들기도 하고 전파 망원경을 만들기도 해요. 여러 가지 곡선의 특징을 알아보고 종이접기로 곡선을 만들어 봅시다.

[출처- 네이버]

수학으로 생각해요

타원이란

평면에서 한 점에서 일정한 거리에 있는 점들의 자취가 원이라면, 서로 다른 두 점에서 잰 거리의 합이 일정한 점들의 자취를 타원[Ellipse, 楕圓]이라고 합니다.

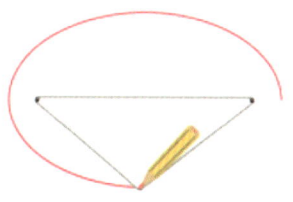

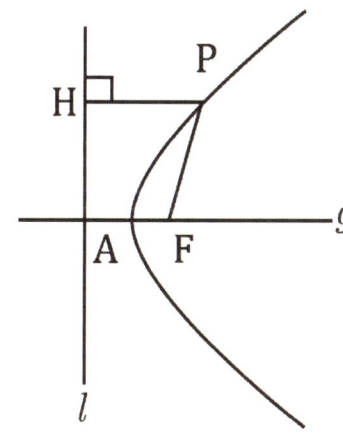

포물선이란

포물선[Parabola, 抛物線]이란 한 정점과 한 직선에 이르는 거리가 같은 점의 자취를 포물선이라고 합니다. 물체를 공중에 비스듬히 던져 올리면 던져진 물체는 이 곡선을 그리므로 포물선이라고 합니다.

쌍곡선이란

평면 위의 두 정점에서의 거리의 차가 일정한 점들의 자취를 쌍곡선[Hyperbola, 雙曲線]이라 합니다.

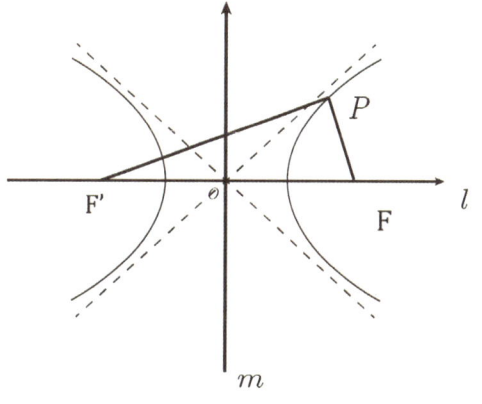

놀면서 깨우쳐요

타원, 포물선, 쌍곡선 접기

준비물: 포물선 접기 도안(267쪽) 원형 종이 1장, A4지 1장, 송곳

종이접기 곡선

1 종이접기로 타원을 만들어 보세요.

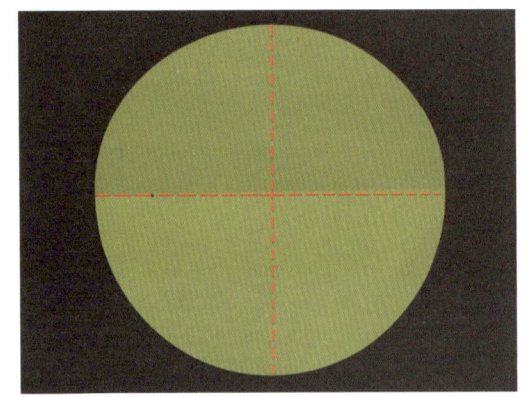

❶ 원형 종이를 반으로 접은 뒤, 한 번 더 반으로 접었다 폅니다.

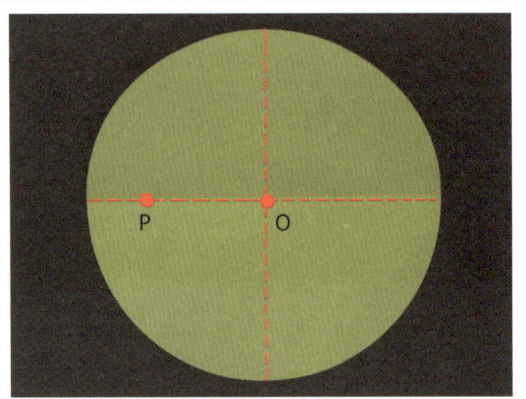

❷ 원의 중심 O를 표시하고 중심에서 떨어진 곳에 점 P를 표시합니다.

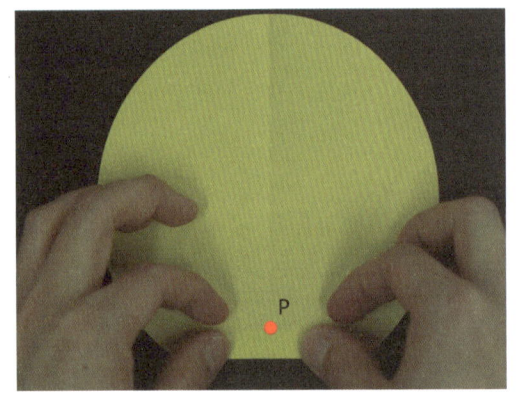

❸ 점 P와 원의 둘레가 만나도록 접어 줍니다.

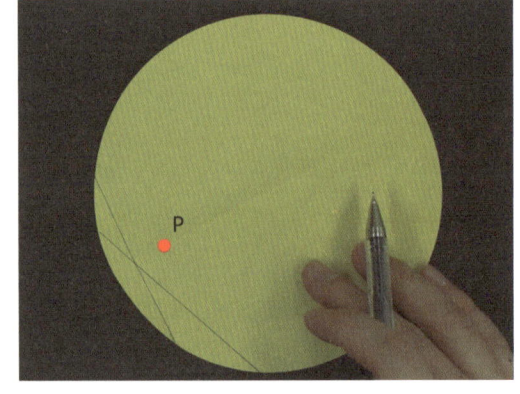

❹ 조금 옆으로 이동한 원의 둘레와 점 P가 만나도록 접습니다.

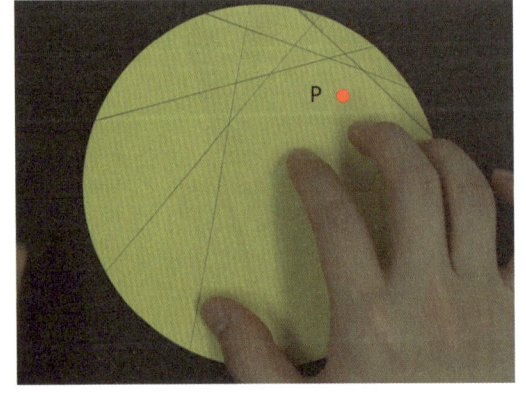

❺ 원의 둘레를 한 바퀴 돌때까지 ❹를 반복합니다.

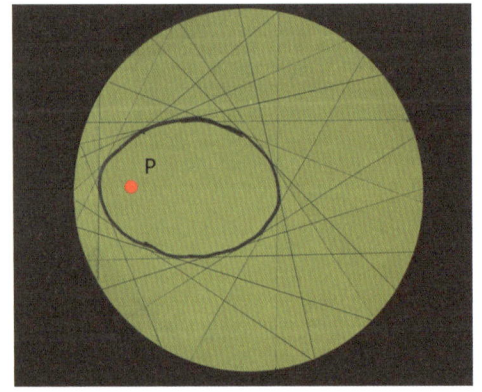

❻ 접은 선이 모여 타원이 됩니다.

2 종이접기로 포물선을 만들어 보세요.

❶ 포물선 접기 도안(253쪽)을 반으로 접고 아랫변에서 2cm정도를 접어 줍니다.

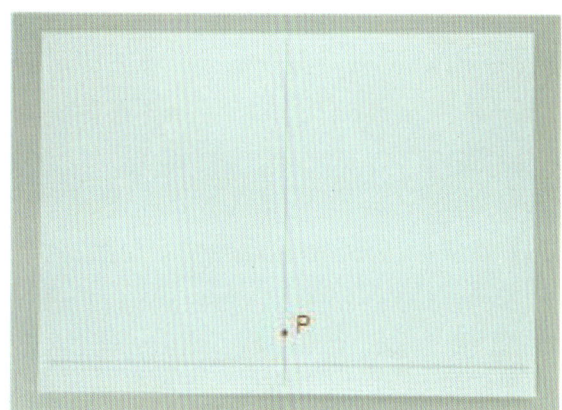

❷ 반으로 접은 선 위에 한 점 P를 찍습니다.

❸ 아랫변이 점 P와 만나도록 접어줍니다.

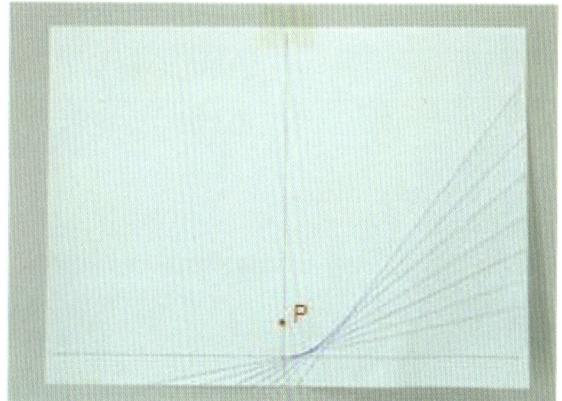

❹ 조금 옆으로 이동한 아랫변과 점 P가 만나도록 접습니다.

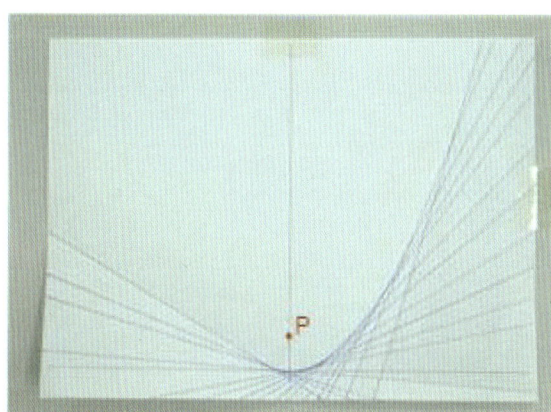

❺ 반대쪽도 ❹와 같이 접습니다.

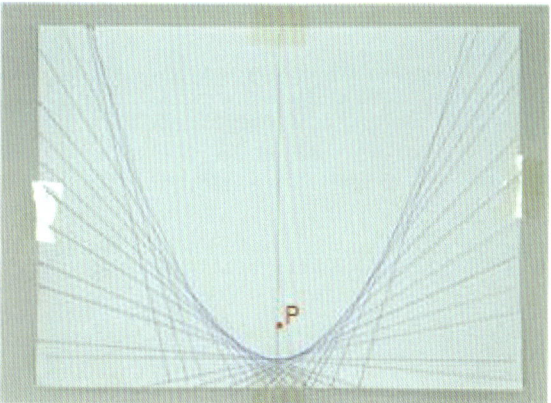

❻ 접은 선이 모여 포물선이 됩니다.

28 종이접기로 만드는 곡선

3 종이접기로 쌍곡선을 만들어 보세요.

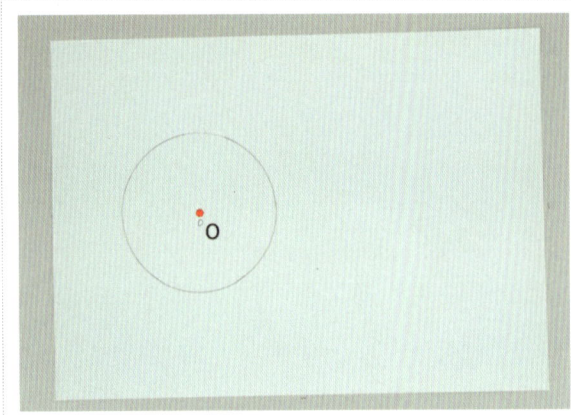

❶ A4지에 한 점 O를 찍고 점 O를 중심으로 원을 그립니다.

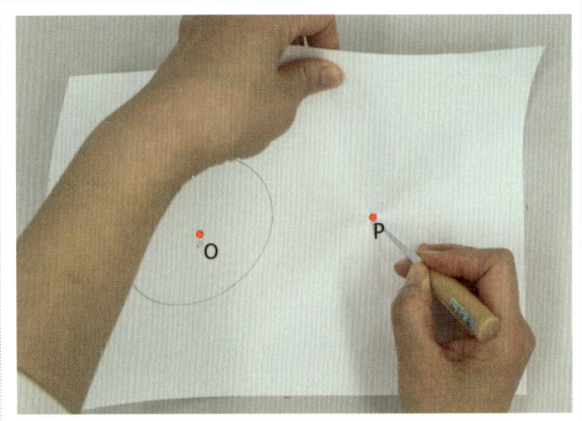

❷ 원의 바깥에 점 P를 찍고 점 P에 송곳으로 구멍을 뚫습니다.

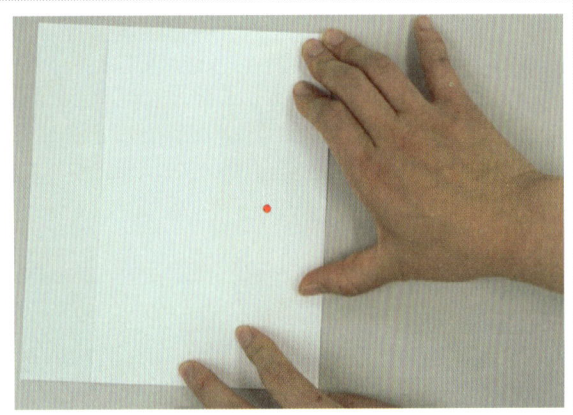

❸ 점 P가 원의 둘레 위의 한 점과 만나도록 접어 줍니다.

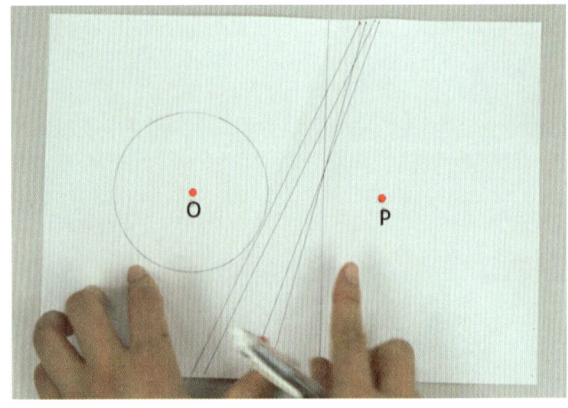

❹ 조금 옆으로 이동한 원의 둘레와 점 P가 만나도록 접습니다.

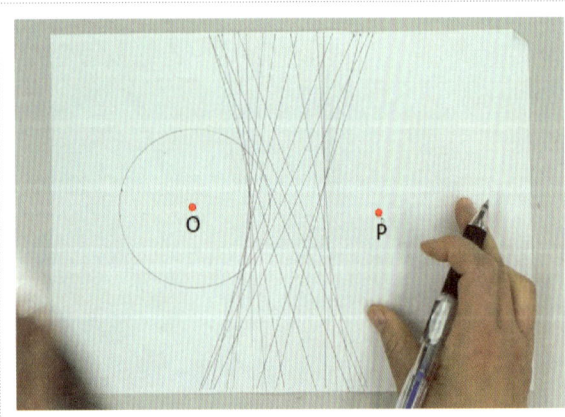

❺ 원의 둘레를 한 바퀴 돌때까지 ❹를 반복합니다.

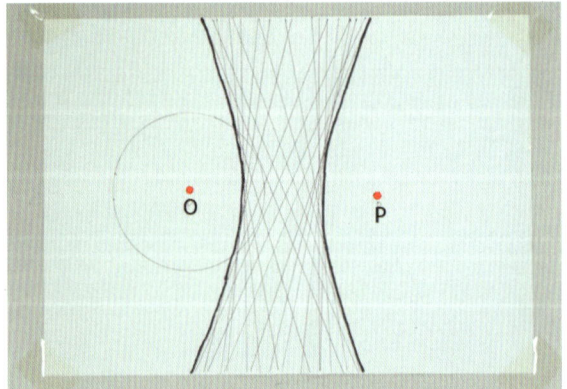

❻ 접은 선이 모여 쌍곡선이 됩니다.

4 종이접기로 접은 타원을 살펴 봅시다.

❶ 어떤 규칙에 따라 접었는지 써 보세요.

타원

❷ 두 점 O와 P에서 타원 위의 점 A와 B까지 각각 선을 긋고 두 선의 길이의 합을 비교해 보세요.

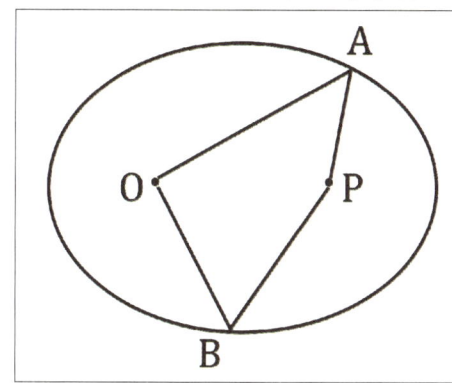

선분 OA와 선분 PA의 길이의 합: ____ cm

선분 OB와 선분 PB의 길이의 합: ____ cm

두 선분의 길이의 합은

5 종이접기로 접은 포물선을 살펴 봅시다.

❶ 어떤 규칙에 따라 접었는지 써 보세요.

포물선

❷ 점 P에서 포물선 위의 점 A, B까지 각각 선을 긋고 두 선분의 길이를 비교해 보세요.

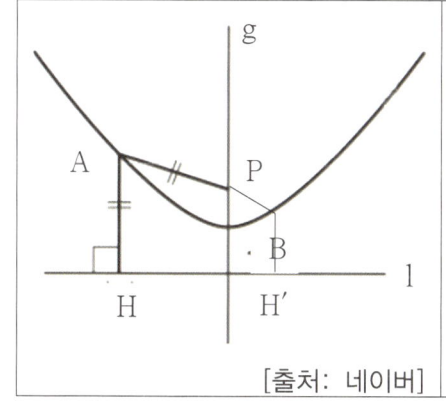

[출처: 네이버]

선분 PA 길이: ____ cm , 선분 AH 길이: ____ cm

선분 PB 길이: ____ cm , 선분 BH′ 길이: ____ cm

선분 PA 길이와 선분 AH의 길이는 _____

선분 PB 길이와 선분 BH′의 길이는 _____

28 종이접기로 만드는 곡선

6 종이접기로 접은 쌍곡선을 살펴 봅시다.

❶ 어떤 규칙에 따라 접었는지 써 보세요.

쌍곡선

❷ 두 점 O와 P에서 쌍곡선 위의 점 A, B까지 각각 선을 긋고 두 선분의 길이의 차를 비교해 보세요.

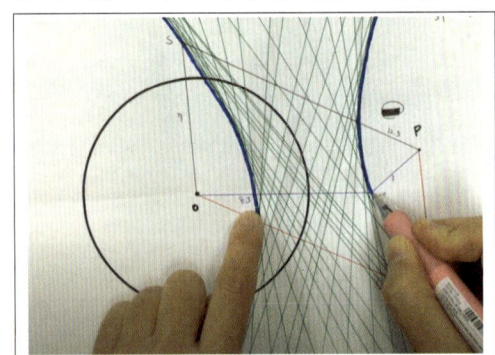

선분 OA와 선분 PA의 길이의 차: _____ cm

선분 OB와 선분 PB의 길이의 차: _____ cm

두 선분의 길이의 차는 _____

6 각 곡선의 특징을 찾아 써 보세요.

타원	
포물선	
쌍곡선	

7 우리 주변에서 각 곡선을 볼 수 있는 경우를 찾아 써 보세요.

타원	
포물선	
쌍곡선	

수학으로 답해요

4 종이접기로 접은 타원을 살펴 봅시다.

① 어떤 규칙에 따라 접었는지 써 보세요.

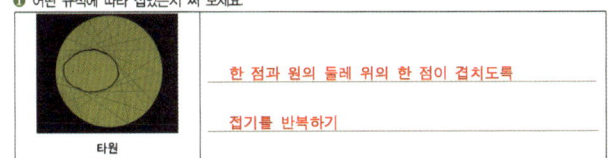

한 점과 원의 둘레 위의 한 점이 겹치도록 접기를 반복하기

② 두 점 O와 P에서 타원 위의 점 A와 B까지 각각 선을 긋고 두 선의 길이의 합을 비교해 보세요.

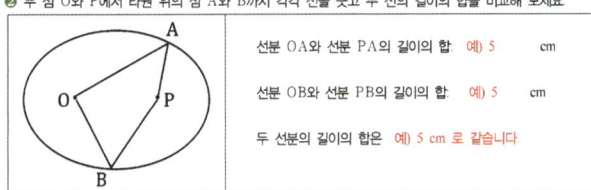

선분 OA와 선분 PA의 길이의 합 예) 5 cm
선분 OB와 선분 PB의 길이의 합 예) 5 cm
두 선분의 길이의 합은 예) 5 cm 로 같습니다.

5 종이접기로 접은 포물선을 살펴 봅시다.

① 어떤 규칙에 따라 접었는지 써 보세요.

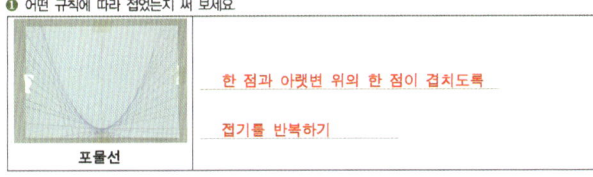

한 점과 아랫변 위의 한 점이 겹치도록 접기를 반복하기

② 점 P에서 포물선 위의 점 A, B까지 각각 선을 긋고 두 선분의 길이를 비교해 보세요.

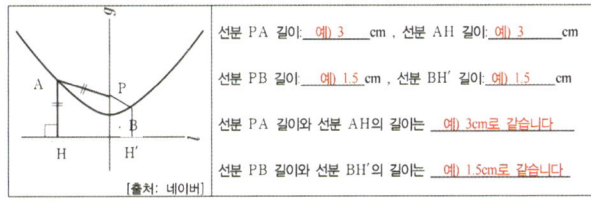

선분 PA 길이: 예) 3 cm, 선분 AH 길이: 예) 3 cm
선분 PB 길이: 예) 1.5 cm, 선분 BH′ 길이: 예) 1.5 cm
선분 PA 길이와 선분 AH의 길이는 예) 3cm로 같습니다
선분 PB 길이와 선분 BH′의 길이는 예) 1.5cm로 같습니다.

[출처: 네이버]

6 종이접기로 접은 쌍곡선을 살펴 봅시다.

① 어떤 규칙에 따라 접었는지 써 보세요.

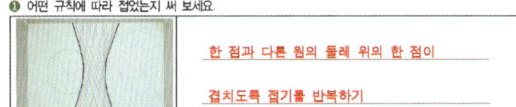

한 점과 다른 원의 둘레 위의 한 점이 겹치도록 접기를 반복하기

② 두 점 O와 P에서 쌍곡선 위의 점 A, B까지 각각 선을 긋고 두 선분의 길이의 차를 비교해 보세요.

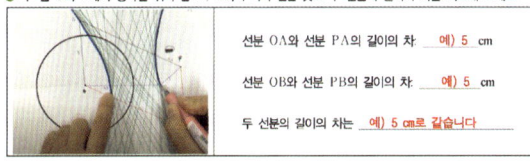

선분 OA와 선분 PA의 길이의 차 예) 5 cm
선분 OB와 선분 PB의 길이의 차 예) 5 cm
두 선분의 길이의 차는 예) 5 cm로 같습니다

6 각 곡선의 특징을 찾아 써 보세요.

타원	타원의 두 점(초점)에서 타원 위 한 점까지 거리의 합은 항상 일정하다. 타원의 한 초점에서 나온 소리나 빛은 타원에서 반사하면 다른 초점을 통과한다. 등
포물선	포물선의 안쪽에서 축과 평행하게 진행한 빛은 포물선에 반사하여 초점을 지난다. 등
쌍곡선	서로 다른 두 점에서 서로 다른 시각에 시작하여 일정한 속도로 퍼져 나가는 두 원의 교점이 자취는 쌍곡선을 그린다. 등

7 우리 주변에서 각 곡선을 볼 수 있는 경우를 찾아 써 보세요.

타원	예)	비타민 통, 타원 바구니 등
포물선	예)	무지개, 파라볼라 안테나 등
쌍곡선	예)	면봉, 연필꽂이, 해시계 등

지도 TIP!

1. 생각을 키우는 질문

Q) 타원, 포물선, 쌍곡선을 그리는 방법은 무엇인가요?

A) 타원은 두 거리를 두고 못을 두 개 박고 두 못과 연필에 고리를 걸고 고리를 팽팽하게 당기며 한 바퀴 돌리면 그릴 수 있습니다. 포물선은 한 정점과 한 직선에 이르는 거리가 같은 점의 자취를 따라 그리면 됩니다. 쌍곡선은 평면 위의 두 정점에서의 거리의 차가 일정한 점들의 자취를 따라 그립니다.

2. 지도 시 유의사항

저학년 학생들에게는 타원, 포물선, 쌍곡선의 개념이나 원리보다는 타원, 포물선, 쌍곡선의 모양과 특징에 중점을 두어 지도합니다. 주변의 사물에서 이 곡선들을 찾아보고 생활 속 수학을 경험해 보게 합니다.

3. 한 걸음 더

파라볼라 안테나(parabolic antenna)는 포물선 반사를 이용한 안테나입니다. 포물선 회전체의 단면을 반사판으로 삼아 수집한 전파를 초점에 모을 수 있도록 설계되어 있습니다.

[출처: 네이버]

29 퍼즐로 배우는 직사각형 넓이

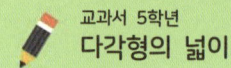
교과서 5학년
다각형의 넓이

테트라스퀘어란?

테트라스퀘어(Tetrasquare)는 4를 뜻하는 'Tetra'와 직각을 의미하는 'Square'의 합성어로 주어진 퍼즐을 직사각형 모양으로 분할하는 게임입니다. 일본의 퍼즐회사인 니코리에서 제시한 퍼즐로 시카쿠(しかく)퍼즐이라고도 합니다.

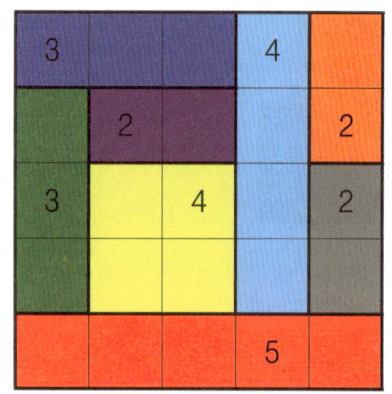

수학으로 생각해요

직사각형의 넓이를 활용하여 해결하는 퍼즐

넓이는 이차원 도형이나 입체의 면이 평면에서 차지하는 공간이나 범위의 크기이며, 면적이라고도 합니다. 넓이를 잴 때 기준이 되는 넓이를 '단위넓이'라고 하는데, 단위넓이가 몇 개 포함되어 있는가로 크기를 알 수 있습니다.

따라서 직사각형의 넓이 지도 초기에는 단위넓이 $1cm^2$가 측정대상에 몇 개 포함되는지 세어 넓이를 구합니다. 이후 매번 단위넓이의 개수를 세는 것의 불편함을 해결하기 위해 가로의 길이와 세로의 길이를 활용하여 (직사각형의 넓이)=(가로의 길이)×(세로의 길이)로 형식화합니다. 특히 직사각형의 넓이는 평행사변형, 삼각형, 사다리꼴, 마름모 넓이를 구하는 방법의 기초가 되므로 중요합니다.

테트라스퀘어는 주어진 모눈 모양의 문제 중간에 숫자가 쓰여 있는 형태입니다. 주어진 숫자 만큼의 넓이가 되도록 모눈을 직사각형 모양으로 분할하는 퍼즐입니다. 여기에서는 모눈 모양의 크기를 $1cm^2$로 하여 표준 단위를 세어 직사각형의 넓이를 구하는 초기 단계의 학습을 돕고자 합니다. 테트라스퀘어의 규칙은 다음과 같습니다.

> 1. 숫자는 나누어진 부분의 넓이를 말한다.
> 2. 나눌 때에는 직사각형으로 나누어야 한다.
> 3. 나눈 직사각형에는 숫자가 하나만 존재해야 한다.

[그림1]과 같은 간단한 테트라스퀘어 예를 들어 봅시다. 규칙에 따라 문제를 해결하면 [그림2]와 같이 해답을 구할 수 있습니다.

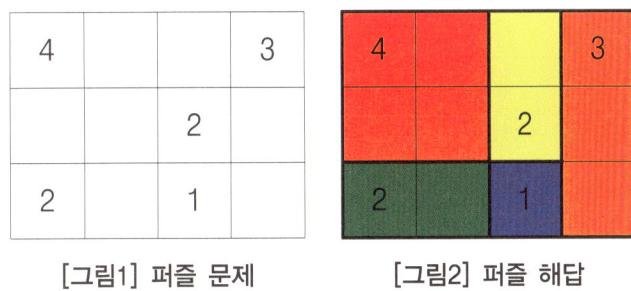

[그림1] 퍼즐 문제   [그림2] 퍼즐 해답

테트라스퀘어 문제를 해결하는데 어떤 전략이 있을까요? 먼저 [그림1]의 숫자 1을 살펴봅시다. 규칙에서 나누어진 모양이 직사각형이라고 했으므로, 넓이가 1만큼 되는 방법은 1×1이 되는 것이 유일합니다. 4는 1×4, 2×2, 4×1의 세 가지 경우가 있습니다. 1×4는 [그림3]과 같이 그려지는데, 나눈 직사각형에 숫자 4, 3이 2개 들어 있으므로 세 번째 규칙을 위반하게 됩니다. 2×2는 숫자 4를 포함하여 그려져야 하므로 [그림4]와 같이 그려집니다. 4×1은 주어진 퍼즐의 세로의 길이가 최대 3cm이므로 불가능합니다. 따라서 4는 [그림4]와 같이 그려지게 됩니다. 넓이 2는 2×1 또는 1×2이 가능합니다. 넓이 4, 1은 이미 그려져 있고, 넓이 3인 직사각형을 고려할 때, 그리는 방법은 [그림5]가 유일합니다. 마찬가지로 넓이 3은 3×1로 그려지게 되고, [그림2]처럼 퍼즐을 완성할 수 있습니다.

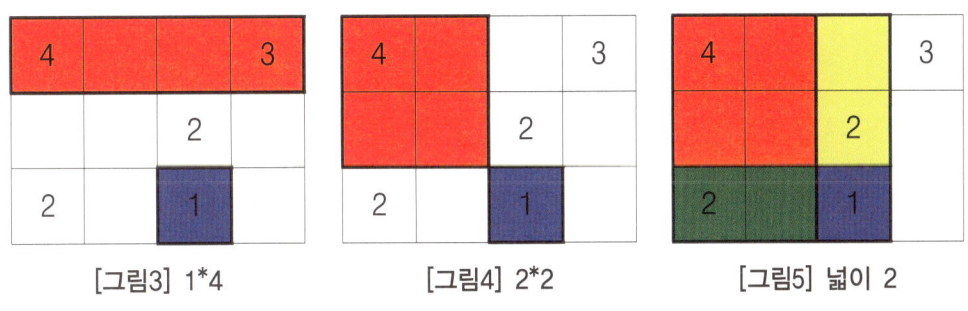

[그림3] 1*4   [그림4] 2*2   [그림5] 넓이 2

이처럼 테트라스퀘어 게임을 하면서 처음에는 초보적인 수준에서 시행착오를 거치며 단위 넓이의 수를 세어 직사각형을 그리게 되다가, 이후 전략을 탐구하면서 넓이가 되는 수의 약수로 그릴 수 있는 직사각형을 찾게 됩니다. 또한 이 약수들은 직사각형 모양의 가로와 세로의 길이로 넓이를 구하는 공식과도 관련이 있습니다.

놀면서 깨우쳐요

단위 넓이를 사용하여 테트라스퀘어 풀기

준비물: 연필, 지우개

테트라스퀘어

1 빈칸에 들어갈 알맞은 말을 [보기]에서 찾아 써 보세요.

> [보기]
>
> $3cm^2$, $1cm^2$, 1 제곱센티미터

넓이를 나타낼 때 한 변의 길이가 1cm인 정사각형의 넓이를 단위로 사용할 수 있습니다. 이 정사각형의 넓이를 ☐라 쓰고 ☐라고 읽습니다.

예를 들어 ☐☐☐ 모양의 넓이는 ☐입니다.

2 테트라스퀘어는 모눈 종이 모양의 퍼즐에 드문드문 숫자가 쓰여 있는 퍼즐입니다. 테트라스퀘어의 규칙을 확인해 보세요.

> 1. 숫자는 나누어진 부분의 넓이(cm^2)를 의미한다.
> 2. 나눌 때에는 직사각형으로 나누어야 한다.
> 3. 나눈 직사각형에는 숫자가 하나만 존재해야 한다.

3 테트라스퀘어의 규칙을 잘못 이해하여 다음과 같이 잘못 풀었습니다. 어떤 규칙을 지키지 않았는지 써 보세요.

148 도형과 측정

4 테트라스퀘어 문제를 해결해 보세요.

5 테트라스퀘어에서 넓이가 4인 도형을 모두 그려보고, 가로의 길이와 세로의 길이를 써 보세요.
(회전하여 겹쳐도 다른 도형으로 생각합니다.)

그린 사각형의 넓이	4	4	4
가로의 길이			
세로의 길이			
(가로의 길이)×(세로의 길이)			

6 나만의 테트라스퀘어 퍼즐을 만들어 보세요. 퍼즐을 만든 뒤 스스로 풀어보며, 올바르게 만들었는지 확인해 보세요.

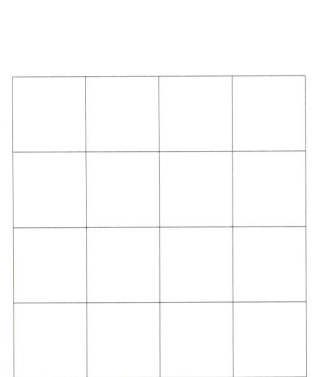

친구와 바꾸어 풀어도 재미있어요.

수학으로 답해요

1 $1cm^2$, 1 제곱센티미터, $3cm^2$

3 ❶ 빨간색 직사각형에는 숫자가 2개(4와 3)있습니다. 나눈 직사각형에는 숫자가 하나만 존재해야 한다는 규칙을 어겼습니다.
❷ 넓이가 4인 빨간색 도형이 직사각형이 아닙니다. 나눌 때에는 직사각형 모양으로 나누어야 한다는 규칙을 어겼습니다.

4

풀이) 넓이가 $6cm^2$인 도형부터 생각합니다. 가능한 경우는 1×6, 2×3, 3×2, 6×1입니다. 1×6이나 6×1은 퍼즐의 가로와 세로의 최대가 5이므로 불가능합니다. 2×3은 숫자 6을 포함하도록 어떤 방식으로 그려도 다른 숫자를 포함하게 되므로 불가능합니다. 3×2가 다른 숫자와 겹치지 않도록 그리는 방법은 정답이 유일합니다. 다른 숫자들도 같은 방식으로 해결합니다.

5

그린 사각형의 넓이	4	4	4
가로의 길이	4	2	1
세로의 길이	1	2	4
(가로의 길이)×(세로의 길이)	4	4	4

30 벌들이 찾은 최적의 구조

교과서 5학년
다각형의 둘레와 넓이

벌집의 허니콤 구조

벌들은 왜 육각형 모양의 집을 지을까요? 최소의 재료로 최대의 공간을 확보할 수 있는 구조, 방과 방 사이에 빈틈이 없이 튼튼한 구조가 바로 육각형 구조입니다. 벌들이 찾은 육각형 구조를 '허니콤(honeycomb) 구조'라고 해요. 벌집의 구조에서 수학을 찾아봅시다.

 **Tip**

벌이 원래 만든 집은 밀랍으로 만들어진 원 모양인데, 말랑말랑한 밀랍으로 된 원들이 맞닿는 부분에 표면장력이 작용하면서 육각형 모양으로 변한다는 연구도 있어요.
따라서 벌이 의도적으로 기하학적인 구조를 활용한 것인지, 표면장력에 의해 우연히 만들어진 것인지는 확실하지 않아요.

수학으로 생각해요

최소의 재료로 최대의 공간을

다음은 둘레의 길이가 36cm인 정삼각형, 정사각형, 정육각형과 원주가 약 36cm인 원을 붙여 놓은 것입니다. 둘레의 길이가 같을 때, 넓이가 가장 큰 도형은 무엇일까요?

 Tip

빈틈없이 공간을 채울 수 있는 정다각형은, 한 내각이 360°의 약수(60°, 90°, 120°)가 되는 정삼각형, 정사각형, 정육각형 뿐이랍니다.

정삼각형	정사각형	정육각형	원
한 변의 길이: 12cm	한 변의 길이: 9cm	한 변의 길이: 6cm	지름: 11.47cm
둘레의 길이: 36cm	둘레의 길이: 36cm	둘레의 길이: 36cm	원주: 약 36cm
구슬의 수: 21개	구슬의 수: 25개	구슬의 수: 30개	구슬의 수: 33개

원>정육각형>정사각형>정삼각형의 순서로 넓이가 크다는 것을 알 수 있습니다. 그렇다면 도형 사이에 빈 공간이 없는 튼튼한 구조는 무엇일까요? 정육각형과 정사각형, 정삼각형입니다. 원은 사이에 빈 공간이 생기지요.

따라서 둘레의 길이가 같을 때 넓이가 가장 크고 빈 공간이 없는 튼튼한 구조는 정육각형을 연결한 구조가 됩니다. 벌집은 최소의 재료로 최대의 공간을 확보할 수 있으면서 방과 방 사이에 빈틈이 없는 튼튼한 정육각형 구조로 만듭니다.

놀면서 깨우쳐요

허니콤 구조 실험하기

허니콤구조

준비물: 허니콤 구조 실험하기 도안(269~271쪽), 원형 스티커, 가위

1 정다각형과 원 도안을 모두 자르고 둘레의 길이를 각각 재어보세요.

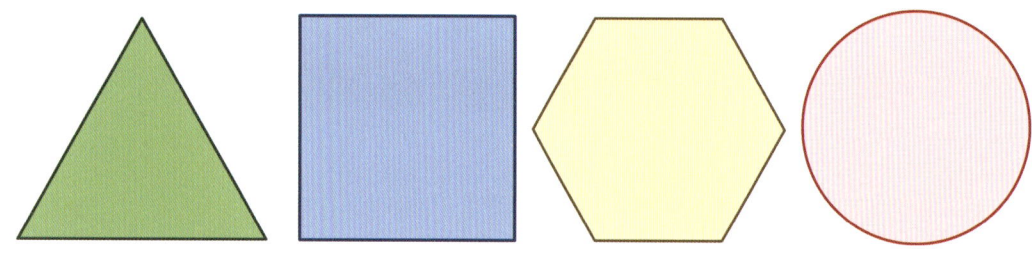

	정삼각형	정사각형	정육각형	원
한 변의 길이	12cm	9cm	6cm	지름: 11.47cm
둘레의 길이	(　　)cm	(　　)cm	(　　)cm	(　　)cm

2 지름이 1cm인 원형 스티커를 정다각형과 원 안에 겹치지 않게 붙여보고, 넓이가 큰 순서대로 써 보세요.

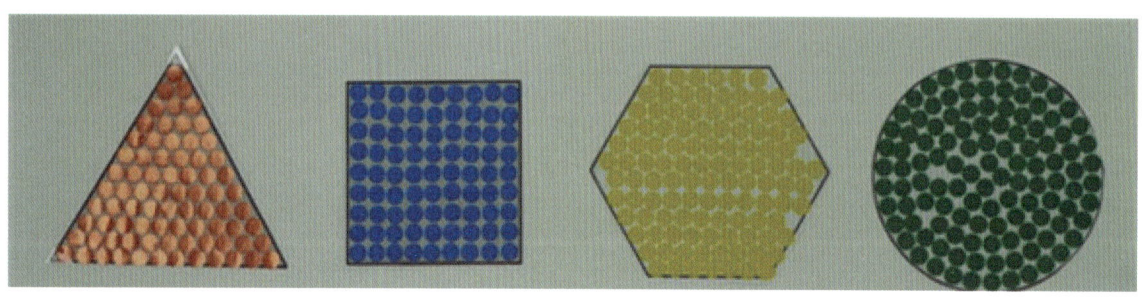

	정삼각형	정사각형	정육각형	원
스티커 수	(　　)개	(　　)개	(　　)개	(　　)개

(　　　　　> 　　　　　> 　　　　　> 　　　　　)

3 여러 개를 연결했을 때, 도형 사이에 빈 공간이 없는 구조를 찾아보세요.

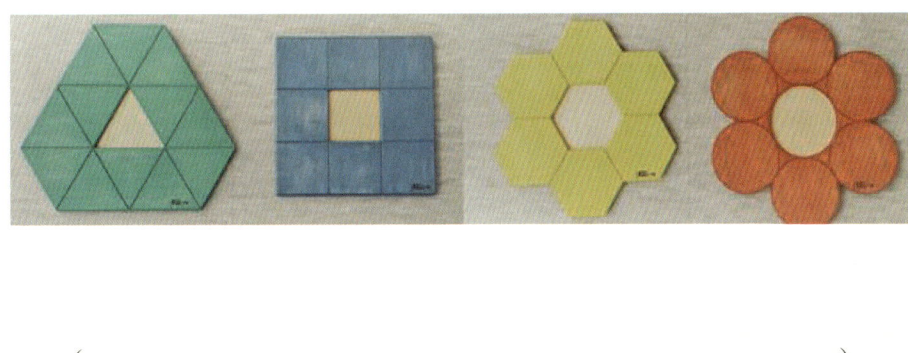

( )

4 다음 조건을 만족하는 도형을 찾아보세요.

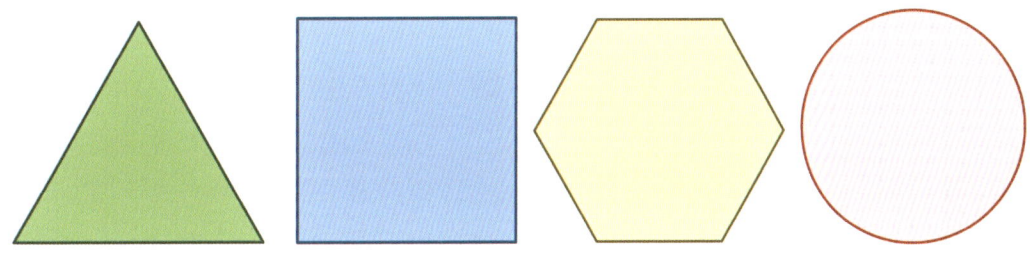

조건1) 도형 사이에 빈틈이 없는 튼튼한 구조
조건2) 최소의 재료로 최대의 공간을 확보할 수 있는 구조

( )

수학으로 답해요

1 정다각형과 원 도안을 모두 자르고 둘레의 길이를 각각 재어 보세요.

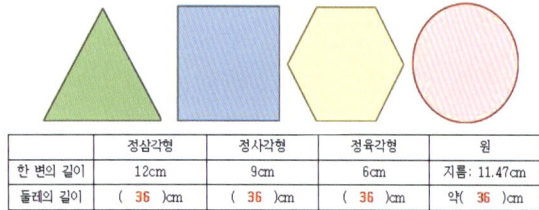

한 변의 길이	정삼각형	정사각형	정육각형	원
한 변의 길이	12cm	9cm	6cm	지름: 11.47cm
둘레의 길이	(36)cm	(36)cm	(36)cm	약(36)cm

2 지름이 1cm인 원형 스티커를 정다각형과 원 안에 겹치지 않게 붙여보고, 넓이가 큰 순서대로 써 보세요.

	정삼각형	정사각형	정육각형	원
스티커 수	(78)개	(81)개	(140)개	(115)개

(원 > 정육각형 > 정사각형 > 정삼각형)

3 여러 개를 연결했을 때, 도형 사이에 빈 공간이 없는 구조를 찾아보세요.

(정삼각형, 정사각형, 정육각형)

4 다음 조건을 만족하는 도형을 찾아보세요.

(정육각형)

1 정다각형과 원의 둘레의 길이가 36cm로 같거나 비슷하다는 것을 확인하게 합니다.

2 도형 바깥으로 스티커가 튀어나가지 않고 겹치지 않게 붙이면서 둘레의 길이가 같을 때 넓이가 가장 큰 도형을 확인해 볼 수 있습니다.

3 빈틈없이 튼튼하게 연결할 수 있는 구조는 정삼각형, 정사각형, 정육각형입니다.

4 최소의 재료로 최대의 공간을 확보할 수 있고 도형 사이에 빈틈없이 튼튼하게 지을 수 있는 벌집의 구조가 정육각형이라는 것을 찾아내도록 합니다.

지도 TIP!

1. 생각을 키우는 질문
Q) 빈틈없이 평면을 채울 수 있는 정다각형은 무엇일까요?
A) 정다각형을 빈틈없이 붙였을 때 한 내각이 360°의 약수가 되어야 하므로 60°, 90°, 120°인 도형만 가능합니다. 따라서 한 내각이 60°인 정삼각형, 90°인 정사각형, 120°인 정육각형입니다.

2. 지도 시 유의사항
- 벌이 의도적으로 육각형 구조의 집을 짓는 것인지, 원래 원형이던 구조가 표면장력에 의해 우연히 육각형 구조로 만들어지는 것인지는 확실하지 않으므로 벌집의 구조에서 수학적 요소를 찾아보는 데 중점을 두도록 합니다.
- 활동2에서 도형 내부에 구슬을 넣어 넓이를 확인하면 좋습니다. 하지만 교구와 구슬을 마련하기 쉽지 않으므로 원형 스티커로 대체하였으며 이때 스티커가 도형 외부로 튀어 나가거나 서로 겹쳐지게 붙이지 않도록 지도해야 정확한 결과를 얻을 수 있습니다.

쉬어가기

30 벌들이 찾은 최적의 구조

31 DIY 경사계

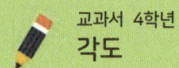
교과서 4학년
각도

경사계란?

여러분은 각도기를 사용하여 각을 측정해 본 적이 있나요? 그렇다면 오르막 길이나 산의 경사는 어떻게 측정할까요? 바로 '경사계'를 사용하여 측정한답니다. 하지만 경사계가 없으면 어떻게 경사를 측정할 수 있을까요? 경사계를 직접 만들어 경사도를 측정해 봅시다.

[출처: 네이버]

수학으로 생각해요

간이경사계 살펴보기

경사계(傾斜計, Inclinometer)란 지층(地層), 항공기, 선박 등의 경사도를 측정하는 장치를 말합니다. 경사계는 경사각을 측정하기 위해 자석과 수준기(水準器) 및 추로 이루어져 있는 것도 있고 디지털 경사계도 있습니다.

비탈길의 경사를 측정하거나 나무의 높이를 잴 때, 건물의 높이를 잴 때 경사계를 이용하여 측정할 수 있는 간이경사계를 살펴봅시다.

 **Tip**

TAN=tangent

삼각함수의 하나로, 직각삼각형의 높이를 밑변의 길이로 나눈 값이며 좌표평면상에서 직선의 기울기를 나타냅니다.

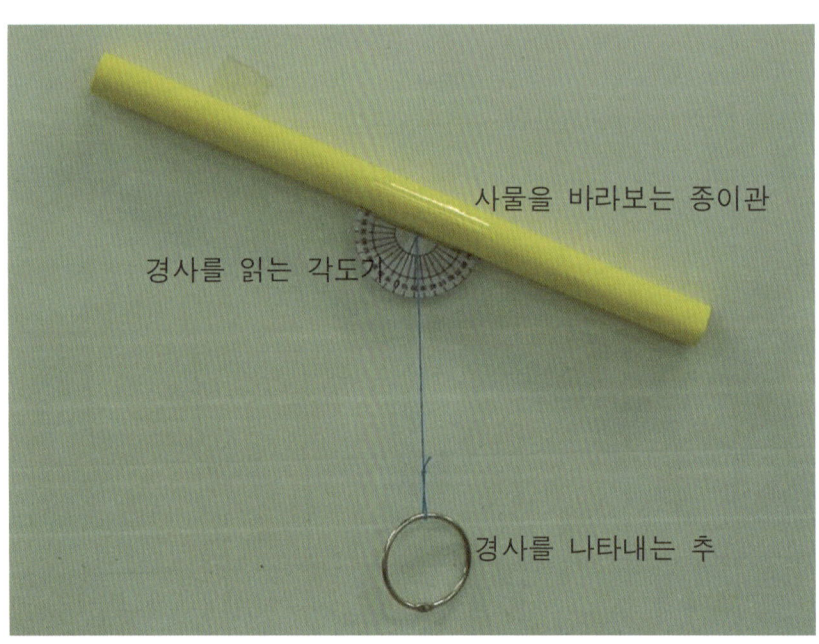

간이경사계는 사물을 바라보는 종이관과 경사를 나타내는 추, 경사를 읽을 수 있는 각도기로 구성되어 있습니다. 실이 가리키는 각을 읽으면 지면의 경사를 알 수 있습니다.

156 도형과 측정

간이경사계로 높이 재어보기

아래와 같이 직각삼각형에서 직각이 아닌 다른 한 각을 θ 라 할 때 높이인 b를 밑변의 길이 c로 나눈 값 $\frac{b}{c}$ 를 tan(tangent)θ라고 합니다.

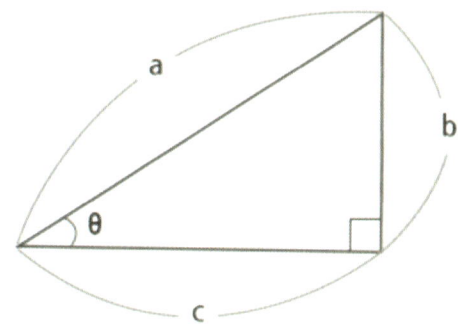

즉, 직각삼각형의 빗변이 아닌 두 변 중에 각 θ와 가까운 한 변의 길이 c를 분모로 하고 나머지 한 변 b의 길이를 분자로 취한 값이 tanθ가 됩니다. 나머지 한 각을 θ'이라 하면 tanθ'은 θ'와 가까운 b를 분모로 하고 반대로 c를 분자로 하는 값이 되므로 $\tan\theta' = \frac{c}{b}$ 입니다.

tan 값을 이용하면 간이경사계로 사물의 높이도 측정할 수 있습니다.

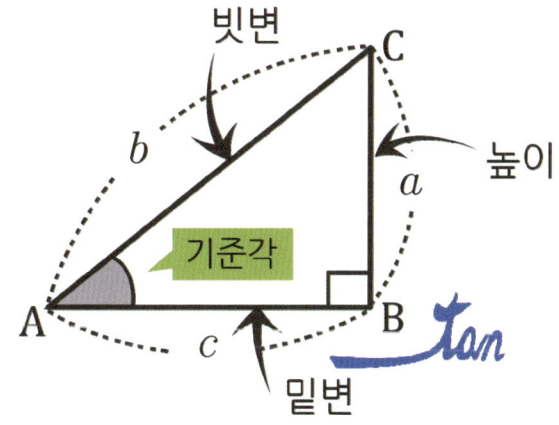

[출처: 네이버]

1. 나무와 자신이 서 있는 거리를 측정합니다.
2. 경사계로 측정한 각의 크기와 비슷한 각을 오른쪽 표에서 찾습니다.
3. 각도에 해당되는 tan 값을 곱합니다.
   * 만약 공학계산기가 있다면 측정한 각의 크기를 입력하고, tan 버튼을 눌러 곱하는 수를 구할 수 있습니다.
4. 3에서 구한 값에 지면과 경사계까지의 높이를 더하면 나무의 높이를 구할 수 있습니다.

각도	tan
20°	0.36
25°	0.47
30°	0.58
35°	0.70
40°	0.84
45°	1.00
50°	1.19
55°	1.43
60°	1.73
65°	2.14
70°	2.75

놀면서 깨우쳐요

준비물: 각도기 도안(273쪽), A4지, 실, 고리, 가위, 테이프, 송곳

간이경사계

1 경사계를 만들어 봅시다.

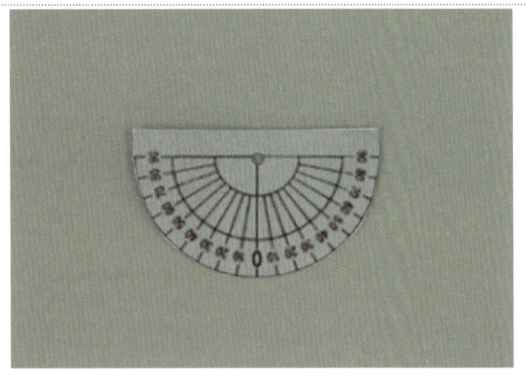

❶ 각도기 도안을 잘라 가운데에 송곳으로 구멍을 뚫습니다.

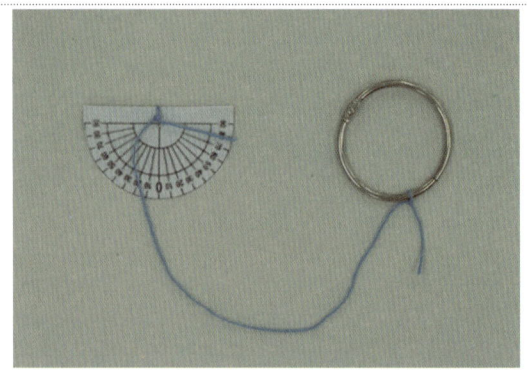

❷ 각도기에 뚫은 구멍과 고리에 실을 연결합니다.

❸ A4지를 말아 테이프로 고정하여 종이관을 만듭니다.(연필을 끼워 돌리면 잘 말아집니다.)

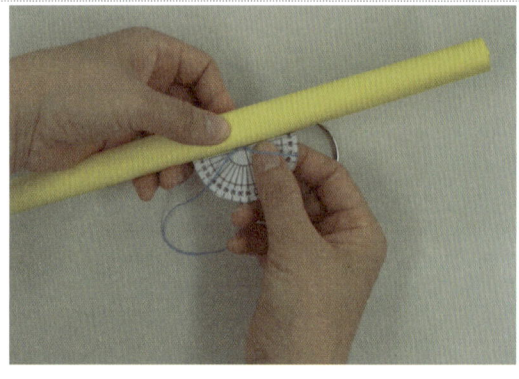

❹ 각도기를 종이관과 일직선이 되도록 테이프로 붙입니다.

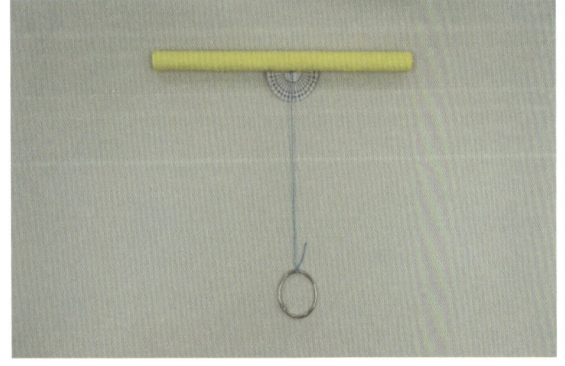

❺ 추를 늘어뜨리면 간이경사계가 완성됩니다.

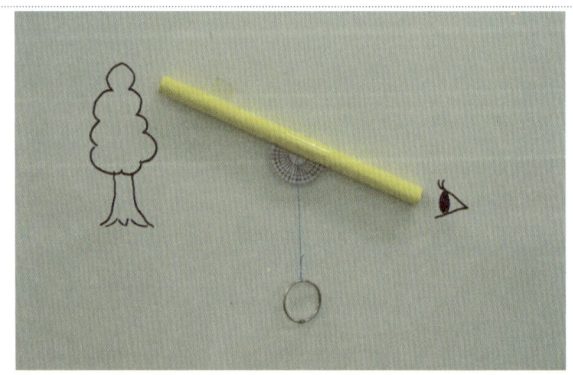

❻ 종이관의 한쪽에 눈을 대고 다른 한쪽으로 사물을 바라보거나 경사와 나란히 두고 봅니다.

도형과 측정

2 다음과 같이 간이경사계로 건물을 바라보고 사물의 각도를 알아보세요.

사물	경사
예) 장애인용 오르막길	예) 6°

3 간이경사계로 나무의 높이를 알아보세요.

❶ 자신이 서 있는 위치에서 나무까지의 거리를 측정해 보세요.
   나무까지의 거리: cm

❷ 경사계로 측정한 각의 크기에 가까운 각에 해당하는 tan 값을 오른쪽 표에서 찾아 ❶의 값에 곱하세요.

   _____

❸ 지면에서 경사계까지의 높이를 ❷의 값에 더하세요. 나무의 높이를 구할 수 있습니다.

   _____

각도	tan
20°	0.36
25°	0.47
30°	0.58
35°	0.70
40°	0.84
45°	1.00
50°	1.19
55°	1.43
60°	1.73
65°	2.14
70°	2.75

※ 예를 들어 나무까지의 거리가 500cm이고, 나무를 바라본 경사계의 각도가 60°, 지면에서 경사계까지의 높이가 150cm라면, 60°의 tan값은 1.73이므로

예시)   500   ×   1.73   +   150   =   1015   (cm)
     (나무까지의 거리) (60°의 tan값) (지면에서 경사계 까지의 높이) (나무의 높이)

나무의 높이는 10m 15cm가 됩니다.

* 만약 공학계산기가 있다면 측정한 각의 크기를 입력하고, tan 버튼을 눌러 곱하는 수를 구할 수 있습니다.

수학으로 답해요

2 다음과 같이 간이경사계로 건물을 바라보고 사물의 각도를 알아보세요.

사물	경사
예) 장애인용 오르막길	예) 6°
학교의 계단	35°
등산로	25°

3 간이경사계로 나무의 높이를 알아보세요.

① 자신이 서 있는 위치에서 나무까지의 거리를 측정해 보세요.
   나무까지의 거리: 500 cm

② 경사계로 측정한 각의 크기에 가까운 각에 해당하는 tan 값을 오른쪽 표에서 찾아 1)의 값에 곱하세요.
   500×1.73=865
   (풀이) 나무를 바라 본 경사계의 각도가 60°라면 tan 값이 1.73이므로 ①의 값에 1.73을 곱한다.

③ 지면에서 경사계까지의 높이를 2)의 값에 더하세요. 나무의 높이를 구할 수 있습니다.
   865+150=1015

각도	tan
20°	0.36
25°	0.47
30°	0.58
35°	0.70
40°	0.84
45°	1.00
50°	1.19
55°	1.43
60°	1.73
65°	2.14
70°	2.75

지도 TIP!

1. 생각을 키우는 질문
Q) 간이경사계로 측정할 수 있는 것을 더 찾아보세요.
A) 계단의 경사 측정, 액자를 걸 때 수평 측정 등

2. 지도 시 유의사항
tan의 개념을 초등에 적용하기보다는 측정한 각도에 해당하는 tan값을 찾아 곱하도록 지도합니다. tan의 개념 이해보다 간이경사계로 높이를 측정할 수 있다는 데에 중점을 두어 지도합니다.

3. 한 걸음 더
「장애인·노인·임산부 등의 편의증진 보장에 관한 법률 시행규칙」에서 '장애인, 노인, 임산부를 위한 접근로 기울기는 1/18이하로 하여야 한다. 다만, 지형상 곤란한 경우에는 1/12까지 완화할 수 있다.'고 언급하고 있습니다. 이는 1m 높이를 올라가는데 12m의 길이가 필요하다는 뜻입니다.

도형과 측정

32 베다 방진으로 만든 무늬

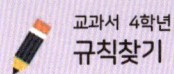
교과서 4학년
규칙찾기

베다 방진 무늬

곱셈구구표의 수 배열에서 규칙을 만들어 1부터 9까지의 수로만 나타낸 것이 베다 방진이며, 그 배열을 이용하여 그려낸 베다 방진 무늬를 통해 수와 도형이 어우러져 만들어내는 규칙의 아름다움을 경험할 수 있습니다.

Tip

베다는 고대 인도의 산스크리스트어로, '지식' 또는 '지혜'를 뜻합니다. 그리고 방진이란 말의 '방(方)'자는 정사각형을 가리키는 말입니다.

수학으로 생각해요

어떤 수의 각 자릿수를 더한 값(한 자리 수가 나올 때까지)

베다 방진은 곱셈구구에서 십의 자릿수와 일의 자릿수를 더하는 과정을 한 자리 수를 얻을 때까지 반복합니다. 그 결과를 살펴보면 아래 표와 같이 9단을 제외하고는 9로 나눈 나머지와 값이 같습니다.

		1	2	3	4	5	6	7	8	9
곱셈구구	8	8	16	24	32	40	48	56	64	72
베다 방진	8	8	7	6	5	4	3	2	1	9
9로 나눈 나머지	8	8	7	6	5	4	3	2	1	0

왜 그럴까?

32와 48을 10진법의 전개식으로 각각 표현하면 다음과 같습니다.

$$32 = 3 \times 10 + 2 \times 1$$
$$= 3(9+1) + 2 \times 1$$
$$= (9 \times 3) + (3+2)$$
$$= (9 \times 3) + 5$$

$$48 = 4 \times 10 + 8 \times 1$$
$$= 4(9+1) + 8 \times 1$$
$$= (9 \times 4) + (4+8)$$
$$= (9 \times 4) + 12$$
$$= (9 \times 4) + 1 \times 10 + 2 \times 1$$
$$= (9 \times 4) + 1 \times (9+1) + 2 \times 1$$
$$= 9(4+1) + (1+2)$$

결국 9의 곱과 (십의 자릿수)+(일의 자릿수)로 나타내어지므로, 32를 9로 나눈 나머지는 3+2=5, 48을 9로 나눈 나머지는 4+8=12, 1+2=3이 됩니다. 즉, 베다 방진에서 어떤 수의 각 자릿수를 더하여 한 자리 수가 나올 때까지 반복하여 더한 결과는 어떤 수를 9로 나눈 나머지와 같습니다. 단, 나머지가 0인 경우는 각 자릿수의 합이 9로 나타납니다.

놀면서 깨우쳐요

베다 방진의 규칙으로 핸드폰고리 만들기

준비물: 모눈종이, 자, 네임펜, 색연필, 슈링클스 종이(불투명), 펀치, 핸드폰고리

베다 방진 무늬

1 곱셈구구표와 베다 방진을 완성해 보세요.

×	1	2	3	4	5	6	7	8	9
1	1	2	3	4	5	6	7	8	9
2	2	4	6	8	10	12		16	18
3	3	6	9	12	15	18	21	24	27
4	4	8	12	16	20	24	28	32	36
5	5	10	15		25	30	35	40	45
6	6	12	18	24	30	36	42	48	54
7	7	14	21	28	35	42	49	56	63
8	8	16	24	32	40	48	56	64	
9	9	18	27	36		54	63	72	81

❶ 곱셈구구표 완성하기
곱셈구구표를 완성해 보세요.

곱셈 구구단표에도 규칙이 있답니다.

	1	2	3	4	5	6	7	8	9
1	1	2	3	4	5	6	7	8	9
2	2	4	6	8					
3	3	6	9						
4	4	8							
5	5								
6	6							3	
7	7								
8	8								
9	9								

❷ 베다 방진 완성하기
위 곱셈구구표에서 두 자리 수는 십의 자릿수와 일의 자릿수를 더하여 한 자리 수가 될 때까지 반복하세요.

6×8=48의 각 자릿수: 4와 8

4+8=12

1+2=3

2 완성한 베다 방진에서 규칙을 찾아 보세요.
예) 9의 단은 모두 9입니다.
8의 단은 8부터 1씩 작아집니다.

162 변화와 관계

3 베다 방진의 규칙으로 무늬를 만드는 방법을 알아보세요.

❶ 베다 방진에서 원하는 숫자열 한 줄(가로 또는 세로)을 선택합니다.

8	8	7	6	5	4	3	2	1	9

❷ 모눈종이에 시작점을 정하고 각 수의 칸만큼 이동 후, 시계방향으로 90°씩 회전하며 선을 긋습니다.

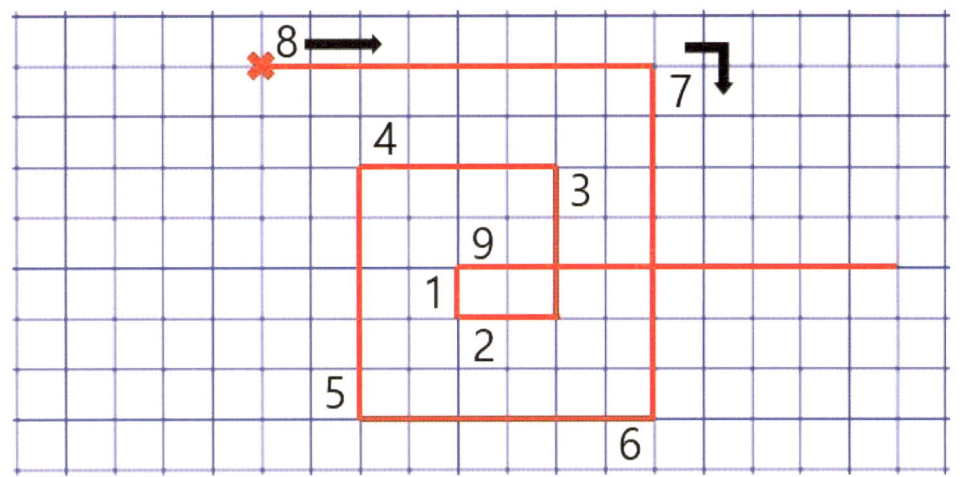

❸ 시작점에 다시 돌아올 때까지 반복합니다.

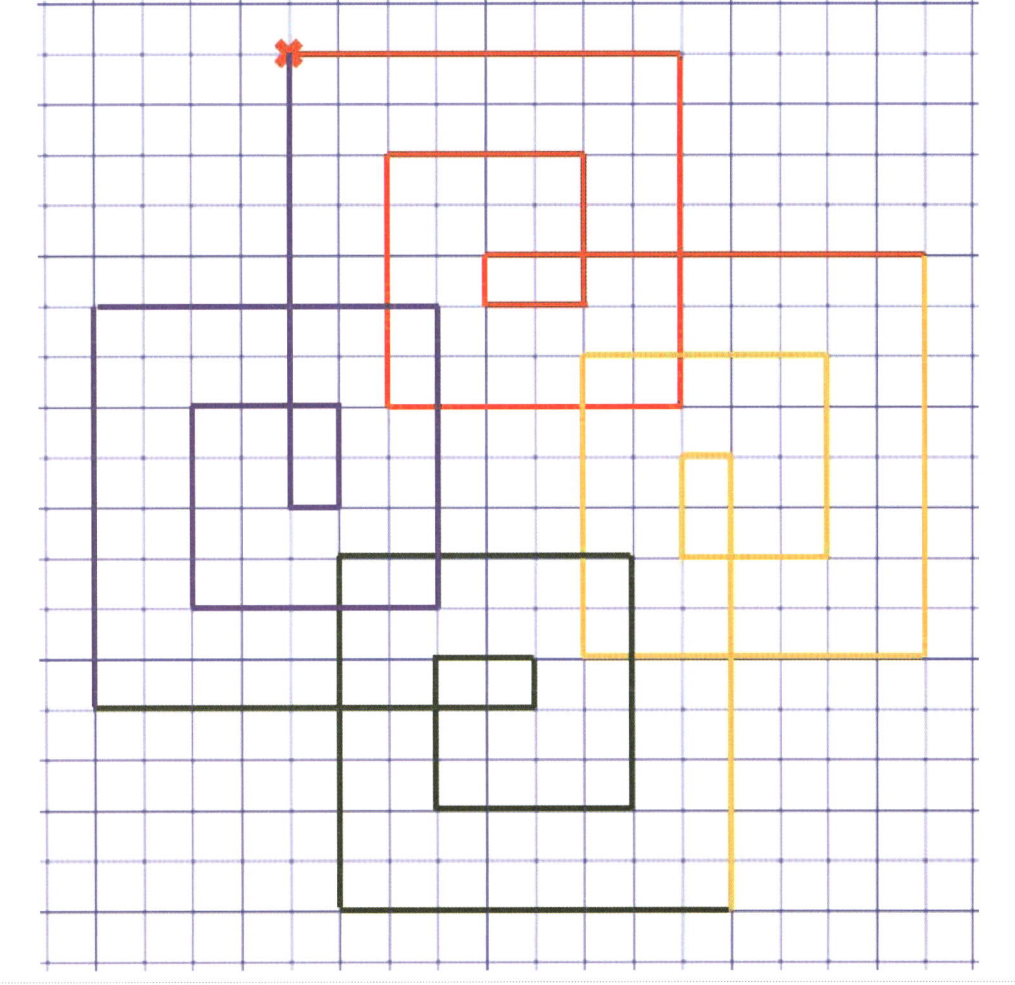

Tip

베다 방진의 각 숫자열을 90°씩 회전하는 것을 4번 반복하면 처음 시작한 곳으로 돌아옵니다.

32 베다 방진으로 만든 무늬

3-1 베다 방진의 규칙으로 무늬를 만들어 보세요.

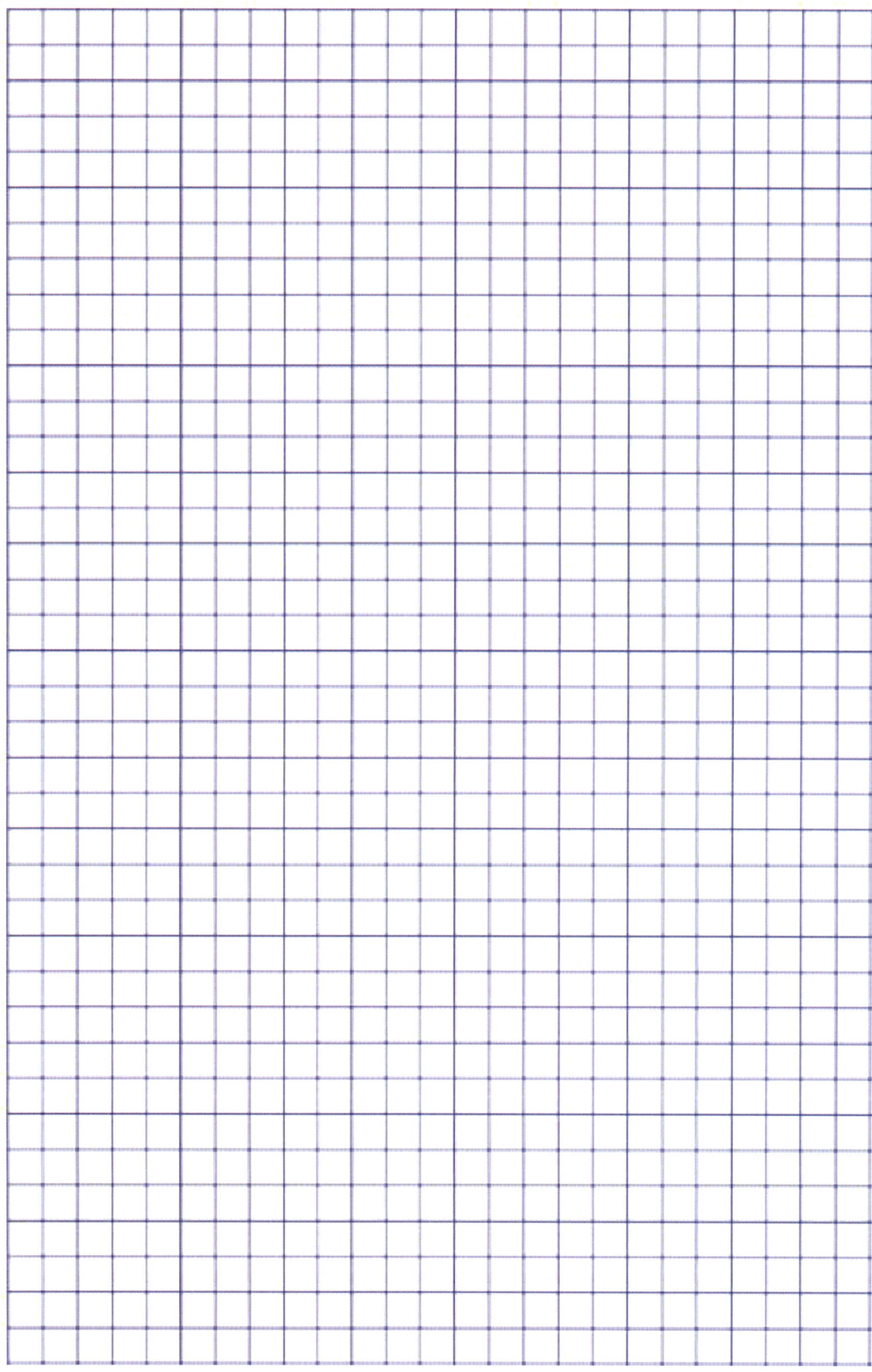

4 베다 방진의 규칙으로 핸드폰고리를 만들어 보세요.

❶ 앞의 3-1에서 그린 모눈종이 위에 슈링클스 종이의 거친면이 위로 오도록 테이프로 고정한 뒤, 네임펜으로 선을 따라 그립니다.

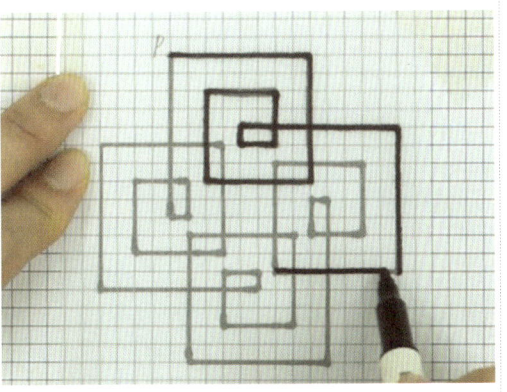

Tip
열을 가하면 슈링클스 크기는 1/7로 줄어들고, 두께는 7배 두꺼워지기 때문에 도안을 크게 해야 합니다. 또 하나! 글자를 쓴다면 좌우를 반대로 써야 한답니다!

❷ 원하는 색연필로 무늬에 색칠하여 꾸며줍니다.

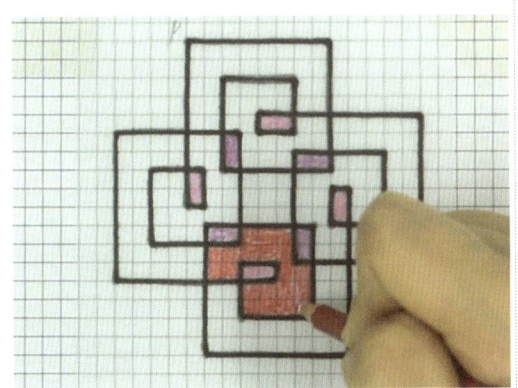

❸ 테두리를 자르고 적당한 위치에 펀치로 구멍을 뚫습니다.

❹ 200℃로 예열된 오븐에 슈링클스 종이의 거친면이 위로 오도록 놓고 구워줍니다.

❺ 고리를 달아주면 베다 방진 무늬의 핸드폰고리 완성!

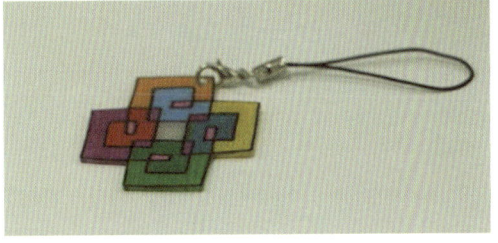

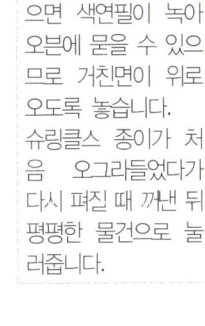

Tip
색칠한 거친면을 아래로 놓고 오븐에 구우면 색연필이 녹아 오븐에 묻을 수 있으므로 거친면이 위로 오도록 놓습니다.
슈링클스 종이가 처음 오그라들었다가 다시 펴질 때 꺼낸 뒤 평평한 물건으로 눌러줍니다.

32 베다 방진으로 만든 무늬

수학으로 답해요

1

×	1	2	3	4	5	6	7	8	9
1	1	2	3	4	5	6	7	8	9
2	2	4	6	8	10	12	14	16	18
3	3	6	9	12	15	18	21	24	27
4	4	8	12	16	20	24	28	32	36
5	5	10	15	20	25	30	35	40	45
6	6	12	18	24	30	36	42	48	54
7	7	14	21	28	35	42	49	56	63
8	8	16	24	32	40	48	56	64	72
9	9	18	27	36	45	54	63	72	81

	1	2	3	4	5	6	7	8	9
1	1	2	3	4	5	6	7	8	9
2	2	4	6	8	1	3	5	7	9
3	3	6	9	3	6	9	3	6	9
4	4	8	3	7	2	6	1	5	9
5	5	1	6	2	7	3	8	4	9
6	6	3	9	6	3	9	6	3	9
7	7	5	3	1	8	6	4	2	9
8	8	7	6	5	4	3	2	1	9
9	9	9	9	9	9	9	9	9	9

2
① 2의 단은 짝수(2,4,6,8) 다음에 홀수(1,3,5,7,9)가 옵니다.
② 3의 단은 3, 6, 9가 3번 반복됩니다.
③ 6의 단은 6, 3, 9가 3번 반복됩니다.
④ 4의 단과 5의 단에서 9를 제외한 숫자는 서로 순서가 거꾸로 짝을 이룹니다.
⑤ 오른쪽 아래로 향하는 대각선을 기준으로 선대칭 위치에 같은 숫자가 있습니다.

지도 TIP!

1. 생각을 키우는 질문

Q) 베다마방진으로 만들 수 있는 무늬를 더 찾아볼까요?

A)
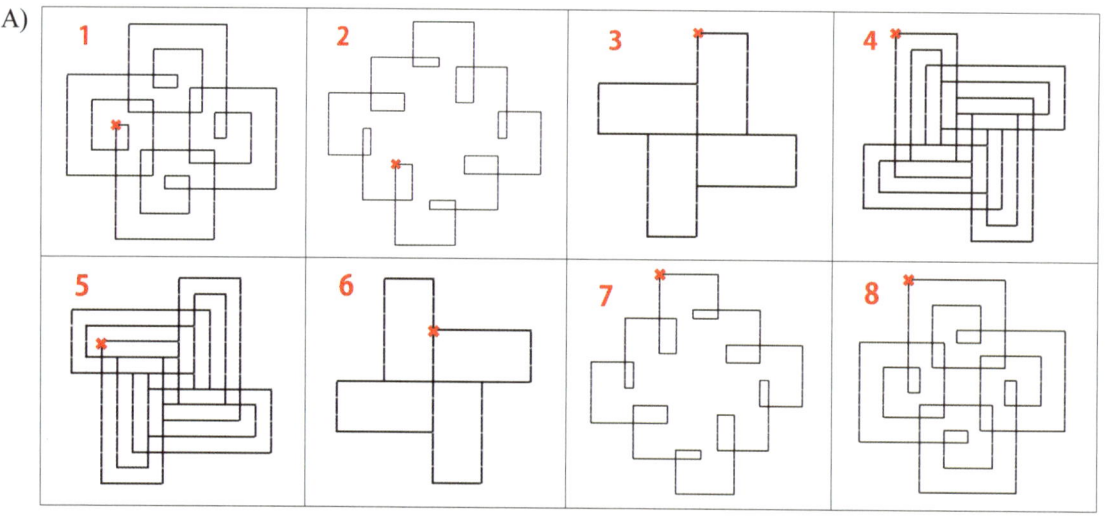

2. 한 걸음 더!

90° 회전을 이용하여 베다 방진 무늬를 그릴 때, 9단을 제외한 각 단의 베다 방진 숫자열은 9개의 숫자가 반복되며, 회전 방향은 오른쪽, 아래, 왼쪽, 위 4가지 방향으로 움직입니다. 변의 길이와 회전각이 반복되는 주기는 9와 4이며 이는 서로소이므로 베다 방진 무늬의 각 변은 4가지 방향으로 모두 움직이고 회전한 각의 총합이 360°의 배수가 되어 시작점으로 되돌아옵니다.

33 A시리즈 종이에 담긴 비밀

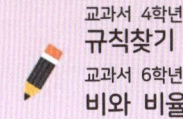

교과서 4학년
규칙찾기
교과서 6학년
비와 비율

A시리즈 종이로 만든 문양

인쇄 종이로 가장 많이 쓰는 A4 종이는 가로 길이가 21cm, 세로 길이가 29.7cm입니다. 20cm, 30cm이면 보다 쉽게 만들 수 있을 것 같은데, 왜 그렇지 않을까요? A시리즈 종이의 규칙을 이해하고 나만의 규칙적인 문양을 만들어 봅시다.

수학으로 생각해요

반으로 잘랐을 때 언제나 모양이 같은 가로세로 비율

A시리즈 종이를 반으로 자르면 크기는 절반이어도 자르기 전의 종이와 모양이 똑같습니다. 즉, A2 종이는 반으로 자르면 A3 종이가 되고, A3 종이를 또 반으로 자르면 A4 종이가 됩니다. 이렇게 할 경우, 종이의 낭비 없이 다양한 크기의 종이를 만들 수 있고, 확대 또는 축소하여 복사하기도, 종이들을 쌓아 보관하기에도 좋습니다.

Tip

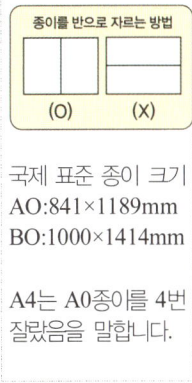

국제 표준 종이 크기
A0 : 841×1189mm
B0 : 1000×1414mm

A4는 A0종이를 4번 잘랐음을 말합니다.

왜 그럴까?

가로 21cm, 세로 29.7cm의 가로세로 비율은 $29.7 \div 21 = 1.41428571\cdots$ 즉, $\sqrt{2}$ 입니다. 반으로 잘랐을 때 언제나 모양이 같으려면 가로세로 비율이 $\sqrt{2}$ 여야 한다는 것은 아래의 계산으로 알 수 있습니다.

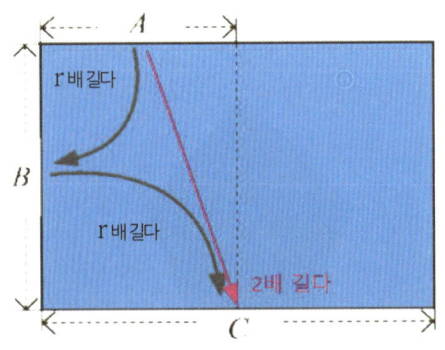

B는 A보다 r배 더 길다: $B = rA$

C는 B보다 r배 더 길다: $C = rB$

C는 A의 2배다: $C = 2A$

↓

$C = rB = r(rA) = r^2 A = 2A$ 이므로

$r^2 = 2$이고, $r = \sqrt{2}$ 입니다.

놀면서 깨우쳐요

A시리즈 종이로 문양 만들기

준비물: A4 색지, 둥근 색종이, 칼, 자, 풀

A시리즈 문양

1 A시리즈 종이로 규칙적인 문양을 만들어 보세요.

❶ A4 종이를 반으로 접고 잘라 A6, A7, A8 크기의 종이를 각각 8장씩 준비합니다.

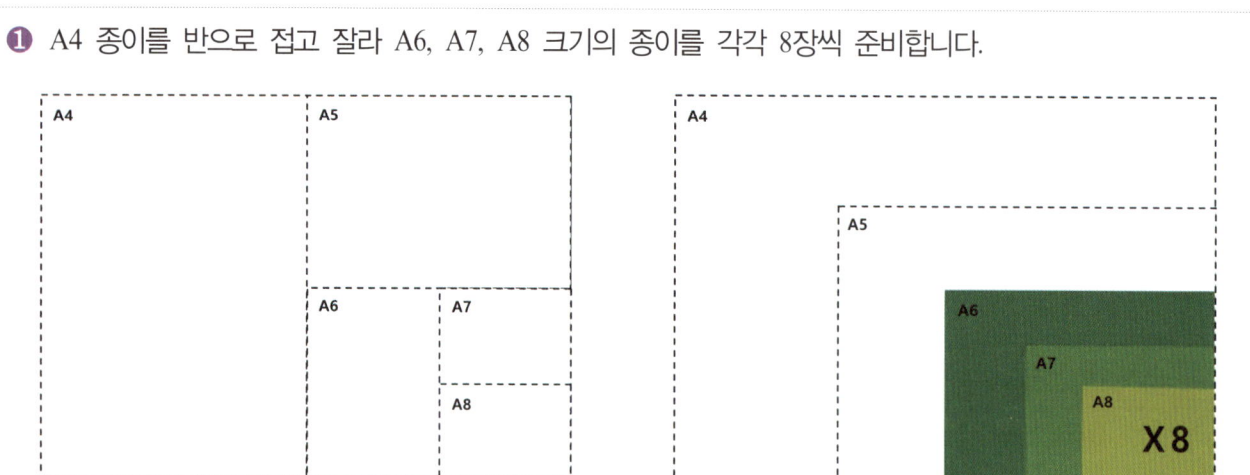

❷ A6 종이를 접어 기본이 되는 조각을 만듭니다.

168 변화와 관계

❸ A7, A8 종이도 같은 방법으로 접어 3가지 크기의 기본 조각을 만듭니다.

❹ 기본 조각을 1장씩 끼워 붙여 문양 조각을 만들고, 이를 8개 만듭니다.

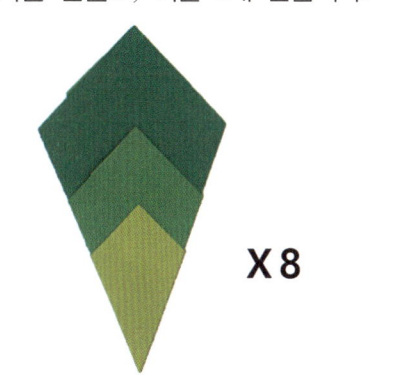

❺ 둥근 색종이를 8등분 되도록 접은 선에 맞춰 8개의 문양 조각을 풀로 붙입니다.

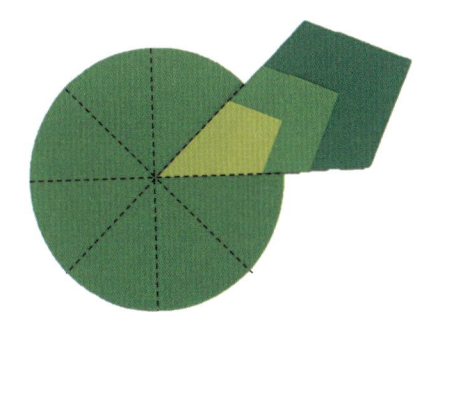

❻ 완성!

Tip 크기가 다른 3가지 기본 조각을 이용하여 규칙적인 다양한 문양 조각을 만들어 봅시다.

2 A0 종이의 크기를 1이라고 했을 때, A1, A2, A3, …종이의 상대적 크기를 분수로 나타내어 보세요.

종이	A0	A1	A2	A3	A4	A5	A6	A7	A8
크기	1	$\frac{1}{2}$							

2-1 A시리즈 종이의 크기를 간단한 자연수의 비로 나타내어 보세요.

A0 : A2   4 : 1   A0 : A4   :

A4 : A6   :   A4 : A7   :

A4 : A8   :   A0 : A8   :

수학으로 답해요

2

종이	A0	A1	A2	A3	A4	A5	A6	A7	A8
크기	1	$\frac{1}{2}$	$\frac{1}{4}$	$\frac{1}{8}$	$\frac{1}{16}$	$\frac{1}{32}$	$\frac{1}{64}$	$\frac{1}{128}$	$\frac{1}{256}$

2-1

A0 : A2   4 : 1   A0 : A4   16 : 1

A4 : A6   4 : 1   A4 : A7   8 : 1

A4 : A8   16 : 1   A0 : A8   256 : 1

지도 TIP!

1. 생각을 키우는 질문

Q) A0 용지의 규격을 841mm×1189mm로 정한 이유는 무엇일까요?

A) 일상에서 사용되는 종이는 제지소에서 큰 규격의 전지를 절반으로 자르고, 또 다시 절반으로 자르는 과정을 반복하면서 용지를 제작합니다. 이는 절반으로 잘라도 전지와 닮음인 상태를 유지하기 위한 수치입니다. 만약, 용지를 절반으로 잘라나가는 과정에서 가로세로의 비율이 계속 달라진다면 그 비율에 맞추어 용지를 다시 잘라 만들어야하는 불편함과 버려지는 종이도 많을 것입니다. 즉, 여러 가지 용지를 만들기 편리하고 불필요한 종이 낭비를 줄이기 위해서랍니다.

2. 지도 시 유의사항

명칭	A0	A1	A2	A3	A4
치수(mm)	841×1189	594×841	420×594	297×420	210×297

명칭	A5	A6	A7	A8
치수(mm)	148×210	105×148	74×105	52×74

- 1189, 841, 297, 105를 반으로 나눈 값은 버림하여 각각 594, 420, 148, 74로 계산합니다. 제단 과정에서 0.5mm 오차는 있을 수 있습니다.

3. 한 걸음 더!

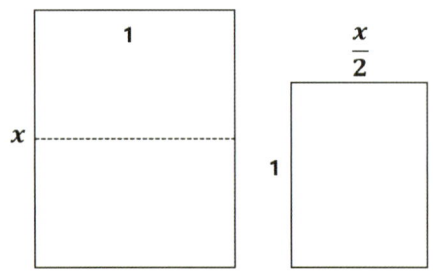

- 원래의 직사각형 종이를 반으로 접어 잘라낸 직사각형은 원래 직사각형과 닮음입니다. 따라서 다음과 같은 식이 성립합니다.

$$x : 1 = 1 : \frac{x}{2}$$

이 비례식을 풀면 $x^2 = 2$이므로 $x = \sqrt{2}$ 입니다.

34 바코드와 체크디지트

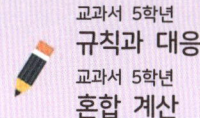
교과서 5학년
규칙과 대응
교과서 5학년
혼합 계산

체크디지트

상품에 붙어 있는 바코드를 본 적이 있나요? 체크디지트는 이러한 바코드를 구성하고 있는 숫자들이 올바르게 배열되었는지 오류 여부를 확인해 주는 숫자입니다. 우리가 자주 보는 바코드 번호의 맨 마지막에 위치하는 숫자이며, 규칙에 따라 한 자리 수로 나타낸답니다.

Tip
우리가 흔히 바코드라고 부르는 부분은 사람이 인식하는 식별코드와 기계가 인식하는 바코드가 결합된 것으로 상품의 자동 식별에 활용된답니다.

수학으로 생각해요

식별코드에 담긴 규칙

식별코드는 숫자나 문자(또는 둘의 조합)의 열(列)입니다. 상품 식별코드는 국제적으로 합의된 규칙 체계에 따라 만들어집니다. 예를 들면 맨 왼쪽의 세 숫자는 국가코드입니다. 따라서 상품 식별코드에 880으로 시작하는 상품은 우리나라에서 만들어진 것입니다.

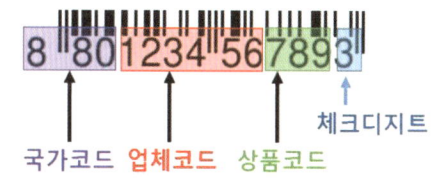

Tip
상품 식별코드 자체에는 상품명, 가격 등의 정보가 포함되어 있지는 않지만 데이터베이스에서 상품 정보를 검색·추출할 때 키(key)값으로 활용됩니다.

기계가 인식하는 바코드

바코드는 식별코드를 기계가 읽을 수 있도록 막대 모양으로 표현한 것입니다. 막대의 굵기, 그리고 막대와 막대 사이의 여백 너비를 변화시켜 정보를 표시하고 이를 기계가 광학적으로 판독할 수 있도록 만든 것입니다. 수와 위치로 수를 표시함으로써 수많은 정보를 담고 있습니다. 예를 들어 10칸의 칸 중에서 색을 어디에 칠하느냐에 따라 1부터 1023까지의 수를 나타낼 수 있습니다.

Tip
체크디지트(Check digit)란, 검사숫자를 뜻하는 말로, 코드로 된 데이터가 전송될 때의 오류를 자동적으로 검출하기 위하여 부가하는 숫자입니다.

왜 그럴까?

색을 칠하지 않은 것과 칠한 것은 0과 1로 나타낸 것과 같습니다. 즉 이진법으로 수를 표현한 것과 같습니다.

512	256	128	64	32	16	8	4	2	1
2^9	2^8	2^7	2^6	2^5	2^4	2^3	2^2	2^1	2^0

각 칸이 나타내는 수는 맨 오른쪽 2^0부터 2의 거듭제곱과 같습니다. 이 수들을 더해서 다른 수를 표시하는 것입니다.

1023=1+2+4+8+16+32+64+128+256+512이므로 전부 색칠합니다.

놀면서 깨우쳐요

체크디지트 알아맞히기

체크디지트

준비물: 바코드가 있는 여러 가지 물건, 계산기

1 주변 상품들을 보고 바코드를 찾아 체크디지트 문제를 만들어 보세요.

❶ 주변에서 바코드가 있는 여러 가지 상품을 준비합니다.

❷ 활동지에 바코드 아래에 적힌 숫자 중에서 맨 오른쪽 체크디지트(C/D)를 제외한 12개의 수를 적고 짝에게 줍니다.

	8	8	0	1	5	2	6	1	5	1	3	1	C/D
1단계													
2단계													
3단계													
4단계													
5단계													
6단계													

2 바코드의 숫자들을 규칙적으로 계산하여 체크디지트를 맞혀 보세요.

❶ 체크디지트를 포함하여 오른쪽부터 왼쪽으로 자리번호를 부여합니다. 맨 오른쪽 체크디지트가 1, 맨 왼쪽 8이 13이 됩니다.

	8	8	0	1	5	2	6	1	5	1	3	1	C/D
1단계	13	12	11	10	9	8	7	6	5	4	3	2	1
2단계													
3단계													
4단계													
5단계													
6단계													

❷ 짝수 번째에 있는 숫자를 모두 더합니다.

	8	8	0	1	5	2	6	1	5	1	3	1	C/D
1단계	13	12	11	10	9	8	7	6	5	4	3	2	1
2단계		8	+	1	+	2	+	1	+	1	+	1	=	14
3단계													
4단계													
5단계													
6단계													

❸ 2단계의 결괏값에 3을 곱합니다.

	8	8	0	1	5	2	6	1	5	1	3	1	C/D
1단계	13	12	11	10	9	8	7	6	5	4	3	2	1
2단계		8	+	1	+	2	+	1	+	1	+	1	=	14
3단계										14	×	3	=	52
4단계													
5단계													
6단계													

❹ 홀수 번째에 있는 숫자(체크디지트 제외)를 모두 더합니다.

	8	8	0	1	5	2	6	1	5	1	3	1	C/D
1단계	13	12	11	10	9	8	7	6	5	4	3	2	1
2단계		8	+	1	+	2	+	1	+	1	+	1	14
3단계										14	×	3	52
4단계	8	+	0	+	5	+	6	+	5	+	3		27
5단계													
6단계													

❺ 3단계의 결괏값과 4단계의 결괏값을 더합니다.

	8	8	0	1	5	2	6	1	5	1	3	1	C/D
1단계	13	12	11	10	9	8	7	6	5	4	3	2	1
2단계		8	+	1	+	2	+	1	+	1	+	1	14
3단계										14	×	3	52
4단계	8	+	0	+	5	+	6	+	5	+	3		27
5단계										52	+	27	79
6단계													

❻ 5단계의 결괏값이 10의 배수가 되도록 더해지는 자연수가 체크디지트입니다. 단, 5단계의 결괏값이 이미 10의 배수인 경우에는 체크디지트가 0입니다.

	8	8	0	1	5	2	6	1	5	1	3	1	C/D
1단계	13	12	11	10	9	8	7	6	5	4	3	2	1
2단계		8	+	1	+	2	+	1	+	1	+	1	14
3단계										14	×	3	52
4단계	8	+	0	+	5	+	6	+	5	+	3		27
5단계										52	+	27	79
6단계										79	+	1	80

❼ 내가 찾은 체크디지트가 맞는지 짝과 확인합니다.

3 여러 가지 상품의 바코드를 이용하여 짝과 함께 체크디지트를 알아맞혀 보세요.

													C/D
1단계													
2단계													
3단계													
4단계													
5단계													
6단계													

													C/D
1단계													
2단계													
3단계													
4단계													
5단계													
6단계													

수학으로 답해요

3 체크디지트가 0인 경우에도 규칙은 같습니다.

	8	8	0	6	1	0	2	8	7	2	1	3	C/D
1단계	13	12	11	10	9	8	7	6	5	4	3	2	1
2단계		8	+	6	+	0	+	8	+	2	+	3	= 27
3단계										27	×	3	= 81
4단계	8	+	0	+	1	+	2	+	7	+	1		19
5단계										81	+	19	= 100
6단계										100	+	0	100

지도 TIP!

1. 생각을 키우는 질문

Q) 상품 식별코드는 국제적으로 합의된 규칙 체계에 따라 만들어집니다. 만약 나라마다 만드는 방법이 다르다면 어떻게 될까요?

A) 만약 나라마다 상품 식별코드를 만드는 규칙이 다르다면 상품을 외국으로 수출하거나 수입할 경우에 매번 새로운 상품 식별 프로그램을 사용해야 합니다. 즉, 비용과 노력, 시간이 현저히 많이 들게 됩니다. 국제 표준 상품 식별코드를 사용함으로써 효율적인 교류와 비용 절감 효과가 있습니다.

2. 지도 시 유의사항

- 바코드는 기계가 읽을 수 있는 형태로 표현하기 위해 굵기가 다른 수직 막대들의 조합으로 나타낸 것입니다. 엄밀히 말하면 표준 상품 식별코드와는 다릅니다.

[출처] 대한상공회의소

3. 한 걸음 더!

- 13개의 숫자로 이뤄진 표준형 상품 식별코드(GTIN-13)와 8개 숫자로 이뤄진 단축형 상품 식별코드(GTIN-8)가 있습니다. 단축형 코드는 껌, 담배 등 소형상품에 부여하는 것으로 국가코드 3자리, 업체코드 3자리, 상품코드 1자리, 체크디지트 1자리로 구성됩니다. 단축형 상품 식별코드의 체크디지트를 구하는 방법은 표준형과 같습니다.

				8	8	0	1	2	3	1	C/D
1단계				8	7	6	5	4	3	2	1
2단계				8	+	0	+	2	+	1	= 11
3단계								11	×	3	= 33
4단계					8	+	1	+	3	=	12
5단계								33	+	12	= 45
6단계								45	+	5	50

35 규칙을 따라가면 예술이 되는 스트링아트

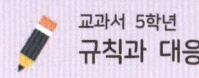
교과서 5학년
규칙과 대응

스트링아트란?

'스트링아트(String Art)'는 선(String)을 사용하는 예술(Art)을 말합니다. 일정한 규칙에 따라 선을 그어 곡선을 만들어내는 원리를 활용한 것이지요. 직선이 만들어내는 곡선의 아름다움을 느껴보세요.

 **Tip**
귀걸이 등의 악세서리와 의자, 놀이터, 다리 등 생활 주변에서 스트링아트를 찾아볼 수 있어요.

수학으로 생각해요

최소의 재료로 규칙적인 직선이 만들어내는 곡선의 아름다움

가로	1	2	3	4	5	6	7	8	9
세로	9	8	7	6	5	4	3	2	1

가로와 세로의 합이 10이 되도록 완성한 표입니다. 또는 가로의 수가 1씩 커질 때 대응하는 수는 1씩 작아지는 규칙이라고 할 수도 있습니다. 대응하는 두 수를 선분으로 이으면 오른쪽과 같습니다. 선이 모여서 만들어낸 곡선을 찾아보세요. 이때 직선이 만나는 점이 많을수록 더 곡선처럼 보입니다.

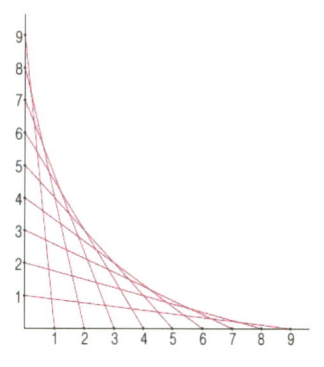

Tip
대응표를 만들어 스트링아트의 원리를 충분히 이해한 후에 선분을 그을 수 있도록 지도해 주세요.

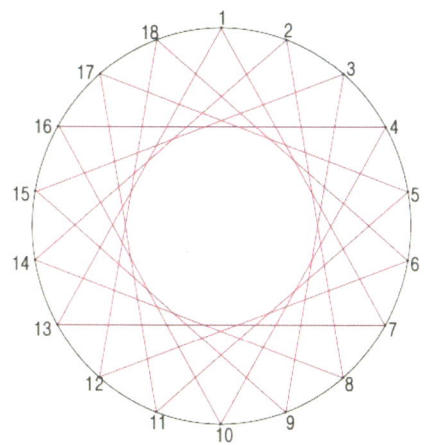

이제 차가 6 또는 12가 되는 원 위의 점끼리 선분을 긋습니다. 1에서 7, 2에서 8, 3에서 9, …13에서 1, 14에서 2를 그으면 됩니다. 직선이 만들어낸 곡선을 찾아보세요.

차가 6보다 큰 수, 8 또는 10이 되는 점끼리 선분을 그으면 가운데에 만들어지는 원 모양의 크기는 더 작아집니다.

차가 6보다 작은 수, 4 또는 14가 되는 점끼리 선분을 그으면 가운데에 만들어지는 원 모양의 크기는 더 커집니다.

놀면서 깨우쳐요

준비물: 스트링아트 도안(275~279쪽), 자수용 실, 테이프

스트링아트

1 원 위의 점이 1부터 36까지 있습니다. 나만의 규칙을 정하여 표를 완성해 보세요.

나만의 규칙: 두 점의 간격이 (　)인 선분														
시작점	1	2	3	4	5	6	7	8	9	…	33	34	35	36
도착점										…				

2 **1**에서 정한 규칙에 따라 선을 그어 보세요.

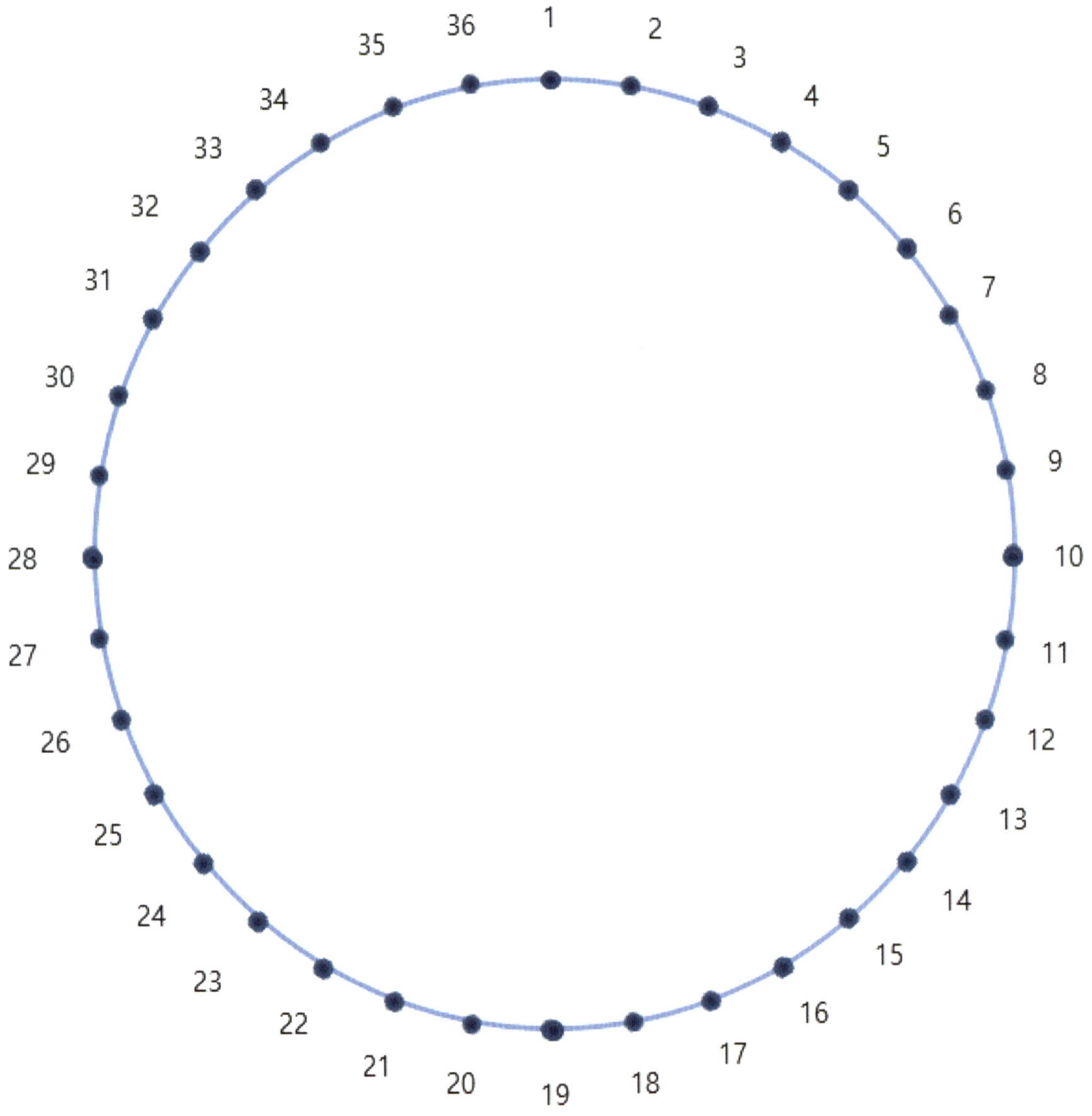

3 가운데에 생기는 원 모양을 크게 또는 작게 하려면 어떻게 해야 할지 친구들과 이야기해 보세요.

4 스트링아트 작품을 만들어 보세요.

❶ 만들고 싶은 스트링아트를 생각하며 대응표를 완성합니다.

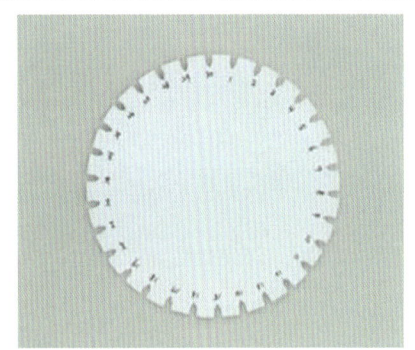

❷ 스트링아트 도안을 준비하여 원 안에 숫자를 씁니다.

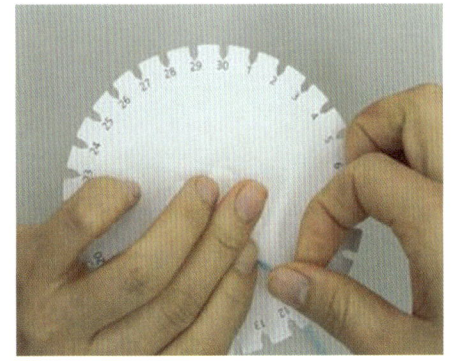

❸ 뒷면에 테이프로 실을 고정하여 앞면의 1번 틈 사이로 빼냅니다.

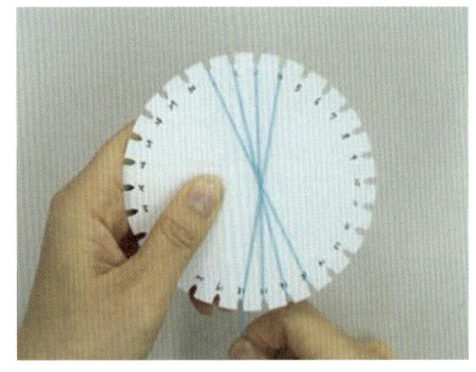

❹ 자신이 정한 규칙에 따라 앞면과 뒷면을 오가며 실을 연결합니다.

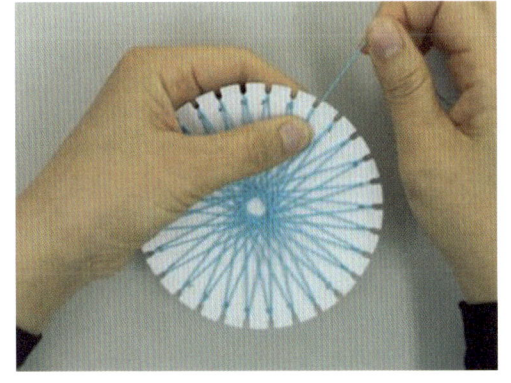

❺ 3cm 정도 여유를 두고 실을 잘라 뒷면에 테이프로 고정합니다.

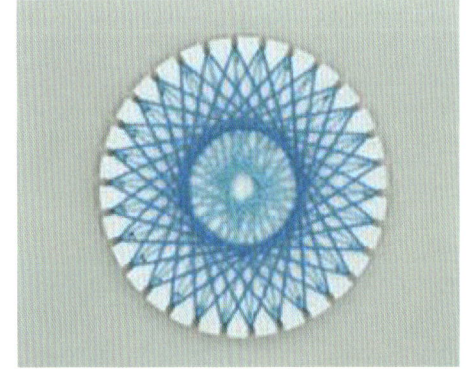

❻ 다른 규칙을 만들어 실을 연결하면 여러 겹의 스트링아트를 만들 수 있습니다.

5 삼각형과 사각형, 오각형으로 스트링아트를 만들어 보세요.

수학으로 답해요

3 가운데에 생기는 원 모양을 크게 또는 작게 하려면 어떻게 해야 할지 친구들과 이야기해 보세요.

풀이) 두 점의 간격을 크게 하면 원이 작아지고 두 점의 간격을 작게 하면 원이 커집니다.

- 두 점의 간격이 16인 스트링아트

나만의 규칙: 두 점의 간격이 (16)인 선분									
시작점	1	2	3	4	5	6	7	8	9	⋯
도착점	17	18	19	20	21	22	23	24	25	⋯

- 두 점의 간격이 8인 스트링아트

나만의 규칙: 두 점의 간격이 (8)인 선분									
시작점	1	2	3	4	5	6	7	8	9	⋯
도착점	9	10	11	12	13	14	15	16	17	⋯

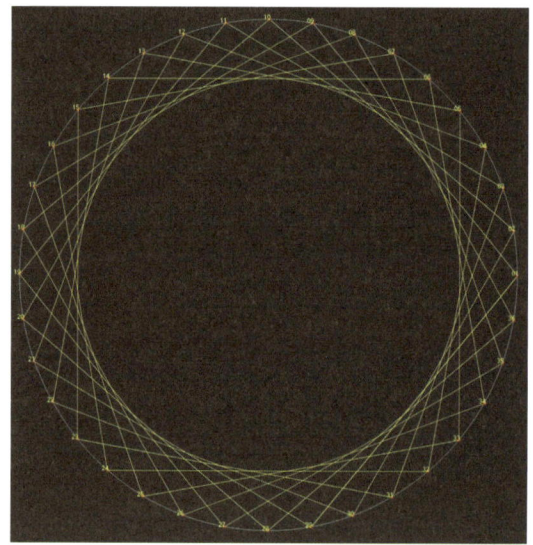

지도 TIP!

1. 생각을 키우는 물음
Q) 가운데에 생기는 원 모양을 크게 또는 작게 하려면 어떻게 해야 할까요?
A) 크게 하려면 두 수의 차를 작게 하면 되고, 작게 하려면 두 수의 차를 크게 하면 됩니다.

2. 스트링아트 지도 시 유의사항
- 수학적 규칙을 이용하여 스트링아트를 적용한 생활 주변의 사례를 찾아보고 생활 속에 수학이 가까이 있다는 점을 느낄 수 있게 해주세요.
- 규칙에 따른 대응의 개념을 충분히 이해하고 선분을 그을 때 규칙성에 따라 스트링아트를 완성할 수 있도록 지도해 주세요.

3. 한 걸음 더!
- 규칙을 1과 2, 2와 4, 3과 6⋯과 같이 2배인 점, 또는 1과 3, 2와 6, 3과 9⋯와 같이 3배인 점을 이으면 어떤 모양이 될까요?
- 눈금이 60개일 때는 오른쪽과 같은 모양이 나오지만 눈금의 수가 달라지면 다른 모양이 나옵니다.

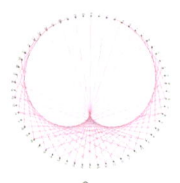
2n

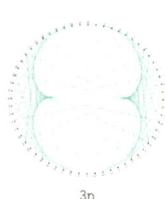
3n

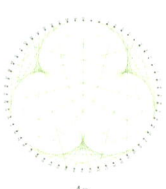
4n

36 돌돌 감으면 풀리는 비밀

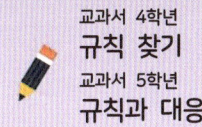

스키테일 암호란?

스키테일 암호는 비밀 메시지를 전하는 암호의 일종입니다. 암호가 적힌 띠를 막대에 감으면 원래 메시지를 알 수 있습니다. 이때 사용하는 막대를 스키테일(scytale)이라고 합니다.

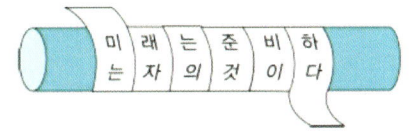

수학으로 생각해요

아무 뜻 없이 나열된 글자에 숨겨진 비밀 메세지

스키테일 암호는 기원전 400년 경 그리스의 스파르타에서 전쟁을 할 때 사용한 암호로 알려져 있습니다. 암호를 전하는 방법은 먼저 대화를 주고받을 두 사람이 같은 굵기의 막대 2개를 나누어 가집니다. 전해야 할 비밀 메시지가 생기면 막대에 띠모양의 종이를 감아 가로로 메시지를 적고, 내용을 알아볼 수 없도록 종이를 풀어 전달했습니다. 메시지를 받은 사람은 약속된 막대에 종이를 감아 비밀 메시지를 파악하였습니다.

$$\boxed{열\ 에\ 앞\ 만\ 두\ 교\ 에\ 나\ 시\ 문\ 서\ 자}$$

띠 종이에는 어떤 메시지가 숨겨져 있을까요?

스키테일 암호는 글자의 위치를 바꾸는 전치 암호의 하나로 전치행렬로 설명할 수 있습니다. 전치행렬이란 임의의 행렬 A가 주어졌을 때, 열과 행을 반사대칭하여 얻은 행렬을 말합니다. 예를 들어, 행렬이 $\begin{pmatrix} a_{11} & a_{12} & a_{13} \\ a_{21} & a_{22} & a_{23} \end{pmatrix}$일 때, 전치행렬은 $\begin{pmatrix} a_{11} & a_{21} \\ a_{12} & a_{12} \\ a_{13} & a_{23} \end{pmatrix}$입니다. 쉽게 생각하면 행렬에서 행과 열이 같은 성분 a_{11}, a_{22}……을 축으로 행렬을 뒤집었다고 생각하면 됩니다. 암호 해독을 위한 막대가 없을 때는 암호화 키를 알면 전치행렬을 사용하여 메시지를 알 수 있습니다. 띠 종이의 메시지를 암호화 키인 네 글자씩 행렬로 나타낸 뒤, 전치행렬로 바꾸어 봅시다.

$$\begin{pmatrix} 열 & 에 & 앞 & 만 \\ 두 & 교 & 에 & 나 \\ 시 & 문 & 서 & 자 \end{pmatrix} \rightarrow \begin{pmatrix} 열 & 두 & 시 \\ 에 & 교 & 문 \\ 앞 & 에 & 서 \\ 만 & 나 & 자 \end{pmatrix}$$

전치행렬의 메시지를 읽으면, '열두시에 교문 앞에서 만나자'입니다. 숨겨진 비밀 메시지를 찾았습니다.

놀면서 깨우쳐요

스키테일 암호를 만들고, 해독하기

준비물: 연필, 딱풀 등 굵기가 같은 막대 2개, 띠모양 종이, 투명테이프, 연필, 지우개

스키테일 암호 만들기

스키테일 암호 해독하기

1 가족들에게 전하고 싶은 비밀 메시지를 떠올려 써 보세요.

2 스키테일 암호 만드는 방법을 알아보고, 가족들에게 비밀 메시지를 암호로 전해 보세요

❶ 막대에 투명테이프를 사용하여 띠 종이를 비스듬하게 붙이세요.

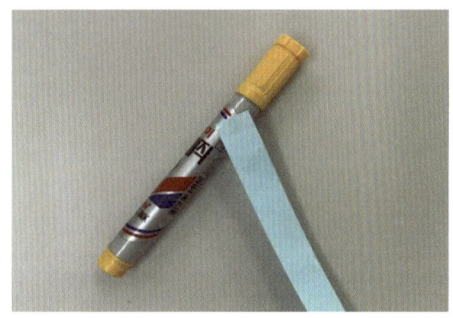

❷ 막대에 띠 종이를 끝까지 감고 투명테이프로 고정하세요.

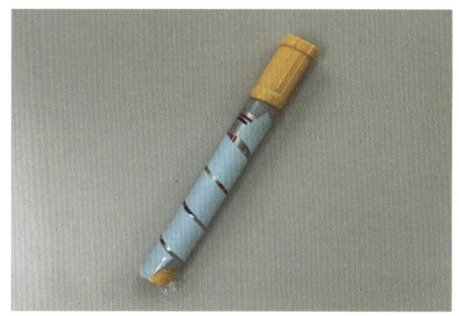

❸ 감긴 종이 위에 비밀 메시지를 쓰세요.

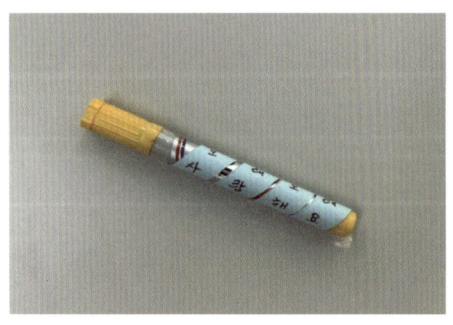

❹ 띠 종이를 풀어 비밀 메시지를 전하세요.

메시지를 받은 사람도 같은 크기의 막대가 있어야 해요.

3 스키테일 막대를 이용하여 받은 비밀 메시지를 해독해 봅시다. 어떤 메시지가 담겨 있나요?

① 비밀 메시지가 적힌 띠 종이를 굵기가 같은 막대에 비스듬하게 붙이세요.

② 띠 종이를 끝까지 감고 투명테이프로 고정하세요.

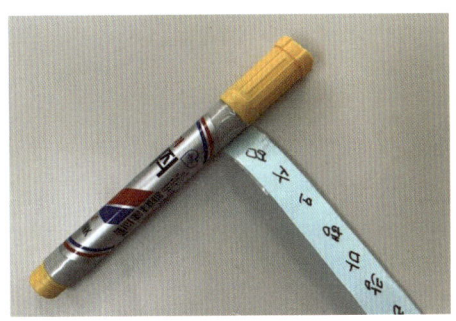

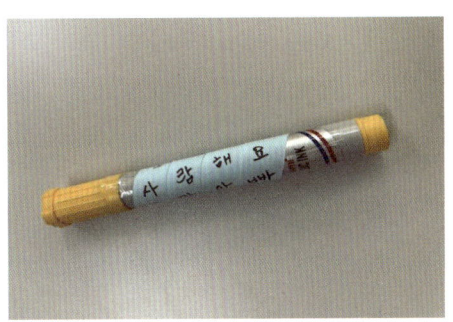

받은 메시지:

4 비밀 메시지가 도착했습니다. 네 글자씩 띄어 읽으며 빈칸에 알맞은 글자를 쓰고, 메시지를 해독해 보세요.

| 사 | 요 | 마 | 좋 | 랑 | 이 | 디 | 은 | 해 | 한 | 참 | 말 |

사	랑	해	요
이			

5 스키테일 암호는 막대가 없더라도 일정한 간격으로 띄어 읽으면서 해독할 수 있습니다.

① 일정한 간격으로 띄어 읽으면서 비밀 메세지를 해독해 보세요

| 아 | 세 | 가 | 빠 | 요 | 있 | 힘 | 우 | 어 | 내 | 리 | 요 |

② 암호를 해독하기 위하여 (　　) 글자씩 띄어 읽었습니다.

수학으로 답해요

1 (예시) 엄마 아빠 키워주셔서 감사합니다 등

4

사	랑	해	요
이	한	마	디
참	좋	은	말

사랑해요 이 한마디 참 좋은 말

풀이) 암호화 키 4를 사용하여 메시지를 해독하는 활동으로, 비밀 메시지의 '사'부터 4글자씩 띄어 읽습니다.

5 ❶ 아빠 힘내세요 우리가 있어요

풀이) 스키테일 암호는 굵기가 같은 막대가 없거나 암호화 키를 모르더라도 일정한 간격으로 띄어 읽어 암호를 해독할 수 있습니다. 다만, 여러 번의 시도를 통해 해독할 수 있어 막대가 있을 때 보다 불편합니다.

❷ 세

지도 TIP!

1. 암호 이야기

암호는 오래 전부터 사용되었습니다. 특히 전쟁 중에 적에게 귀중한 비밀이 누설되지 않도록 암호를 사용해 왔습니다. 고대의 암호에는 스키테일 암호 외에도 시저암호(이 책의 183쪽 참고)가 있습니다. 또 스파이 마타하리는 악보를 암호로 사용하기도 하였습니다. 근대의 암호는 통신과 기계식 계산기의 등장으로 더욱 발전했습니다. 2차 세계대전 중 독일군이 사용한 애니그마 암호가 대표적입니다. 이후 MIT대학에서 개발한 RSA암호 등으로 발전했으며, 오늘날 현금 지급기, 전자상거래 등에 암호가 사용되고 있습니다.

2. 지도 시 유의사항

굵기가 같은 막대는 암호를 주고받는 사람이 공통으로 사용하는 물건입니다. 주변에서 쉽게 구할 수 있는 물건을 사용할 수 있습니다.

변화와 관계

37 쉿! 우리만 아는 비밀이야

교과서 4학년 **규칙 찾기**
교과서 5학년 **규칙과 대응**

시저 암호란?

기원전 로마의 장군이였던 줄리우스 시저가 가족들과 비밀 이야기를 전할 때 사용했던 암호로 원래 글자를 특정한 규칙으로 다른 글자로 바꾸는 치환 암호의 하나입니다. 시저 암호는 시저(Ceasar)를 읽는 방법에 따라 카이사르 암호라고 부르기도 합니다.

줄리우스 시저
(BC 100~44)

수학으로 생각해요

시저의 죽음을 미리 알려준 암호

로마의 장군 줄리우스 시저는 가족으로부터 "EH FDUHIXO IRU DVVDVVLQDWRU"라는 메시지를 받았습니다. 이는 원래 메시지를 알파벳 순서대로 세 자리씩 뒤로 물러 쓴 암호로, 거꾸로 세 자리씩 앞으로 당겨 읽으면 해석할 수 있습니다. 예를 들어 E는 세 자리 앞 글자인 B로, H는 E로 바꾸어 읽습니다. 해석하면 "BE CAREFUL FOR ASSASSINATOR" 즉, 암살자를 조심하라는 뜻입니다. 시저는 메시지를 해석했지만, 암살자가 누구인지 몰라 결국 양아들이였던 브루투스에 의해 죽음을 맞이합니다.

시저 암호를 만들기 위해서는 알파벳 A부터 Z까지 26개의 알파벳을 0부터 25까지 숫자에 각각 대응시키고, 암호키인 3만큼 더해 해당하는 알파벳으로 바꾸면 됩니다. 예를 들어, SIX를 암호로 바꾸기 위해서 각 알파벳을 해당하는 숫자로 치환하여, 18, 8, 23을 얻습니다. 이 숫자에 암호키인 3만큼 더해 21, 11, 26을 얻고, 이 숫자에 해당하는 알파벳으로 바꾸면 암호가 됩니다. 21은 V, 11은 L입니다. 26과 같이 해당하는 알파벳이 없는 경우 26으로 나눈 나머지에 해당하는 알파벳으로 암호화합니다. 26을 26으로 나눈 나머지는 0이므로, A를 얻습니다. SIX를 암호화하면 VLA가 됩니다.

메시지	A	B	C	D	E	F	G	H	I	J	K	L	M	N	O	P	Q	R	S	T	U	V	W	X	Y	Z
x	0	1	2	3	4	5	6	7	8	9	10	11	12	13	14	15	16	17	18	19	20	21	22	23	24	25

↓ 암호키 3

$y=x+3$	3	4	5	6	7	8	9	10	11	12	13	14	15	16	17	18	19	20	21	22	23	24	25	0	1	2
암호문	D	E	F	G	H	I	J	K	L	M	N	O	P	Q	R	S	T	U	V	W	X	Y	Z	A	B	C

암호 VLA를 해석하기 위해서는 암호키인 3을 거꾸로 하여 -3으로 바꾸면 됩니다. 예를 들어, VLA의 각 알파벳에 대응하는 숫자 21, 11, 0에 -3을 한 18, 8, -3을 구합니다. -3은 26으로 나눌 때 23과 나머지가 같으므로, 18, 8, 23이라고 할 수 있습니다. 이 숫자를 알파벳으로 바꾸면 SIX라는 비밀 메시지를 찾을 수 있습니다.

암호키는 3이 아닌 다른 숫자도 가능합니다.

놀면서 깨우쳐요

규칙에 따라 시저 암호를 만들고 해독하기

준비물: 암호 원판 도안(281쪽), 가위, 할핀, 연필, 지우개

시저 암호

암호키 3이란
각 글자를 3칸 뒤의
글자로 바꾸는 것을 말해요.

1 순서대로 나열된 알파벳을 암호키를 3으로 하여 바꾸었습니다. 각 알파벳이 어떤 알파벳으로 바뀌는지 규칙을 관찰하여 쓰세요.

A	B	C	D	E	F	G	H	I	J	K	L	M	N	O	P	Q	R	S	T	U	V	W	X	Y	Z
			D	E	F		H	I	J		L	M			P	Q	R		T	U		W	X	Y				B	C

2 **1**에서 정한 규칙에 따라 다음 낱말을 암호로 바꾸려고 합니다. 각 알파벳은 어떤 알파벳으로 바뀔지 써 보세요.

I		L	O	V	E		Y	O	U
L									

3 전하고 싶은 비밀 메시지를 영어로 써 보세요.

4 메시지를 **1**에서 정한 규칙에 따라 암호로 바꾸어 보세요.

5 암호 해독기를 만드는 방법을 보고 붙임자료를 사용하여 암호 해독기를 만드세요.

❶ 암호 원판 도안을 잘라 2개의 원을 만드세요.

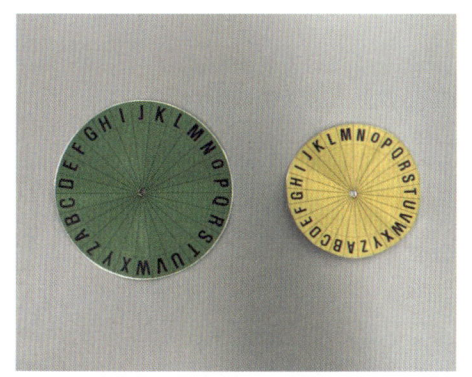

❷ 큰 원판 위에 작은 원판을 겹치고, 할핀으로 가운데를 고정합니다.

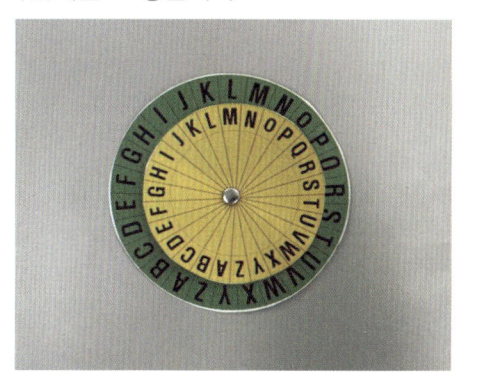

6 암호 원판을 사용하여 암호를 해독하는 방법을 알아봅시다.

❶ 두 원판의 글자가 같도록 맞물려 둡니다.

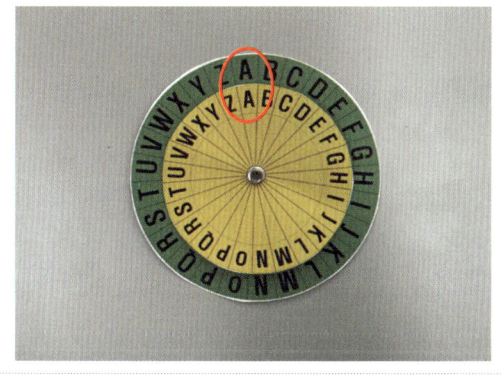

❷ 암호키 만큼 작은 원판을 왼쪽으로 돌려 암호를 해독합니다.

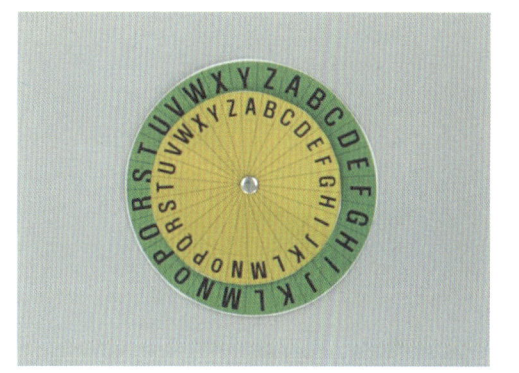

7 암호 원판을 사용하여 다음 문자를 해독하세요(암호키 3: 작은 원판을 왼쪽으로 3칸 돌리세요).

EBIM JB

8 암호키를 바꾸어가며 다양한 암호를 만들어보세요.

37 쉿! 우리만 아는 비밀이야

수학으로 답해요

1

| A | B | C | D | E | F | G | H | I | J | K | L | M | N | O | P | Q | R | S | T | U | V | W | X | Y | Z |

| D | E | F | G | H | I | J | K | L | M | N | O | P | Q | R | S | T | U | V | W | X | Y | Z | A | B | C |

2 I LOVE YOU

L ORYH BRX

3 (예시) THANK YOU

4 (예시) WKDQN BRX

7 HELP ME

지도 TIP!

1. 생각을 키우는 물음

Q) 알파벳 Y는 암호키가 3인 경우 어떤 글자에 대응되나요?
A) B입니다. 맨 뒤의 글자는 다시 처음으로 돌아갑니다.
Q) 자음과 모음에 0부터 23까지 숫자를 매긴다면, 암호키 3은 어떤 규칙이 있나요?
A) 원래 글자에 3씩 더한 숫자가 암호가 되는 규칙입니다. 다만, 25보다 큰 경우 다시 0으로 돌아갑니다.
Q) 알파벳은 모두 26개 있습니다. 만약 암호키를 모른다면, 암호 원판을 최대 몇 번 옮겨봐야 암호를 해독할 수 있을까요?
A) 25번입니다. 왜냐하면 원래 글자를 제외하고 모든 경우를 살펴보면 최대 25번이기 때문입니다.

2. 지도 시 유의사항

- 할핀이 없다면, 할핀 대신 암호 원판의 가운데 구멍에 연필이나 막대를 대신 꽂아 활동해 볼 수 있습니다.

38 파스칼 삼각형에 숨겨진 규칙

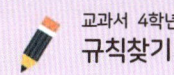
교과서 4학년
규칙찾기

파스칼 삼각형

파스칼 삼각형은 자연수를 삼각형 모양으로 배열한 것입니다. 각 줄의 처음과 끝은 1이고 그 사이의 수는 윗부분에 맞닿은 두 수를 더한 수입니다. 이러한 기본 규칙 외에도 파스칼 삼각형에 많은 규칙들이 숨겨져 있답니다.

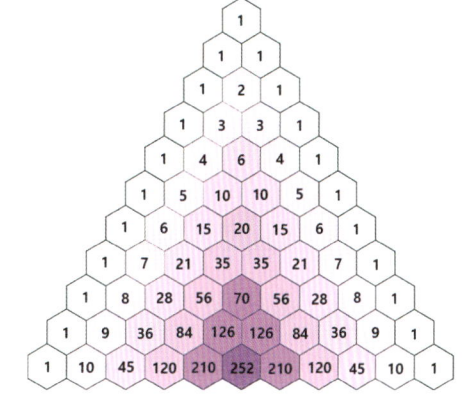

Tip

파스칼 삼각형은 프랑스의 수학자 파스칼(1623~1662)의 이름이 붙여지긴 하였지만 인도와 아랍, 중국 등에서 이미 이에 대한 많은 사실들이 알려져 있었고, 조선의 수학자 홍정하(1684~1727)의 산술서 '구일집(九一集)'에도 실려 있답니다.

수학으로 생각해요

이항계수의 값을 계산하는데 응용

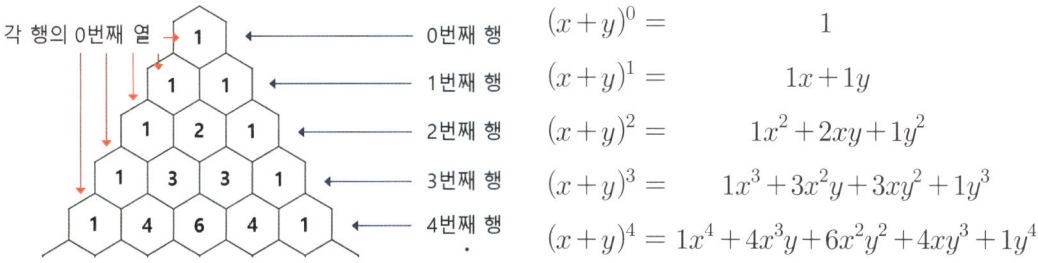

$(x+y)^0 = 1$
$(x+y)^1 = 1x+1y$
$(x+y)^2 = 1x^2+2xy+1y^2$
$(x+y)^3 = 1x^3+3x^2y+3xy^2+1y^3$
$(x+y)^4 = 1x^4+4x^3y+6x^2y^2+4xy^3+1y^4$

파스칼 삼각형에서 $n(=0,1,2,3,\cdots)$행, $k(=0,1,2,3,\cdots)$열의 수를 $C(n,k)$로 나타낸다면 $C(0,0)=1$, $C(2,0)=1$, $C(2,1)=2$, $C(3,1)=3$, $C(3,2)=3$, $C(4,2)=6$입니다. 즉, 파스칼 삼각형의 정의에서 다음 관계식이 성립합니다.

$$C(n+1, k) = C(n, k-1) + C(n, k)$$

또한 파스칼 삼각형에서 n행의 수 $C(n,k)(k=0,1,2,\ldots,n)$는 $(1+x)^n$을 전개하였을 때 x^k의 계수 $\binom{n}{k}$가 됩니다.

$$C(n,k) = \binom{n}{k}$$

왜 그럴까?

$(x+1)^2 = 1 \times x^2 + 2 \times x + 1$을 확률에서 배우는 조합($C$)으로 일반화하면 $(x+y)^n = {}_nC_0 x^0 y^n + {}_nC_1 x^1 y^{n-1} + {}_nC_2 x^2 y^{n-2} + {}_nC_3 x^3 y^{n-3} + \ldots + {}_nC_n x^n y^0$ 처럼 두 항의 n차 거듭제곱으로 확장할 수 있습니다. 참고로 조합은 n개의 수에서 순서에 상관없이 r개를 뽑는 가짓수로 ${}_nC_0$과 ${}_nC_n$은 1로 정의하며, ${}_nC_r = \dfrac{n(n-1)(n-2)\ldots(n-r+1)}{r!}$로 계산할 수 있습니다. 이처럼 파스칼 삼각형은 다양한 수의 계산에 적용할 수 있답니다.

놀면서 깨우쳐요

파스칼 삼각형에 숨겨진 규칙 알아보기

준비물: 파스칼 삼각형, 계산기, 색연필

파스칼 삼각형

1 규칙에 따라 파스칼 삼각형을 완성해 보세요.

❶ 맨 윗줄과 각 줄의 첫째칸과 마지막칸에는 1을 씁니다.

❷ 윗줄의 이웃한 두 수의 합을 맞닿은 바로 아랫줄 칸에 씁니다.

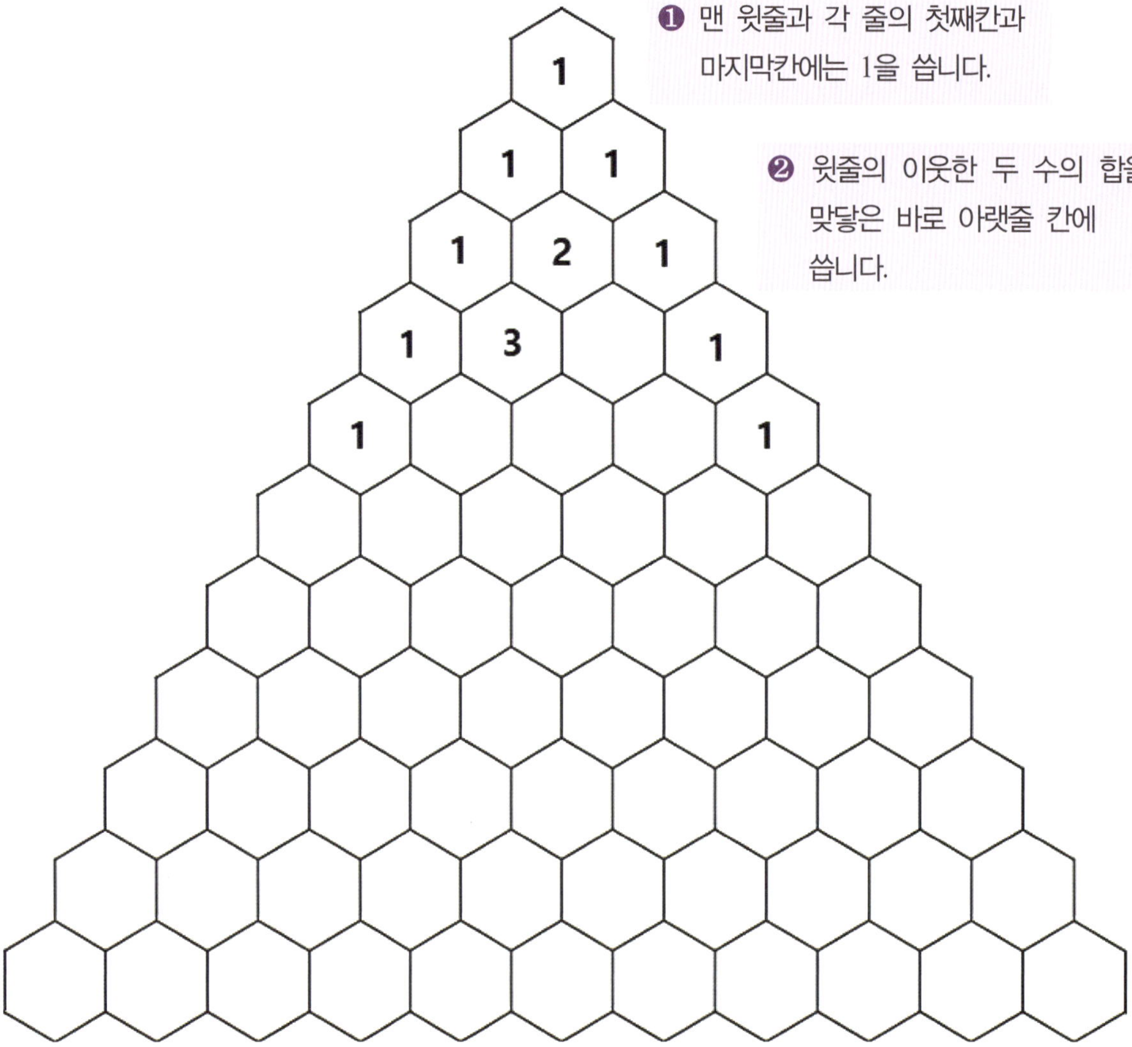

❸ 배열된 수를 보고 나만의 규칙을 만들어 색을 칠하고 꾸며봅니다.

188 변화와 관계

2 파스칼 삼각형에 숨겨진 규칙을 알아보고, 확인해 보세요.

❶ 좌우대칭입니다. 그리고 대각선으로 1부터 연속하는 자연수가 나열되어 있습니다.

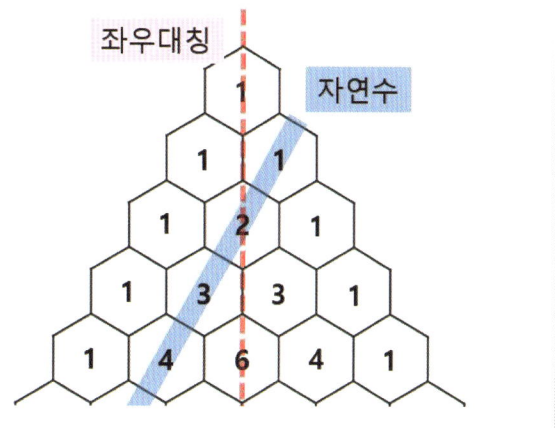

❷ 삼각수와 삼각뿔수가 있습니다.

삼각수

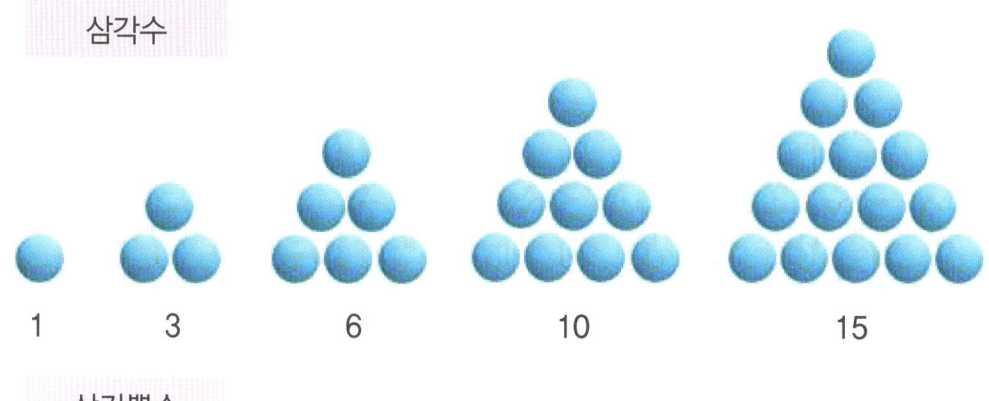

1   3   6   10   15

삼각뿔수

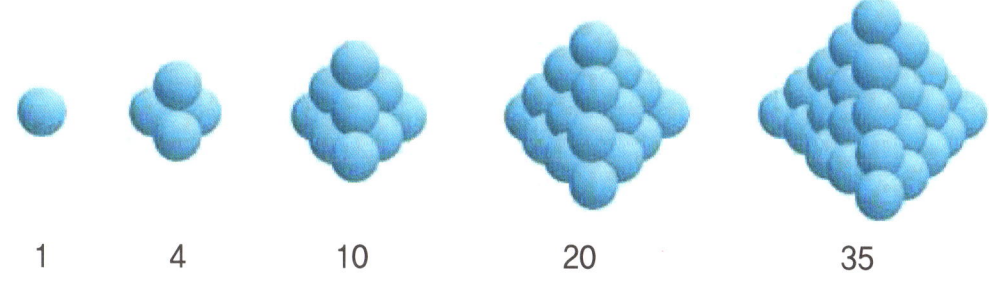

1   4   10   20   35

> **Tip**
> 삼각수는 정삼각형 모양을 이루는 점의 개수, 삼각뿔수는 정삼각뿔 모양을 이루는 구슬의 개수를 뜻합니다. 이와 같은 수들을 도형수라고 합니다.

❸ 하키스틱 법칙이 있습니다.

1+3+6 = 10

1+5+15+35 = 56

1+6+21+56+126 = 210

⋮

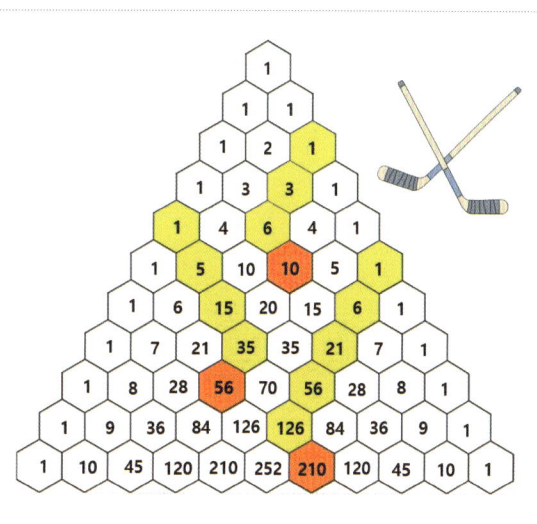

> **Tip**
> 하키스틱 법칙은 각 줄의 양 끝, 1부터 시작해야 합니다.

38 파스칼 삼각형에 숨겨진 규칙   189

❹ 꽃잎 법칙이 있습니다.

1×4×3 = 1×6×2
6×28×35 = 7×56×15
15×7×1 = 5×21×1
⋮

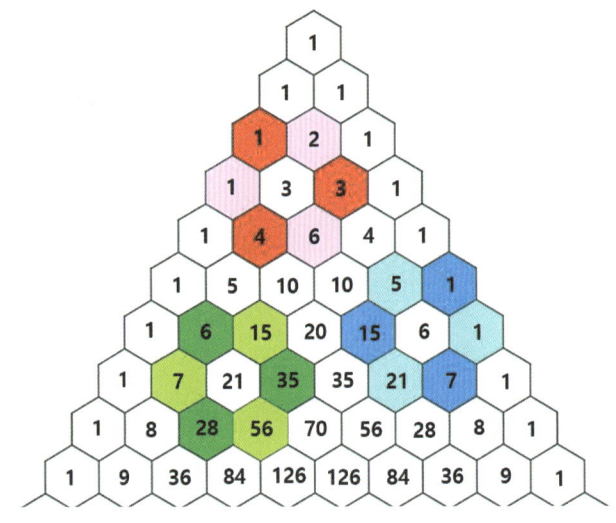

❺ 각 줄의 합은 2의 거듭제곱과 같습니다. 거듭제곱이란 같은 수를 여러 번 곱한 것으로 $2^3 = 2\times2\times2$입니다. 단, $2^0 = 1$ 입니다.

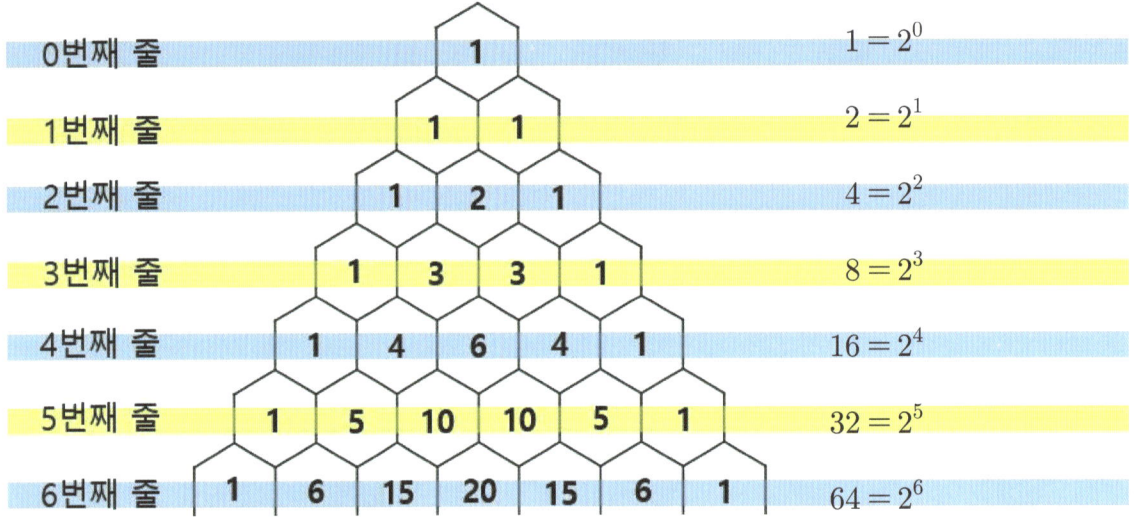

❻ 사선으로 더하면 피보나치 수열이 됩니다. 피보나치 수열은 첫 번째 항과 두 번째 항의 값이 1일 때, 이후의 항들은 이전의 두 항을 더한 값인 수열을 말합니다.

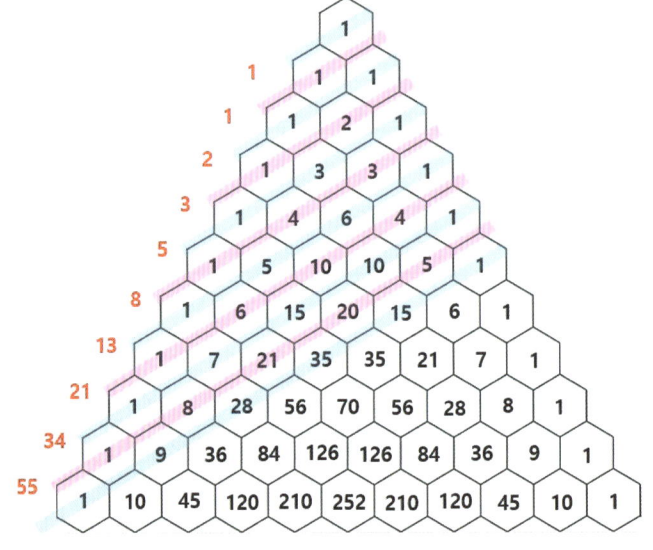

190 변화와 관계

수학으로 답해요

1~2

(예시)

파스칼 삼각형을 완성하고, 같은 색으로 홀수만 색칠.

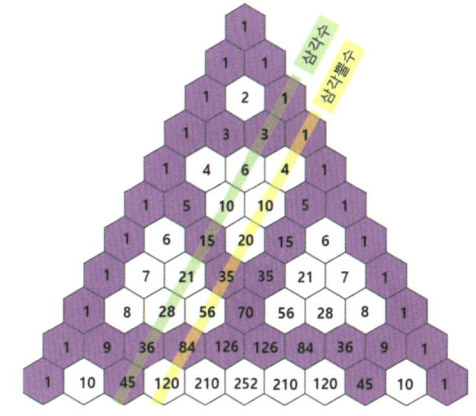

지도 TIP!

1. 지도 시 유의사항
- 파스칼 삼각형은 규칙을 의도하여 만든 것이 아니라 기본 규칙으로 만들어진 수의 배열에서 규칙을 찾은 것입니다. 복잡한 원리의 이해 보다는 규칙찾기를 통한 수학적 흥미를 느끼는데 중점을 두고 지도합니다.
- 제시된 규칙 이외에도 다양한 규칙이 있다는 개방적 사고를 갖도록 합니다.

2. 한 걸음 더!

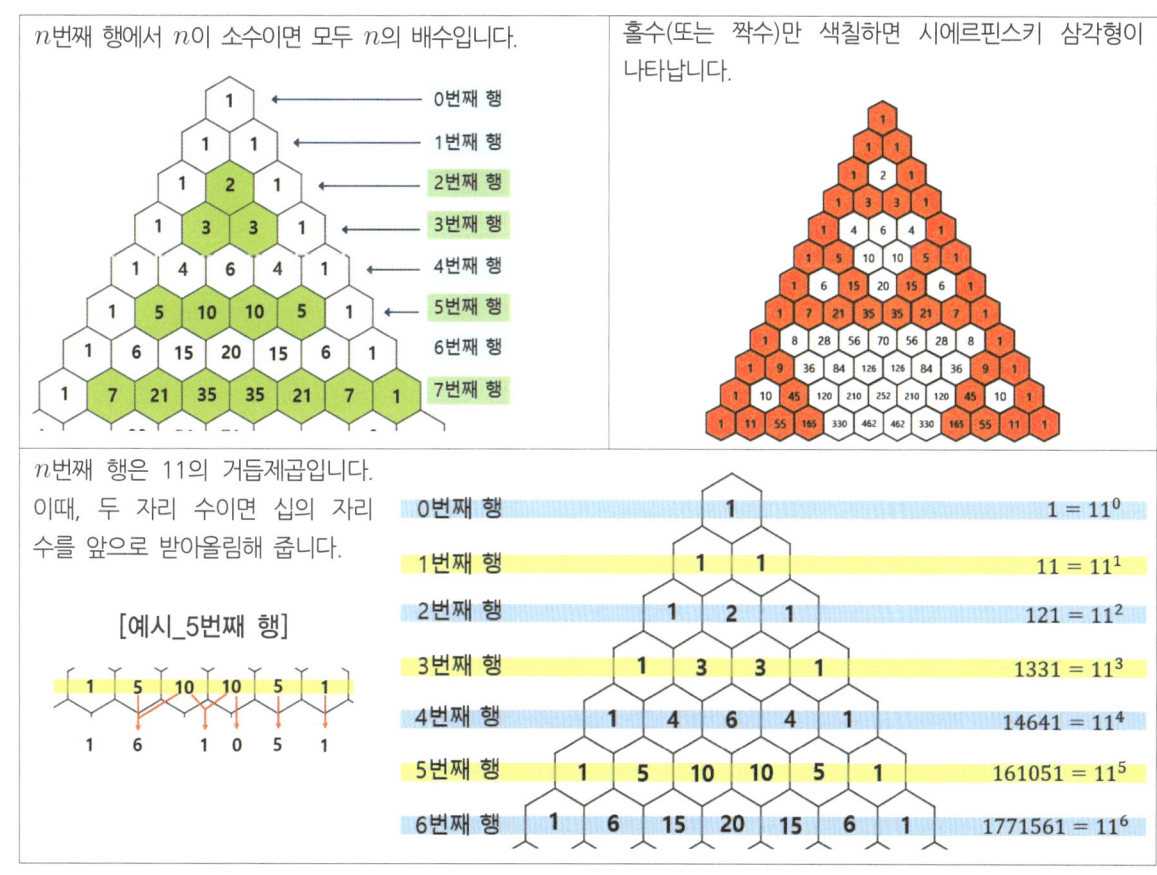

38 파스칼 삼각형에 숨겨진 규칙

39 탑을 옮기면 세상이 끝난다!

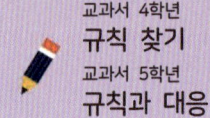

하노이 탑이란?

하노이 탑은 기둥 세 개와 기둥에 쌓여 있는 원판들로 이루어 진 퍼즐입니다. 1883년 프랑스의 수학자인 에두아르 뤼카가 발표한 뒤, 파르빌, 라우즈 볼, 가드너 등이 소개하면서 널리 알려졌습니다. 규칙에 따라 한 기둥에 있는 원판을 다른 기둥으로 모두 옮기는 문제입니다.

수학으로 생각해요

세상의 종말을 맞이하는 탑

하노이 탑에는 고대 인도의 한 사원에서 내려오는 전설이 얽혀 있습니다. 이 전설의 내용은 다음과 같습니다.

"다이아몬드로 만든 3개의 기둥과 순금으로 만든 64개의 원판이 있습니다. 64개의 원판은 크기가 서로 다르고, 기둥 하나에 모두 끼워져 있습니다. 가장 큰 원판이 맨 아래에 놓여 있고, 나머지 원판들은 크기 순서대로 점점 작아지며 꼭대기까지 쌓여 있습니다. 원판은 한 번에 하나씩만 옮길 수 있으며, 큰 원판 위에 작은 원판을 놓아야 하고 작은 원판 위에 큰 원판을 놓을 수는 없습니다. 규칙에 따라 모든 원판을 옮겼을 때, 탑은 무너지고 세상은 종말을 맞이하게 됩니다."

전설대로 원판을 모두 옮겨 종말을 맞는 일이 벌어지게 될까요?

원판을 옮기는데 숨은 규칙

전설에 담긴 규칙을 정리하면 다음 두 가지입니다.

> 1. 원판은 한 번에 하나씩만 옮길 수 있다.
> 2. 작은 원판 위에 그보다 더 큰 원판을 놓을 수 없다.

간단히 원판을 2개라고 가정하고, 규칙에 따라 옮겨봅시다. 최소한의 횟수로 옮기기 위해서는 [그림1]과 같이 이동하게 됩니다. 작은 원판부터 1번 원판이라고 하면, 1번 원판을 다른 기둥으로 옮깁니다. 2번 원판을 또 다른 기둥으로 옮긴 뒤, 1번 원판을 2번 원판 위에 쌓습니다. 즉 원판이 2개인 경우 최소한의 이동 횟수는 3회입니다.

[그림1] 원판이 2개인 경우

원판의 개수가 3개인 경우, 최소한의 이동 횟수는 어떻게 될까요? 이 경우는 원판이 2개인 경우를 이용해 알 수 있습니다. 3번 원판을 다른 기둥에 옮기기 위해서는 1, 2번 원판을 하나의 기둥에 모두 옮겨두어야 합니다(1단계). 이후 빈 기둥에 3번 원판을 옮깁니다(2단계). 마지막으로 1, 2번 원판을 3번 원판으로 옮기면 됩니다(3단계). 즉, 3개의 원판을 모두 옮기기 위해서는 원판 2개 옮기는 것을 2회 하고, 3번 원판을 옮기는 것을 1회 더해주면 됩니다. $3 \times 2 + 1 = 7$이므로 원판 3개를 옮기는데 최소한 7번 이동해야 합니다.

[그림2] 원판이 3개인 경우

원판의 개수가 늘어나 n개가 되면 어떻게 될까요? 3개의 원판을 옮기는 것과 마찬가지로, 원판 $n-1$개 옮기기를 2회 반복하고, n번 원판을 1번 옮기면 됩니다. 원판의 개수가 n개 일 때 이동횟수를 a_n이라 하면, $a_n = 2a_{n-1} + 1$이라고 할 수 있습니다. 이를 이용하여 원판의 개수와 최소 이동횟수를 정리하면 다음 표와 같습니다.

원판의 개수	2	3	4	5	……	n
최소 이동횟수	3	7	15	31	……	?

[표] 원판의 개수에 따른 최소 이동횟수

그렇다면 원판의 개수가 n개일 때는 최소 이동횟수는 어떻게 될까요? 앞서 살펴본 식 $a_n = 2a_{n-1} + 1$의 양 변에 1을 더하면 $a_n + 1 = 2(a_{n-1} + 1)$을 얻을 수 있습니다. n에 $3, 4, 5, \cdots, n$을 대입하면, 다음과 같이 구할 수 있습니다.

$$a_3 + 1 = 2(a_2 + 1)$$
$$a_4 + 1 = 2(a_3 + 1)$$
$$\vdots \qquad \vdots$$
$$a_{n-1} + 1 = 2(a_{n-2} + 1)$$
$$a_n + 1 = 2(a_{n-1} + 1)$$

$a_{n-1} = 2(a_{n-2}+1) - 1$이므로 $a_n + 1 = 2(a_{n-1}+1) = 2(2(a_{n-2}+1)) = \ldots = 2^{n-2}(a_2+1)$입니다. $a_2 = 3$이므로, $a_n + 1 = 2^{n-2}(3+1) = 2^n$, 즉, $a_n = 2^n - 1$입니다.

다시 전설 속 원판이 64개인 경우로 돌아가 봅시다. 원판이 64개인 경우는 $a_{64} = 2^{64} - 1$로 이 수는 18,446,744,073,709,551,615나 되는 큰 수입니다. 원판을 한 번 옮길 때 1초가 걸린다고 하면, 64개의 원판을 옮기는데 약 5,849억년 걸린다고 합니다. 전설대로라면, 아직은 지구의 종말을 걱정하지 않아도 될 것 같습니다.

놀면서 깨우쳐요

하노이 탑의 규칙 찾기

준비물: 하노이 탑(시중에 있는 교구 또는 모바일 무료 APP 활용 가능)

하노이 탑

1 하노이 탑에 얽힌 이야기를 알아보세요.

[하노이 탑의 전설]

"사원에는 다이아몬드로 만든 3개의 기둥과 순금으로 만든 64개의 원판이 있어요. 64개의 원판은 크기가 서로 다르고, 한 개의 기둥에 끼워져 있어요. 가장 큰 원판이 맨 아래에 놓여 있고, 나머지 원판들은 크기 순서대로 점점 작아지며 탑 모양으로 쌓여 있어요. 원판은 한 번에 하나씩만 옮길 수 있으며, 작은 원판 위에 큰 원판을 놓을 수 없어요. 규칙에 따라 모든 원판을 옮겼을 때, 탑은 무너지고 세상은 끝이 나요."

2 하노이 탑의 규칙을 확인해 보세요.

[하노이 탑의 규칙]
1. 원판은 한 번에 하나씩만 옮길 수 있어요.
2. 작은 원판 위에 그보다 더 큰 원판을 놓을 수 없어요.

3 하노이 탑의 규칙을 잘못 이해하고 그림과 같이 하노이 탑을 옮겼습니다. 어떤 점이 잘못되었는지 써 보세요.

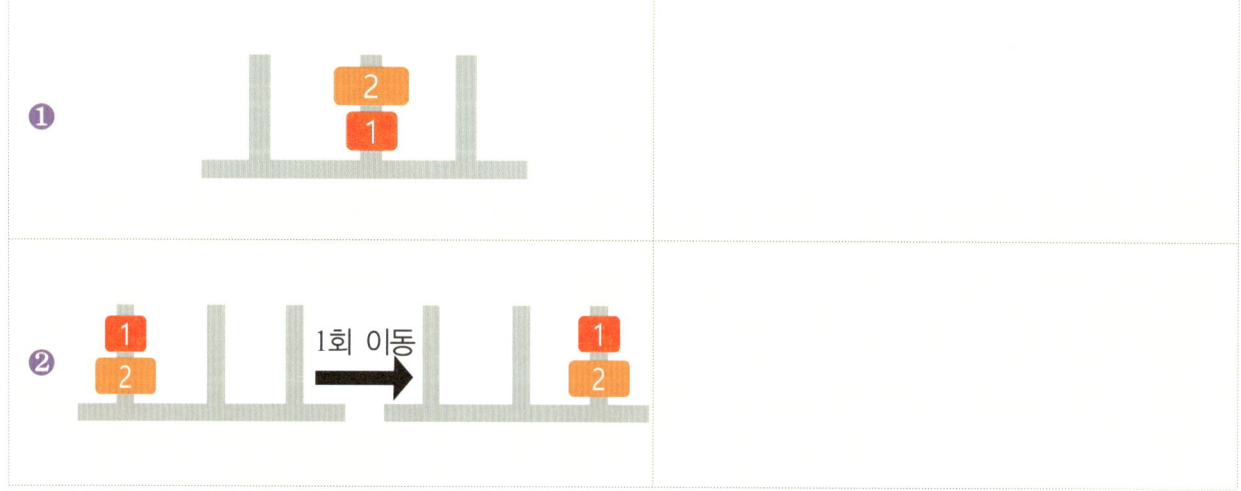

4 원판이 2개일 때 규칙에 따라 하노이 탑을 다른 막대로 옮기는 최소 횟수를 구하고, 구한 방법을 설명해 보세요.

❶ 최소 횟수: (   )회
❷ 구한 방법:

5 원판이 3개일 때 규칙에 따라 하노이 탑을 다른 막대로 옮기는 최소 횟수를 구하고, 구한 방법을 설명해 보세요.

❶ 최소 횟수: (   )회
❷ 구한 방법:

6 원판의 개수가 4개, 5개로 늘어나면 최소 횟수는 어떻게 구할 수 있을까요?
직접 해보지 않고 구할 수 있는 방법이 있을까요?

수학으로 답해요

3 ❶ 작은 원판 위에 큰 원판을 놓을 수 없다는 규칙을 어겼습니다. 큰 2번 원판이 1번 원판 아래로 가야 합니다.

❷ 한 번에 하나씩만 옮길 수 있다는 규칙을 어기고, 2개를 동시에 옮겼습니다.

풀이) 잘못된 예를 통해 하노이의 탑의 규칙을 올바르게 파악하는 활동입니다.

4 ❶ 3

❷

풀이) 규칙에 따라 원판을 직접 옮겨보며 최소한의 횟수를 구하는 방법입니다. 구한 방법을 설명할 때는 그림이 아니라 글로 설명해도 됩니다.

5 ❶ 7

❷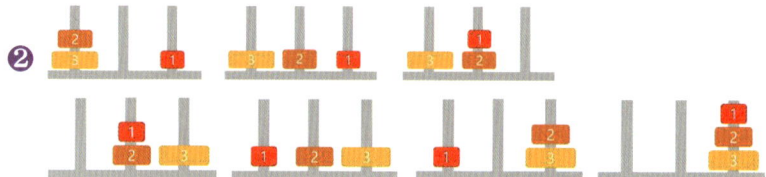

6 원판의 개수가 한 개 적을 때의 이동횟수를 이용하면 직접 해보지 않고 알 수 있습니다. 원판 4개를 옮기기 위해서는 먼저 원판 3개를 한 기둥에 옮긴 뒤, 남은 기둥에 가장 큰 4번 원판을 옮기고, 원판 3개를 4번 원판 위에 올리면 됩니다. 원판 3개 옮기는데 최소 횟수가 7회이므로 7+1+7=15입니다.
같은 방법으로 원판 5개를 옮기면, 15+1+15=31입니다.

지도 TIP!

지도 시 유의사항

- 규칙성을 찾기 어려워하면 다음과 같은 단계별 지도로 규칙성을 발견하는데 도움을 줄 수 있습니다.

❶		처음 상태
❷		원판 3개를 옮기는데 필요한 최소 횟수 : (　　) 회
❸		가장 큰 원판을 옮기는데 필요한 횟수 : (　　) 회
❹		원판 3개를 4번 원판 위로 옮기는데 필요한 최소 횟수: (　　) 회

196　변화와 관계

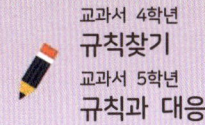

40 도형 속 수의 규칙

도형수란?

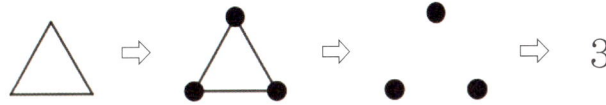

피타고라스 학파는 수와 도형을 관련 지어 해석하려는 시도를 했습니다.

어떤 도형에 점을 대응하고, 이때 나타난 점의 개수를 '도형수'라고 부릅니다. 도형수에서는 도형의 배열에 따라 규칙을 찾을 수 있습니다.

수학으로 생각해요

도형수에서 찾을 수 있는 수열

도형수에는 다양한 종류가 있습니다. 도형수 중 정다각형 모양에 수를 대응시킨 것을 '다각수'라고 합니다. 정다각형의 내부에 하나의 점을 놓고, 그것이 다시 더 큰 정다각형에 포함되도록 만든 '중심다각수'도 있습니다([그림1]).

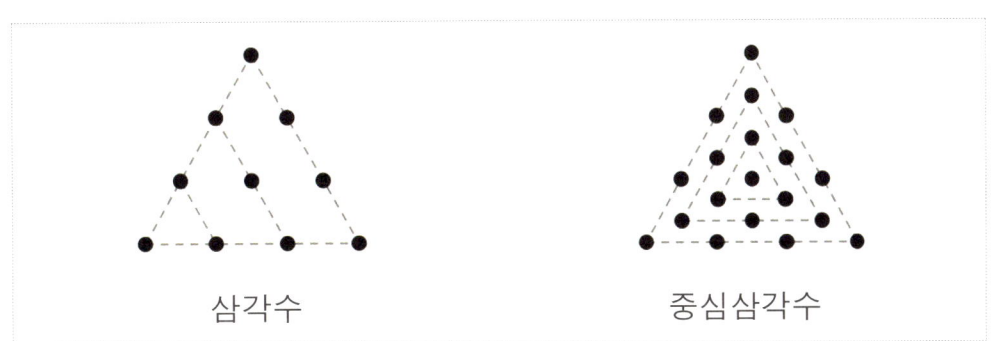

삼각수 중심삼각수

[그림1] 도형수의 예

다각수는 정다각형 모양으로 점을 늘어놓았을 때 나타나는 점의 개수를 말합니다. 도형의 모양이 삼각형일 때 '삼각수', 사각형일 때 '사각수', 오각형일 때 '오각수'라고 합니다.

먼저 삼각수를 살펴봅시다. 첫 번째 삼각수를 a_1이라고 합시다. [그림2]에서 볼 수 있듯이 $a_1 = 1$입니다. 두 번째 삼각수 a_2는 a_1에서 2개 더 늘어났으므로, $a_2 = 1 + 2 = 3$입니다. 세 번째 삼각수 a_3는 a_2에서 3개 더 늘어났으므로, $a_3 = 1 + 2 + 3 = 6$입니다. n번째 삼각수 $a_n = 1 + 2 + 3 + \cdots + n$입니다. a_n은 공차가 1인 등차수열의 합과 같으므로,

$$a_n = \sum_{k=1}^{n} k = \frac{n(n+1)}{2}$$ 이 됩니다.

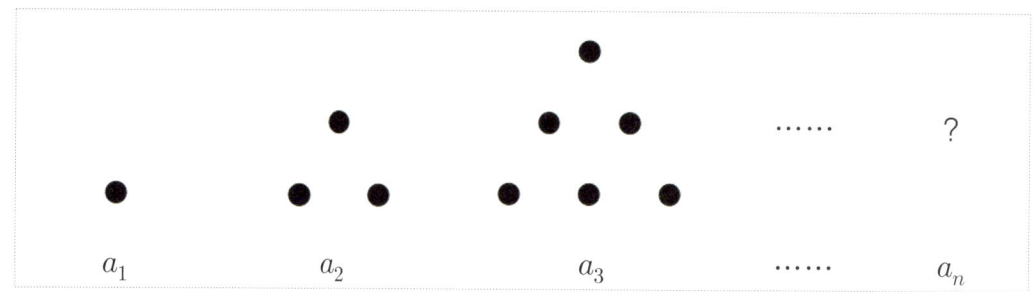

[그림2] 삼각수

사각수를 살펴봅시다. 첫 번째 사각수를 b_1이라 하면, $b_1=1$입니다. 두 번째 사각수 b_2는 b_1에서 3개 늘어났으므로, $b_2=1+3=4$입니다. 세 번째 사각수 b_3는 b_2에서 5개 더 늘어났으므로, $a_3=1+3+5=9$입니다([그림3]). n번째 사각수 b_n은 공차가 2인 등차수열의 합과 같으므로, $b_n=1+3+5+\cdots+(2n-1)$입니다. 따라서 $b_n=\sum_{k=1}^{n}(2k-1)=2\sum_{k=1}^{n}k-n=2\frac{n(n+1)}{2}-n=n(n+1)-n=n^2$이 됩니다. 사각수를 다른 방법으로 살펴볼 수도 있습니다. b_2는 2개씩 2줄 놓여 있으므로, $b_2=2\times2=2^2$입니다. 같은 방법으로 $b_3=3\times3=3^2$이고, $b_n=n\times n=n^2$이 됩니다.

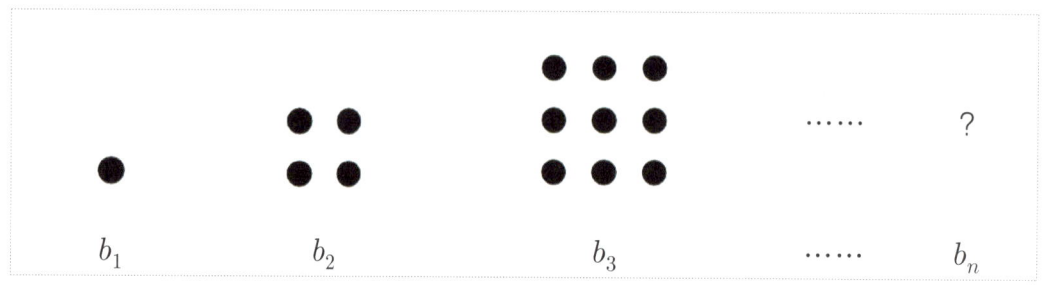

[그림3] 사각수

사각수는 삼각수들의 합으로 나타낼 수 있습니다. [그림4]처럼 사각수를 분할하여 두 개의 삼각수로 나타내면 $b_2=a_2+a_1$, $b_3=a_3+a_2$입니다. 같은 방법으로 $b_n=a_n+a_{n-1}$으로 나타낼 수 있습니다.

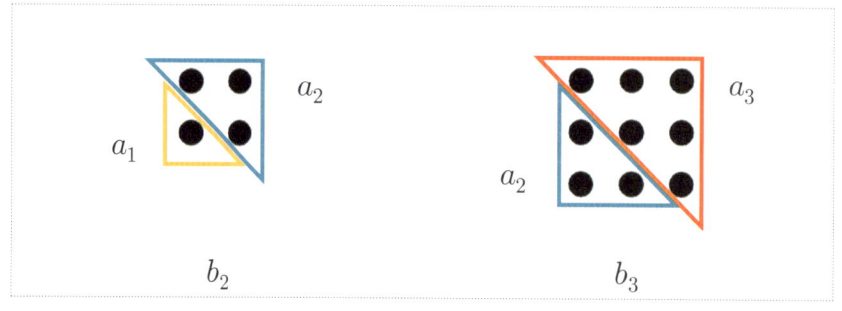

[그림4] 사각수와 삼각수의 관계

오각수를 살펴봅시다. 첫 번째 오각수를 c_1이라 하면, $c_1=1$입니다. 두 번째 오각수를 c_2라고 하면, $c_2=1+4=5$입니다. 세 번째 오각수를 c_3라 하면, $c_3=1+4+7=12$입니다([그림5]). n번째 오각수 c_n은 공차가 3인 등차수열의 합과 같으므로, $c_n=1+4+7+\cdots+(3n-2)$입니다. 따라서,

$$c_n=\sum_{k=1}^{n}(3k-2)=3\sum_{k=1}^{n}k-2n=3\frac{n(n+1)}{2}-2n=\frac{3n(n+1)-4n}{2}=\frac{3n^2-n}{2}=\frac{n(3n-1)}{2}$$ 이 됩니다.

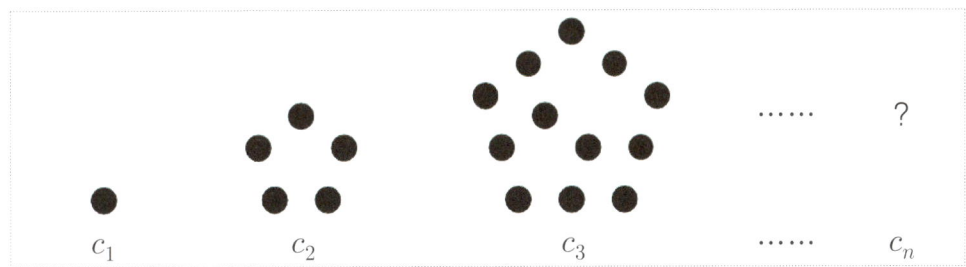

[그림5] 오각수

오각수는 삼각수나 사각수의 합으로 나타낼 수 있습니다. 예를 들어, c_3를 세 개의 삼각수로 분할하면 [그림6]과 같이 $c_3=a_3+2a_2$로 나타낼 수 있습니다. c_n에 대하여 성립하는지 일반항을 통해 살펴보면,

$$c_n=\frac{n(3n-1)}{2}=\frac{3n^2-n}{2}=\frac{(n^2+n)+(2n^2-2n)}{2}=\frac{n^2+n}{2}+\frac{2n^2-2n}{2}$$
$$=\frac{n(n+1)}{2}+2\frac{n(n-1)}{2}=a_n+2a_{n-1}$$

입니다.

오각수를 [그림7]처럼 삼각수와 사각수로 분할하면 $c_3=b_3+a_2$로 나타낼 수 있습니다. 이를 일반항으로 살펴보면,

$$c_n=\frac{n(3n-1)}{2}=\frac{3n^2-n}{2}=\frac{2n^2+(n^2-n)}{2}=n^2+\frac{n^2-n}{2}=n^2+\frac{n(n-1)}{2}=b_n+a_{n-1}$$

입니다.

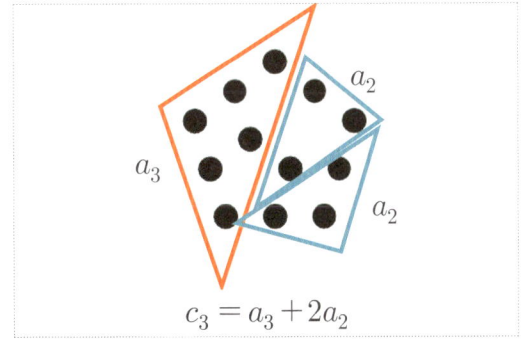

[그림6] 오각수와 삼각수의 관계

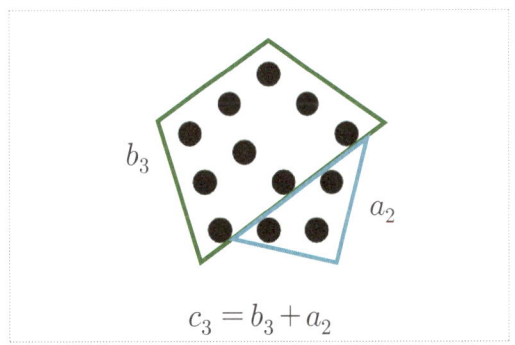

[그림7] 오각수와 삼각수, 사각수의 관계

놀면서 깨우쳐요

도형수를 만들며 규칙 찾아보기

준비물: 바둑돌

도형수

1 삼각형 모양의 배열을 만드는 점의 수를 삼각수라고 합니다. 바둑돌을 이용하여 삼각수를 만들어 보세요.

2 단계별 삼각수를 다음과 같이 나타내려고 합니다. 규칙에 따라 나머지 삼각수를 만들어 보고, 식으로 나타내 보세요.

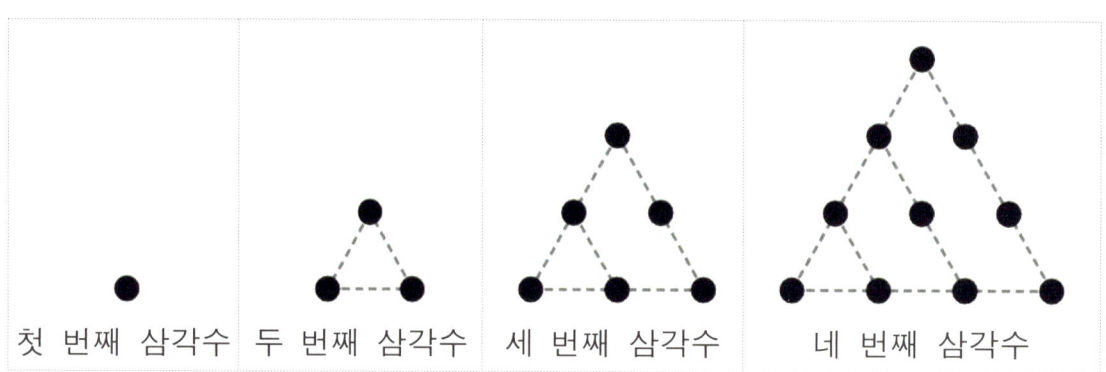

첫 번째 삼각수　두 번째 삼각수　세 번째 삼각수　네 번째 삼각수

첫 번째 삼각수 = 1
두 번째 삼각수 = 1+2 = 3
세 번째 삼각수 =
네 번째 삼각수 =
다섯 번째 삼각수 =

3 삼각수에는 어떤 규칙이 있나요? 모두 찾아 써 보세요.

4 찾은 규칙을 이용하여 열 번째 삼각수를 찾아 써 보세요.

5 사각형 모양의 배열을 만드는 점의 수를 사각수라고 합니다. 바둑돌을 이용하여 사각수를 만들어 보세요.

6 단계별 삼각수를 다음과 같이 나타내려고 합니다. 규칙에 따라 나머지 사각수를 만들어 보고, 식으로 나타내 보세요.

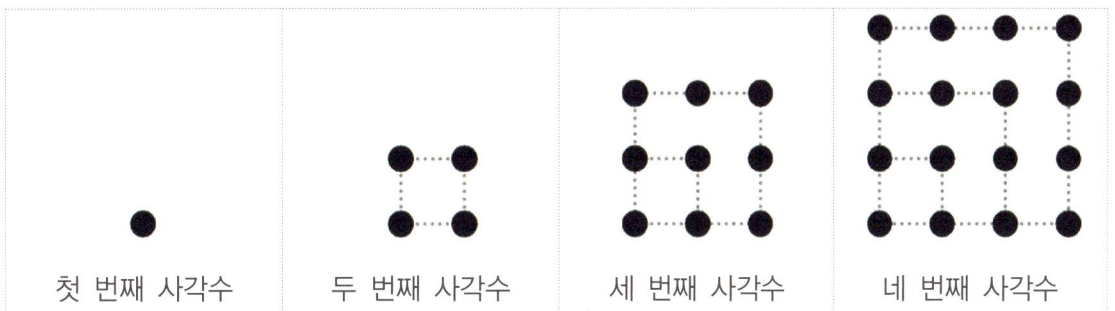

| 첫 번째 사각수 | 두 번째 사각수 | 세 번째 사각수 | 네 번째 사각수 |

첫 번째 사각수 = 1
두 번째 사각수 = 1+3 = 4
세 번째 사각수 =
네 번째 사각수 =
다섯 번째 사각수 =

7 사각수를 다음과 같은 방법으로 나타냈습니다. 규칙에 따라 나머지 사각수를 만들어 보고, 식으로 나타내 보세요.

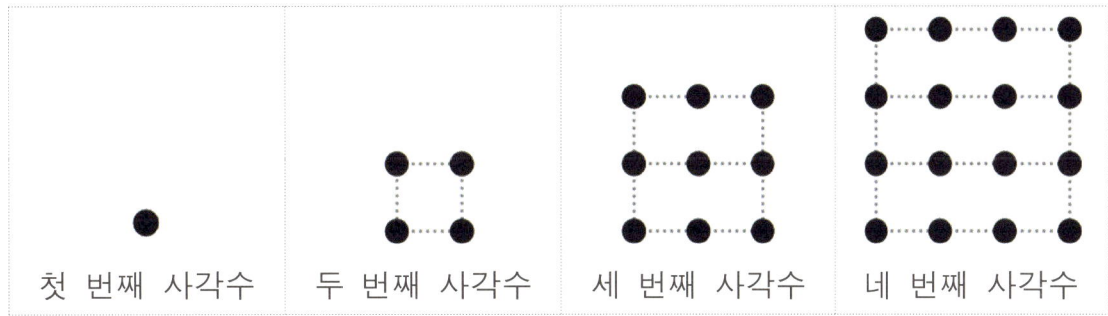

| 첫 번째 사각수 | 두 번째 사각수 | 세 번째 사각수 | 네 번째 사각수 |

첫 번째 사각수 = 1
두 번째 사각수 = 2×2 = 4
세 번째 사각수 =
네 번째 사각수 =
다섯 번째 사각수 =

8 사각수에는 어떤 규칙이 있나요? 모두 찾아 써 보세요.

9 찾은 규칙을 이용하여 열 번째 사각수를 찾아 써 보세요.

10 오각형 모양의 배열을 만드는 점의 수를 오각수라고 합니다. 바둑돌을 이용하여 오각수를 만들어 보세요.

11 단계별 오각수를 다음과 같이 나타내려고 합니다. 나머지 오각수를 만들어보며 규칙에 따라 써 보세요.

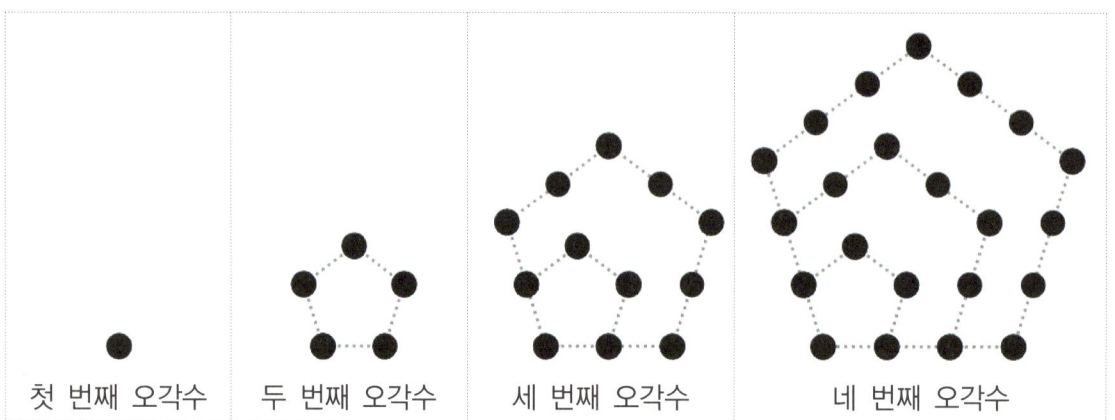

첫 번째 오각수   두 번째 오각수   세 번째 오각수   네 번째 오각수

첫 번째 삼각수 = 1
두 번째 삼각수 = 1+4 = 5
세 번째 삼각수 =
네 번째 삼각수 =
다섯 번째 삼각수 =

12 오각수에는 어떤 규칙이 있나요? 모두 찾아 써 보세요.

13 찾은 규칙을 이용하여 아홉 번째 오각수를 찾아 써 보세요.

수학으로 답해요

2 첫 번째 삼각수 = 1
두 번째 삼각수 = 1+2 = 3
세 번째 삼각수 = 1+2+3 = 6
네 번째 삼각수 = 1+2+3+4 = 10
다섯 번째 삼각수 = 1+2+3+4+5 = 15

3 □번째 삼각수는 1부터 □까지의 수를 모두 더한 것과 같습니다.
/ □번째 삼각수는 1+2+…□입니다.
/ 더하는 수가 1씩 커집니다.

4 다섯 번째 삼각수 15에 1씩 커지는 수를 더해서, 15+6+7+8+9+10=55이므로 55입니다.
/ 1+2+3+4+5+6+7+8+9+10이므로 55입니다.

6 첫 번째 사각수 = 1
두 번째 사각수 = 1+3 = 4
세 번째 사각수 = 1+3+5 = 9
네 번째 사각수 = 1+3+5+7 = 16
다섯 번째 사각수 = 1+3+5+7+9 = 25

7 첫 번째 사각수 = 1
두 번째 사각수 = 2×2 = 4
세 번째 사각수 = 3×3 = 9
네 번째 사각수 = 4×4 = 16
다섯 번째 사각수 = 5×5 = 25

8 □번째 사각수는 1부터 홀수를 □개 더한 것과 같습니다. / □번째 사각수는 1부터 2씩 커지는 수를 □개 더한 것과 같습니다. / 더하는 수가 2씩 커집니다. / □번째 사각수는 □×□입니다.

9 1+3+5+7+9+11+13+15+17+19=100이므로 100입니다. / 다섯 번째 사각수에 2씩 커지는 수를 더해서, 25+11+13+15+17+19=100이므로 100입니다. / 10×10이므로 100입니다.

11 첫 번째 오각수 = 1
두 번째 오각수 = 1+4 = 5
세 번째 오각수 = 1+4+7 = 12
네 번째 오각수 = 1+4+7+10 = 22
다섯 번째 오각수 = 1+4+7+10+13 = 35

12 □번째 오각수는 1부터 3씩 커지는 수를 □개 더한 것과 같습니다.

13 다섯 번째 오각수 35에 3씩 커지는 수를 더해서, 35+16+19+22+25=117이므로 117입니다.
/ 1+4+7+10+13+16+19+22+25=117이므로 117입니다.

41 끊임없이 되풀이 되는 구조

교과서 4학년
규칙찾기
교과서 5학년
규칙과 대응

프랙탈 카드란?

같은 구조가 동일하게 반복되는 것을 프랙탈이라고 합니다. 입체 카드를 직접 만들어보면서 프랙탈 구조를 이해할 수 있습니다.

수학으로 생각해요
전체와 부분이 반복되는 닮음

전체와 부분에서 끊임없이 똑같은 구조가 되풀이되는 것을 프랙탈(Fractal)이라고 합니다. 이 용어는 프랑스의 수학자 망델브로가 처음으로 사용하였으며, '쪼개다'라는 라틴어 프랙투스(Fractus)에 기원을 두고 있습니다. 그는 「The Nature of Geometry Fractal」이라는 자신의 저서에서 '영국의 해안선 길이가 얼마일까?'라는 물음으로 프랙탈을 이야기하고 있습니다. 영국의 해안선은 우리나라의 서해나 남해처럼 굴곡져 있습니다. 해안선을 확대하면 굴곡지는 지형이 다시 나타나고, 이를 또다시 확대하면 굴곡지는 지형이 또 반복됩니다. 이처럼 리아스식 해안선의 모양이나 고사리와 같은 양치류 잎, 폐와 허파꽈리처럼 무질서해 보이는 것들 안에도 계속해서 같은 구조가 반복되는 것을 프랙탈이라고 합니다.

프랙탈은 같은 것이 반복되는 자기 유사성으로 인해 그 안에서 규칙성을 찾을 수 있습니다. 여기에서는 단순한 규칙을 반복하여 삼각형 구조의 프랙탈 카드를 만들어 보겠습니다. 만드는 방법은 직사각형 모양의 종이를 반으로 접은 뒤 한 변의 중점에서 그 변 수직으로 다른 한 변의 $\frac{1}{2}$이 되는 지점까지 자르고, 종이를 접어 밀어 넣으면 됩니다. 이후에는 이 과정을 계속해서 반복하면 됩니다. 자세한 과정은 '놀면서 깨우쳐요'의 동영상에서 볼 수 있으며, 4번 반복하여 완성된 모양은 [그림1]과 같습니다. 완성된 모습을 보면 크고 작은 삼각형 모양이 반복되는 프랙탈 구조를 찾아볼 수 있습니다.

[그림1] 프랙탈 카드

입체 형태의 프랙탈 카드를 평면으로 펼쳐 두고 살펴보면 [그림2]와 같습니다. 처음에 한 번 자른 뒤 접어 펼쳤을 때를 1단계, 이를 두 번째 반복했을 때를 2단계라고 할 때, 다음과 같이 표현할 수 있습니다.

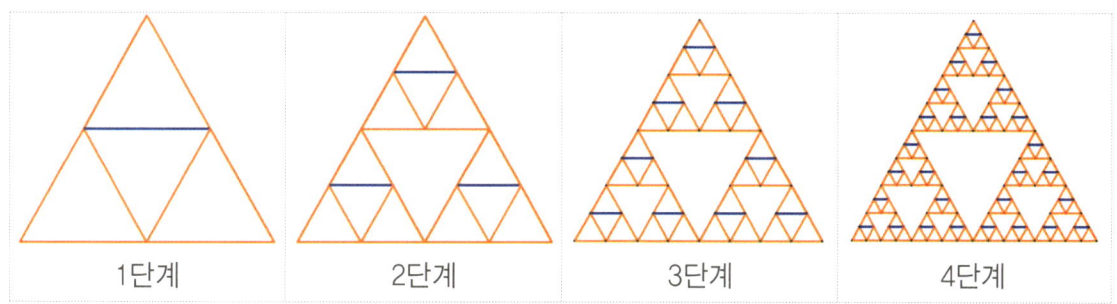

[그림2] 단계별 프랙탈 카드

각 단계별로 잘린 선분(파란색)의 개수를 살펴봅시다. 1단계에서의 잘린 선분은 1개입니다. 2단계에서는 1단계의 가운데 삼각형을 제외한 나머지 3개의 삼각형을 각각 1번씩 자르게 되므로 3개가 됩니다. 3단계에서는 2단계에서 생긴 9개의 삼각형을 각각 1번씩 자르게 되므로 9개가 됩니다. 같은 방식으로 4단계에서는 27개의 선분이 새로 잘리게 됩니다. 따라서 n단계에서 잘린 선분의 개수는 3^{n-1}개라고 할 수 있습니다.

잘린 선분의 길이는 어떻게 될까요? 맨 처음 삼각형에서 밑변의 길이를 1이라고 한다면, 자르는 과정에서 중점을 자르므로, 1단계에서 잘린 선분의 길이는 삼각형에서 중점연결 정리에 의해 $\frac{1}{2}$이 됩니다. 2단계 역시 같은 방법으로 $(\frac{1}{2})^2$이 됩니다. 3단계와 4단계도 같은 과정을 반복하므로 n단계에서 잘린 선분의 길이는 $(\frac{1}{2})^n$이 됩니다. 이상의 내용을 표로 정리하면 다음과 같습니다.

단계	1단계	2단계	3단계	4단계	n단계
잘린 선분의 수	1	3	9	27	3^{n-1}
잘린 선분의 길이	$\frac{1}{2}$	$(\frac{1}{2})^2$	$(\frac{1}{2})^3$	$(\frac{1}{2})^4$	$(\frac{1}{2})^n$

이 외에도 학생의 수준에 따라 새로 생긴 삼각형의 수, 선분 전체 길이의 합 등의 규칙을 탐구해 볼 수 있습니다.

놀면서 깨우쳐요

카드를 만들며 반복되는 모양 찾아보기

준비물: 겉지, 프랙탈 카드 도안(283쪽), 가위, 풀

프랙탈 카드

1 프랙탈 카드를 만드는 방법에 따라 카드를 만들어 보세요.

❶ 도안을 활용하여 속지를 반으로 접으세요.

❷ 접은 선(밑변)의 중심에서부터 도안을 따라 높이의 반만큼 자르세요.

❸ 자른 선을 따라 접으세요.

❹ [1단계 프랙탈 카드]접은 것을 펼쳐 안쪽으로 밀어 넣으세요.

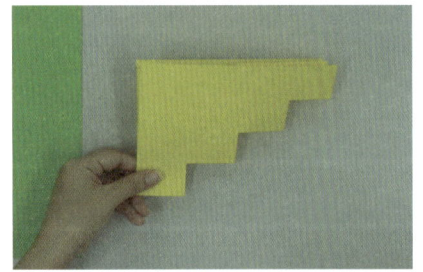

❺ [2단계 프랙탈 카드]❷와 ❸을 한 번 더 반복하세요.

❻ [3,4단계 프랙탈 카드]❷, ❸을 반복하여 3단계, 4단계 프랙탈 카드를 만들어 보세요.

❼ 겉지를 반으로 접은 뒤 펼치세요.

❽ 겉지에 속지를 붙여 카드를 완성하세요.

2 단계별로 프랙탈 카드를 평면으로 두고 살펴보면 다음 그림과 같습니다. 각 단계에서 새로 생긴 잘린 선분의 개수를 세어 보세요.

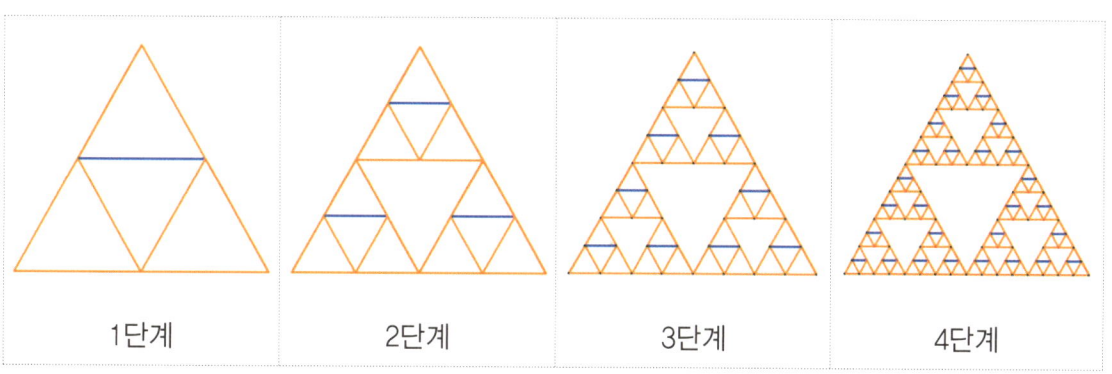

- 1단계에서 생긴 잘린 선분은 ☐ 개입니다.
- 2단계에서 생긴 잘린 선분은 ☐ 개입니다.
- 3단계에서 생긴 잘린 선분은 ☐ 개입니다.
- 4단계에서 생긴 잘린 선분은 ☐ 개입니다.

3 잘린 선분의 개수에는 어떤 규칙이 있나요?

4 만약 5단계를 만든다면 잘린 선분은 몇 개일까요?

( )개

5 10단계 프랙탈 카드를 만든다면 잘린 선분은 몇 개일지 식으로 나타내보고, 그 이유를 써 보세요.

식:
이유:

6 가장 큰 삼각형에서 밑변의 길이를 1이라고 할 때, 잘린 선분의 길이를 나타내 보세요.

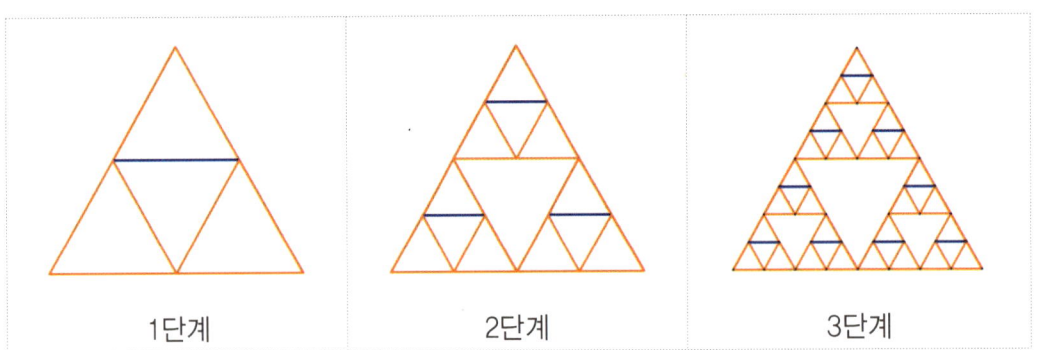

1단계 2단계 3단계

· 1단계에서 생긴 잘린 선분 하나의 길이는 밑변의 길이의 $\dfrac{\Box}{\Box}$ 입니다.

· 2단계에서 생긴 잘린 선분 하나의 길이는 1단계에서 생긴 잘린 선분의 길이의 $\dfrac{\Box}{\Box}$ 입니다.

따라서 2단계에서 생긴 잘린 선분 하나의 길이는 밑변의 길이의 $\dfrac{\Box}{\Box} \times \dfrac{\Box}{\Box}$ 입니다.

· 3단계에서 생긴 잘린 선분 하나의 길이는 2단계에서 생긴 잘린 선분의 길이의 $\dfrac{\Box}{\Box}$ 입니다.

따라서 3단계에서 생긴 잘린 선분 하나의 길이는 밑변의 길이의 $\dfrac{\Box}{\Box} \times \dfrac{\Box}{\Box} \times \dfrac{\Box}{\Box}$ 입니다.

7 잘린 선분의 길이에는 어떤 규칙이 있나요?

8 5단계에서 프랙탈 카드를 만든다면 잘린 선분의 길이는 얼마일지 식으로 나타내보고, 그 이유를 써 보세요.

식:

이유:

수학으로 답해요

2
- 1단계에서 생긴 잘린 선분은 1개입니다.
- 2단계에서 생긴 잘린 선분은 3개입니다.
- 3단계에서 생긴 잘린 선분은 9개입니다.
- 4단계에서 생긴 잘린 선분은 27개입니다.

3 3씩 곱해집니다. / 다음 단계에서 생긴 잘린 선분의 개수는 전 단계에서 생긴 잘린 선분의 개수의 3배입니다.

4 81개

풀이) 5단계의 잘린 선분의 개수는 4단계 잘린 선분의 개수의 3배이므로 27×3=81입니다.

5 식: 1×3×3×3×3×3×3×3×3×3 (또는) 3×3×3×3×3×3×3×3×3

이유: 잘린 선분의 개수는 3배씩 늘어나므로, 10단계 프랙탈 카드를 만들 때 생기는 잘린 선분의 개수는 1에서 시작해서 3을 9번 곱해야 합니다. 따라서 3을 9번 곱한 1×3×3×3×3×3×3×3×3×3이 됩니다.

6
- 1단계에서 생긴 잘린 선분 하나의 길이는 밑변의 길이의 $\frac{1}{2}$입니다.
- 2단계에서 생긴 잘린 선분 하나의 길이는 1단계에서 생긴 잘린 선분의 길이의 $\frac{1}{2}$입니다.
  따라서 2단계에서 생긴 잘린 선분 하나의 길이는 밑변의 길이의 $\frac{1}{2} \times \frac{1}{2}$입니다.
- 3단계에서 생긴 잘린 선분 하나의 길이는 2단계에서 생긴 잘린 선분의 길이의 $\frac{1}{2}$입니다.
  따라서 3단계에서 생긴 잘린 선분 하나의 길이는 밑변의 길이의 $\frac{1}{2} \times \frac{1}{2} \times \frac{1}{2}$입니다.

풀이) 길이가 $\frac{1}{2}$이 되는 것을 프랙탈 카드를 만드는 과정에서 높이의 반만큼 자르는 과정을 통해 확인할 수 있습니다.

7 $\frac{1}{2}$씩 곱해집니다. / 다음 단계에서 생긴 잘린 선분의 길이는 전 단계에서 생긴 잘린 선분의 길이의 $\frac{1}{2}$배입니다. / □단계에서 생긴 잘린 선분의 길이는 $\frac{1}{2}$을 □번 곱한 것과 같습니다.

8 식: $\frac{1}{2} \times \frac{1}{2} \times \frac{1}{2} \times \frac{1}{2} \times \frac{1}{2}$

이유: 잘린 선분의 길이는 $\frac{1}{2}$씩 곱해지므로, 5단계 프랙탈 카드를 만들 때 생기는 잘린 선분의 하나의 길이는 $\frac{1}{2}$을 5번 곱해야 합니다. 따라서 $\frac{1}{2} \times \frac{1}{2} \times \frac{1}{2} \times \frac{1}{2} \times \frac{1}{2}$이 됩니다. / □단계에서 생긴 잘린 선분의 길이는 $\frac{1}{2}$을 □번 곱한 것과 같으므로, 5단계에서 생긴 잘린 선분 하나의 길이는 $\frac{1}{2} \times \frac{1}{2} \times \frac{1}{2} \times \frac{1}{2} \times \frac{1}{2}$입니다.

42 몬드리안의 그림 속 수학

교과서 6학년
비와 비율

몬드리안의 추상화

몬드리안(네덜란드, 1872)은 수직선과 수평선을 이용하여 '차가운 추상'을 그린 대표적인 추상화가입니다. 크고 작은 사각형으로 이루어진 '몬드리안 패턴'은 생활 속의 여러 디자인에 많이 활용되고 있습니다. 몬드리안 그림 속에 숨은 수학을 찾아봅시다.

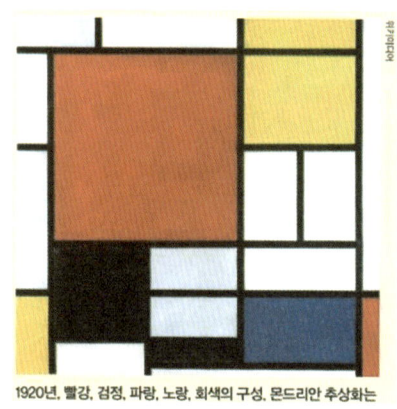

1920년, 빨강, 검정, 파랑, 노랑, 회색의 구성, 몬드리안 추상화는

> **Tip**
> 몬드리안은 빛과 색에 대해 순간적이고 주관적인 느낌으로 그림을 그리는 '인상주의'에서 기본 색과 점, 선, 면만으로 우주의 진리를 표현하는 '신도형주의'로 바뀌었습니다.

수학으로 생각해요

황금비를 알아봐요

선분 AB의 길이를 $\overline{AP}:\overline{PB}$의 길이 비와 $\overline{PB}:\overline{AB}$의 길이 비가 같도록 나누는 점을 P라고 할 때,

$\overline{AP}:\overline{PB} = \overline{PB}:\overline{AB}$가 되는 점 P는 유일하며, 선분 AB의 '비례중항'이 됩니다. 이때 선분 AB는 '황금분할'되었다고 하지요. 선분 PB의 길이를 x라고 하면,

$\dfrac{\overline{AP}}{\overline{PB}} = \dfrac{\overline{PB}}{\overline{AB}}$ 는 $\dfrac{1}{x} = \dfrac{x}{1+x}$ 이므로 x는 $\dfrac{1 \pm \sqrt{5}}{2}$ 이 됩니다.

$\dfrac{1+\sqrt{5}}{2} \approx 1.618...$ 이고, $\dfrac{1-\sqrt{5}}{2} \approx -0.618...$ 이 되는데 길이는 음수가 될 수 없으므로 x는 약 1.618이 됩니다. 따라서 황금비는 1:1.618...이 되는 것이지요. 황금비는 1:1.618...과 가장 가까운 정수비 5:8로 간단하게 나타내기도 합니다.

> **Tip**
> 몬드리안이 의도적으로 황금사각형을 사용했는지는 알 수 없지만 황금사각형에 가까운 사각형들이 있어 안정적으로 느껴진다고 합니다.

황금사각형을 알아봐요

가로와 세로의 비가 황금비인 직사각형을 '황금사각형'이라고 합니다.
대부분의 사람들은 황금비를 가진 사각형을 가장 먼저 인지하고 안정감을 느낀다고 합니다. 몬드리안의 그림에는 황금직사각형에 가까운 사각형들이 사용되어 균형있고 안정적인 느낌을 줍니다.

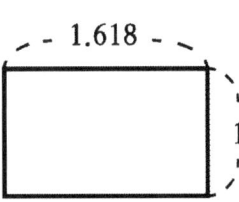

황금사각형은 다음과 같은 방법으로 그릴 수 있습니다.

① 한 변이 1인 정사각형 ABCD를 그립니다.

② 정사각형을 반으로 접었을 때 생기는 점P와 점D를 잇는 선분을 긋습니다.

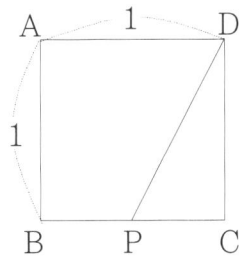

③ 선분 PD와 길이가 같은 선분 PE를 긋습니다.

④ $\overline{AB}$를 세로로, $\overline{BE}$를 가로로 하는 직사각형을 그리면 사각형 ABEF는 황금사각형이 됩니다.

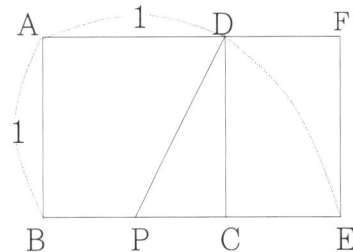

$\overline{PD} = \sqrt{\left(\dfrac{1}{2}\right)^2 + 1^2} = \dfrac{\sqrt{5}}{2}$ 이고,

$\overline{PD} = \overline{PE}$ 이고 $\overline{BP} = \dfrac{1}{2}$ 므로

$\overline{BE} = \overline{BP} + \overline{PE} = \dfrac{1}{2} + \dfrac{\sqrt{5}}{2} = \dfrac{1+\sqrt{5}}{2} \approx 1.618\ldots$ 이 됩니다.

따라서, $\overline{AB} : \overline{BE} = 1 : 1.618\ldots$ 이 되어 사각형 ABEF는 황금사각형이 됩니다.

놀면서 깨우쳐요

몬드리안 따라잡기

몬드리안 따라잡기

준비물: 몬드리안 따라잡기 도안(285쪽), 자, 싸인펜

1 황금비란 무엇인지 알아보고 빈칸에 알맞은 수를 써넣으세요.

황금비란,

2 황금사각형이란 무엇인지 설명하고 빈칸에 알맞은 수를 써넣으세요.

황금사각형이란,

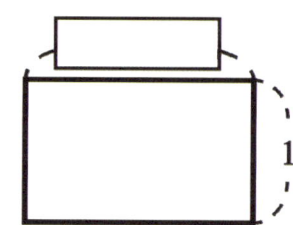

3 가로와 세로의 비율을 각각 구하여 황금사각형에 가까운 사각형을 찾아봅시다.

가로	3	5	8	13	21	34	…
세로	2	3	5	8	13	21	…
비율	1.5						…

※ 가로와 세로의 비율을 구하는 방법
  예시) 가로 3, 세로 2일 때 가로와 세로의 비율은 $\frac{3}{2}=1.5$ 입니다.

4 종이접기로 황금사각형을 만들어 봅시다.

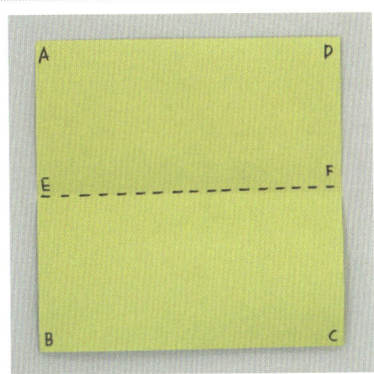

❶ 정사각형 모양의 색종이를 반으로 접어서 선분 EF를 만듭니다.

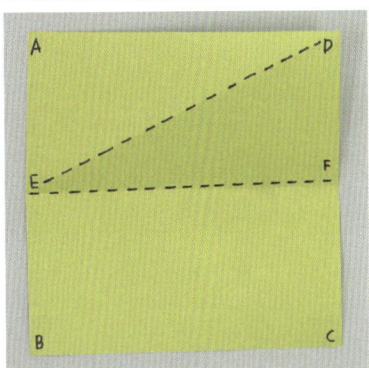

❷ 점 D와 점 E를 연결하여 선분 DE를 만듭니다.

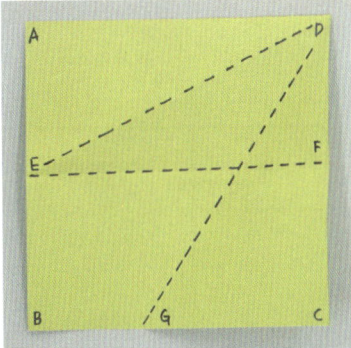

❸ 선분 DE와 선분 DC가 겹치도록 접어 선분 DG를 만듭니다.

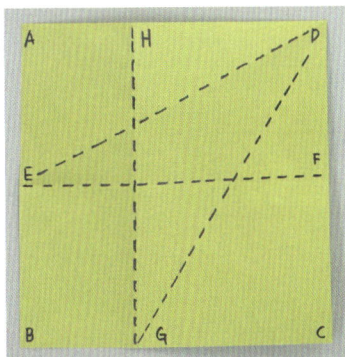

❹ 점 G를 지나면서 선분 AB와 평행을 이루도록 접어 선분 HG를 만들면 사각형 HGCD는 황금직사각형이 됩니다.

5 몬드리안 그림의 특징을 찾아보세요.

·

·

·

·

6 우리 주변에서 몬드리안 그림을 활용한 사례를 찾아보고, 몬드리안 화풍으로 디자인하고 싶은 것을 찾아 직접 디자인해 보세요.

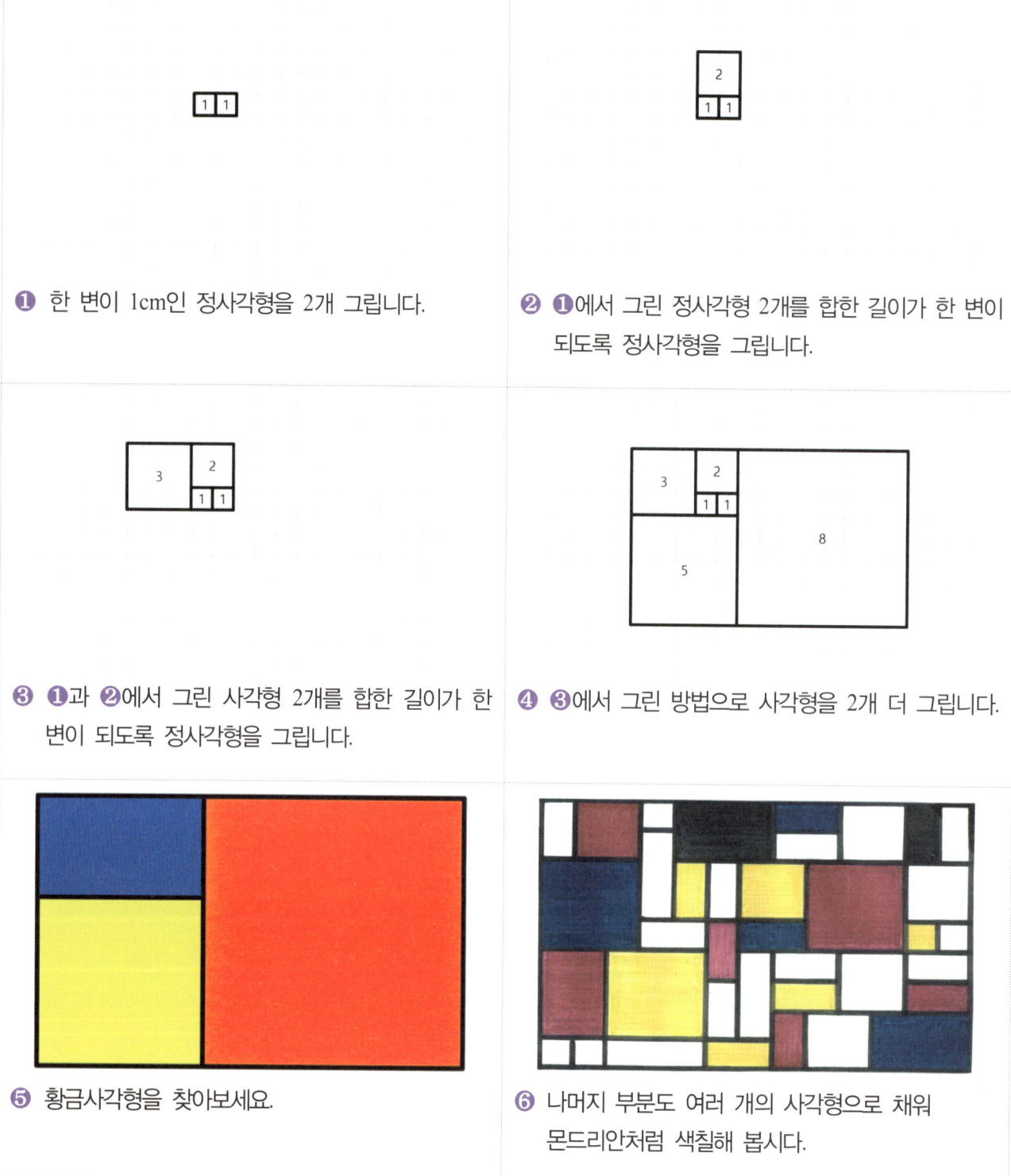

❶ 한 변이 1cm인 정사각형을 2개 그립니다.

❷ ❶에서 그린 정사각형 2개를 합한 길이가 한 변이 되도록 정사각형을 그립니다.

❸ ❶과 ❷에서 그린 사각형 2개를 합한 길이가 한 변이 되도록 정사각형을 그립니다.

❹ ❸에서 그린 방법으로 사각형을 2개 더 그립니다.

❺ 황금사각형을 찾아보세요.

❻ 나머지 부분도 여러 개의 사각형으로 채워 몬드리안처럼 색칠해 봅시다.

수학으로 답해요

1 황금비란 무엇인지 알아보고 빈 칸에 알맞은 수를 써넣으세요.

황금비란, 두 수의 비율이 1:1.618인 비율을 말합니다.

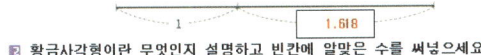

2 황금사각형이란 무엇인지 설명하고 빈칸에 알맞은 수를 써넣으세요.

황금사각형이란, 가로와 세로의 비가 1:1.618인 직사각형을 말한다. 이때 1:1.618…을 황금비라고 합니다.

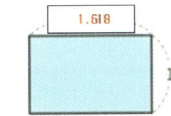

3 가로와 세로의 비율을 각각 구하여 황금사각형에 가까운 사각형을 찾아봅시다.

가로	3	5	8	13	21	34	…
세로	2	3	5	8	13	21	…
비율	1.5	1.66…	1.6	1.625	1.615	1.619…	…

※ 가로와 세로의 비율을 구하는 방법
예시) 가로 3, 세로 2일 때 가로와 세로의 비율은 $\frac{3}{2}=1.5$ 입니다.

4 종이접기로 황금직사각형을 만들어 봅시다. (생략)

5 몬드리안 그림의 특징을 찾아보세요.

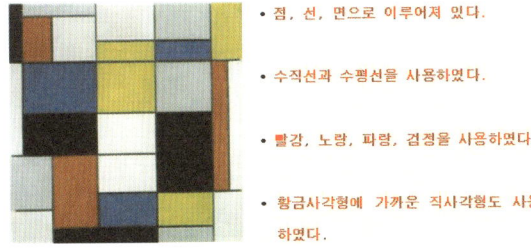

- 점, 선, 면으로 이루어져 있다.
- 수직선과 수평선을 사용하였다.
- 빨강, 노랑, 파랑, 검정을 사용하였다.
- 황금사각형에 가까운 직사각형도 사용하였다.

6 우리 주변에서 몬드리안 그림을 활용한 사례를 찾아보고, 몬드리안 화풍으로 디자인하고 싶은 것을 찾아 직접 디자인해 보세요. (생략)

---

1 황금비의 의미를 설명해주고 스스로 정리해보게 합니다.

2 황금사각형의 의미를 설명해주고 스스로 정리해보게 합니다.

3 계산기를 이용하여 가로와 세로의 길이 비율을 찾게 하고, 황금사각형에 가까운 비율을 찾아보게 합니다.

5 학생들이 자유롭게 탐색하여 특징을 찾아보게 합니다.

6 주변에서 볼 수 있는 몬드리안 화풍을 찾아보고 나의 물건에 직접 디자인할 수 있습니다.

지도 TIP!

1. 생각을 키우는 질문
Q) 내가 그린 몬드리안 따라잡기 그림에서 황금사각형에 가까운 사각형을 찾아보고, 그 이유를 말해 보세요
A) 예) 가로 5, 세로 3인 직사각형입니다. 왜냐하면 가로와 세로의 비율이 1.66…으로 황금사각형에 가깝기 때문입니다.

2. 지도 시 유의사항
- 몬드리안이 의도적으로 황금사각형을 사용했는지 명확하지 않다는 것을 인지하고, 사용한 직사각형도 정확한 황금사각형이 아니라 '황금사각형에 가까운 직사각형'으로 지도하도록 합니다.
- 황금사각형이라는 수학적 개념과 함께 심미적 감수성을 기를 수 있도록 작품을 보는 안목도 함께 지도하도록 합니다.
- 몬드리안 스타일로 이미지를 생성해주는 'Mondrian in Random' 어플리케이션으로 다양한 몬드리안 화풍을 디자인할 수 있습니다.

43 수학으로 배우는 음계

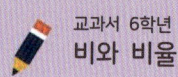

교과서 6학년
비와 비율

피타고라스 음계란?

피타고라스는 우연히 대장간을 지나다가 대장장이들이 서로 다른 망치로 쇠를 두드리는 소리를 듣고 사람의 귀를 즐겁게 해주는 소리가 있다는 것을 발견했습니다. 그리하여 짧은 줄은 높은 소리를, 긴 줄은 낮은 소리를 낸다는 것을 알아내고 음의 높낮이에 따른 줄의 길이를 비로 나타내었는데, 이 음계를 피타고라스 음계라고 합니다.

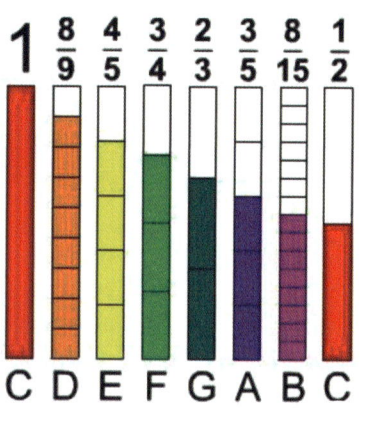

> **Tip**
> 피타고라스 이전의 사람들은 음악이 저절로 생기는 아름다움이라 생각했어요. 반면, 피타고라스는 세상의 원리를 '수'에서 찾으려 했고 음악도 수학적으로 정리하고자 했지요.

수학으로 생각해요

소리의 원리

피타고라스는 현의 길이를 $\frac{2}{3}$ 줄이면 5도 높은 소리가 나고, 현의 길이를 $\frac{1}{2}$로 줄이면 한 옥타브 높은 소리가 나는 것을 발견하였습니다.

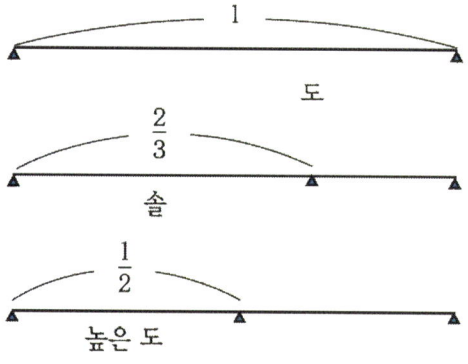

> **Tip**
> 피타고라스가 고안한 이론적인 조율법보다는 듣기에 더 어울리게 느껴지는 조율법으로 '라모스(Batolome Ramos de Pareja, 1440~1522)가 고안한 실용적 음악 체계로 구상된 조율법도 있어요

이렇게 해서 얻어지는 '도', '솔', 그리고 한 옥타브 높은 '도' 음의 세 가지는 정수 1, 2, 3으로 이루어지는 만물의 기본원리와 같아서 가장 조화로운 기본 음체계가 된다고 생각하였습니다. 그리고 현의 길이의 비율이 $1, \frac{2}{3}, \frac{1}{2}$이면 현이 내는 음의 진동수의 비율이 이것의 역수인 $1, \frac{3}{2}, \frac{2}{1}$이 된다는 것을 발견하였습니다. 즉, 음의 높이는 현의 길이에 반비례하고 진동수에 비례하는 것이지요. 이를 기초로 해서 피타고라스 음계를 만들었습니다.

216 변화와 관계

피타고라스 음계란?

피타고라스 음계는 음의 높이가 진동수에 비례한다는 점을 이용하여 만들어졌습니다.

'도'의 진동수를 $\frac{3}{2}$배하면 '도'보다 5도 높은 음인 '솔($\frac{3}{2}$)'이 되고,

'솔'의 진동수를 $\frac{3}{2}$배하면 '솔'보다 5도 높은 음인 '레($\left(\frac{3}{2}\right)^2$)'가 됩니다.

그런데 레($\left(\frac{3}{2}\right)^2 = \frac{9}{4}$)는 한 옥타브 높은 '도(2)'보다 높은 음이므로 한 옥타브를 내려주기 위해 $\frac{1}{2}$배하면 $\frac{9}{4} \times \frac{1}{2} = \frac{9}{8}$가 됩니다.

도	→	솔	→	높은 레	→	레
1		$\frac{3}{2}$		$\left(\frac{3}{2}\right)^2 = \frac{9}{4}$		$\frac{9}{4} \times \frac{1}{2} = \frac{9}{8}$

이와 같은 방법으로 '도'에서 시작하여 $\frac{3}{2}$을 거듭 제곱하고, 그 값이 1과 2 사이의 값(한 옥타브 내의 값)이 나오도록 2를 곱해주거나(한 옥타브 올림) $\frac{1}{2}$을 곱합니다(한 옥타브 내림).

$$\frac{2}{3} \times 2 = \frac{4}{3}, \quad \frac{9}{4} \times \frac{1}{2} = \frac{9}{8}, \quad \frac{27}{8} \times \left(\frac{1}{2}\right) = \frac{27}{16}, \quad \frac{81}{16} \times \left(\frac{1}{2}\right)^2 = \frac{81}{64}, \quad \frac{243}{32} \times \left(\frac{1}{2}\right)^2 = \frac{243}{128}$$

이렇게 만들어진 진동수 비율을 크기순으로 나열하면 다음과 같습니다.

$$1, \quad \frac{9}{8}, \quad \frac{81}{64}, \quad \frac{4}{3}, \quad \frac{3}{2}, \quad \frac{27}{16}, \quad \frac{243}{128}, \quad 2$$

이 진동수가 만들어 내는 음이 7음계의 효시가 되어 이름을 'C D E F G A B C'라 했으며, 현재의 '도레미파솔라시도'와 같이 이어져 왔습니다.

순정률과 평균률

피타고라스 음계에 의한 조율법은 음과 음 사이의 반음을 찾아 이것을 비로 나타내어 보니 규칙성이 흐트러지는 문제점이 있었습니다. 이를 개선한 것이 라모스(Batolome Ramos de Pareja, 1440~1522)가 고안한 순정률(純正律, pure temperament)입니다. 순정률 또한 조옮김에서 문제가 있어 바흐(J. Bach, 1685~1750)는 음 사이의 진동수 비의 비가 일정하도록 조율하는 '평균율'을 고안하기도 하였습니다.

놀면서 깨우쳐요

음계를 만들어요

준비물: 음계 만들기 도안(287~289쪽), 색 띠지, 가위, 풀

피타고라스 음계

1 피타고라스 음계를 만드는 방법을 알아보고 물음에 답하세요.

> 규칙1) 현의 길이를 줄이면 5도 높은 소리가 난다.
> 규칙2) 현의 길이를 $\frac{1}{2}$로 줄이면 한 옥타브 높은 소리가 난다.

❶ 길이가 21cm인 현의 소리를 5도 높은음으로 바꾸려면 현의 길이를 얼마로 해야 할까요?

답) _____ cm

이유) _____

❷ 길이가 7cm인 현의 소리를 한 옥타브 낮은음으로 바꾸려면 현의 길이를 얼마로 해야 할까요?

답) _____ cm

이유) _____

2 피타고라스 음계를 만드는 방법에 따른 음계의 길이를 알아봅시다.

※길이가 10cm인 빨강띠를 '도'음으로 정합니다.

❶ '도'음의 길이의 $\frac{2}{3}$만큼 줄이면 5도 높은 음 '솔'이 됩니다. '솔'은 약 몇 cm일까요?

풀이) _____ 답) _____ cm

❷ '솔'음의 길이의 $\frac{2}{3}$만큼 줄이면 5도 높은 음 '높은 레'가 됩니다. '높은 레'는 약 몇 cm일까요?

풀이) _____ 답) _____ cm

❸ '높은 레'음의 길이의 2배 만큼 늘리면 한 옥타브 낮은 '레'가 됩니다. '레'는 약 몇 cm일까요?

풀이) _____ 답) _____ cm

❹ '레'음의 길이의 $\frac{2}{3}$만큼 줄이면 5도 높은 음 '라'가 됩니다. '라'는 약 몇 cm일까요?

풀이) _____ 답) _____ cm

❺ 위와 같은 방법으로 나머지 음 '미', '시', '파', '높은 도'의 길이도 구해 보세요.

'미'음의 길이) _____ cm,   '시'음의 길이) _____ cm,

'파'음의 길이) _____ cm,   '도'음의 길이) _____ cm,

❻ 피타고라스 음계를 간단한 분수로 나타내면 다음과 같습니다. 빈칸에 일맞은 분수를 써넣어 보세요.

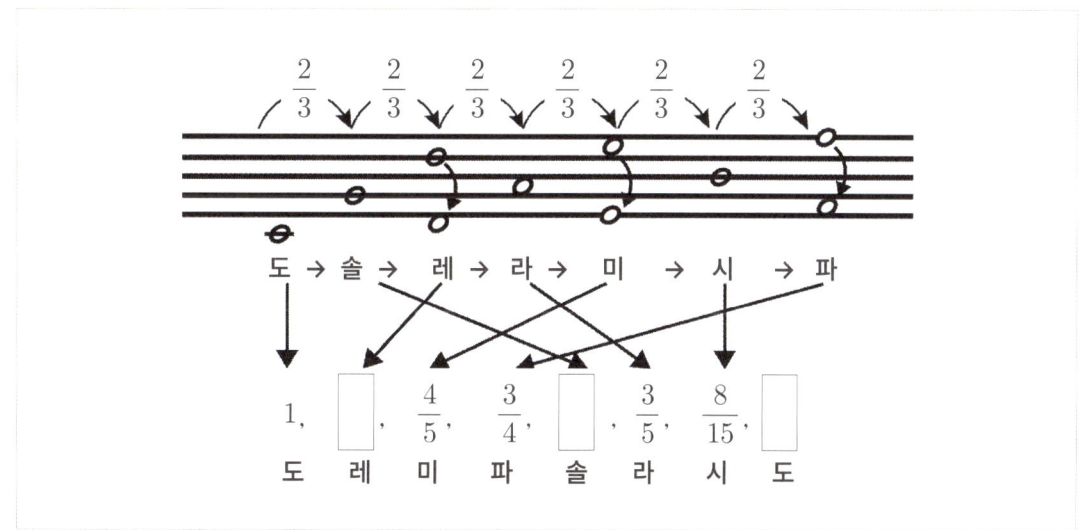

43 수학으로 배우는 음계

3 길이가 10cm인 띠를 기준으로 하여 음계의 길이를 표현해 보세요.

도	레	미	파	솔	라	시	도

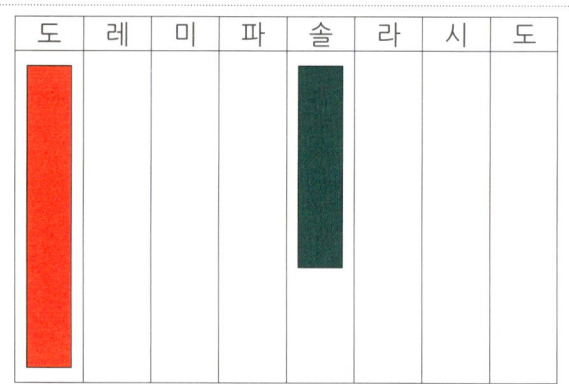

❶ 빨간색 띠(10cm)를 도에 붙이고 기준이 되는 길이 1로 정합니다.

❷ 초록색 띠를 빨간색의 $\frac{2}{3}$만큼 자르고 5도 위의 음(솔)에 붙입니다.

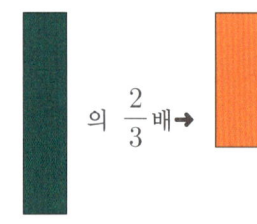

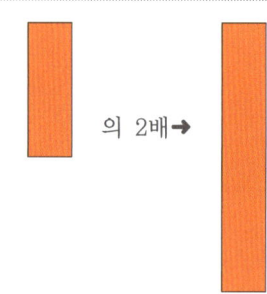

❸ 주황색 띠를 초록색의 $\frac{2}{3}$만큼 잘라 5도 위의 음(높은 레)를 만듭니다.

❹ ❸의 길이를 2배하여 한 옥타브 낮은 레를 만들어 도안에 붙입니다.

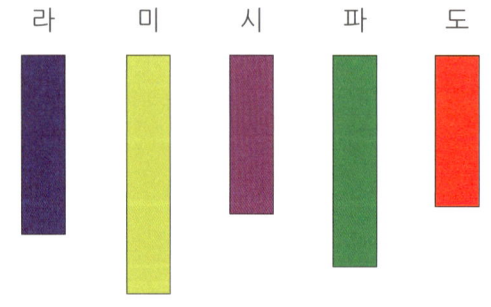

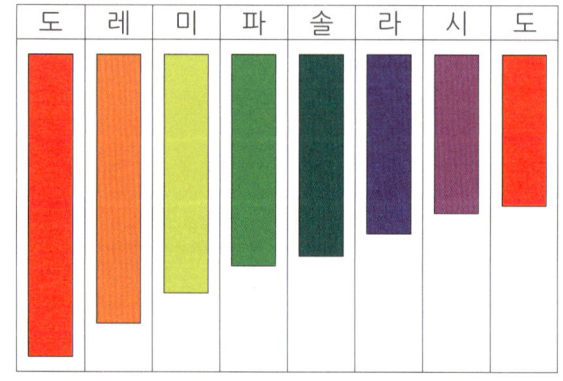

❺ 이와 같은 방법으로 라, 미, 시, 파를 만들고 한 옥타브 사이(1~$\frac{1}{2}$)의 음이 되도록 2배 또는 $\frac{1}{2}$배 합니다.

❻ 만든 라, 미, 시, 파를 순서대로 붙입니다.

수학으로 답해요

1 피타고라스 음계를 만드는 방법을 알아보고 물음에 답하세요.

> 규칙1) 현의 길이를 줄이면 5도 높은 소리가 난다.
> 규칙2) 현의 길이를 $\frac{1}{2}$로 줄이면 한 옥타브 높은 소리가 난다.

❶ 길이가 21cm인 현의 소리를 5도 높은음으로 바꾸려면 현의 길이를 얼마로 해야 할까요?

　　　　　답) __14__ cm

이유) 5도 높은음은 현의 길이를 $\frac{2}{3}$만큼 줄이면 되므로 21cm의 $\frac{2}{3}$는 14cm가 된다.

❷ 길이가 7cm인 현의 소리를 한 옥타브 낮은음으로 바꾸려면 현의 길이를 얼마로 해야 할까요?

　　　　　답) __14__ cm

이유) 한 옥타브 낮은음은 현의 길이를 2배 만큼 늘리면 되므로 7cm의 2배는 14cm가 된다.

2 피타고라스 음계를 만드는 방법에 따른 음계의 길이를 알아봅시다.

도	레	미	파	솔	라	시	도
10cm	약(8.8)cm	약(7.9)cm	약(7.0)cm	약(6.7)cm	약(5.9)cm	약(5.3)cm	약(5)cm

❶ '도'음의 길이의 $\frac{2}{3}$만큼 줄이면 5도 높은 음 '솔'이 됩니다. '솔'은 약 몇 cm일까요?

풀이) $10 \times \frac{2}{3} = \frac{20}{3} = 6.66...$　　답) 약 6.7 cm

❷ '솔'음의 길이의 $\frac{2}{3}$만큼 줄이면 5도 높은 음 '높은 레'가 됩니다. '높은 레'는 약 몇 cm일까요?

풀이) $\frac{20}{3} \times \frac{2}{3} = \frac{40}{9} = 4.44...$　　답) 약 4.4 cm

❸ '높은 레'음의 길이의 2배 만큼 늘리면 한 옥타브 낮은 '레'가 됩니다. '레'는 약 몇 cm일까요?

풀이) $\frac{40}{9} \times 2 = \frac{80}{9} = 8.88...$　　답) 약 8.8 cm

❹ '레'음의 길이의 $\frac{2}{3}$만큼 줄이면 5도 높은 음 '라'가 됩니다. '라'는 약 몇 cm일까요?

풀이) $\frac{80}{9} \times \frac{2}{3} = \frac{160}{27} = 5.92...$　　답) 약 5.9 cm

❺ 위와 같은 방법으로 나머지 음 '미', '시', '파', '높은 도'의 길이도 구해 보세요.

'미'음의 길이 __약 7.9__ cm, '시'음의 길이 __약 5.3__ cm,
'파'음의 길이 __약 7__ cm, '도'음의 길이 __5__ cm,

❻ 피타고라스 음계를 간단한 분수로 나타내면 다음과 같습니다. 빈칸에 알맞은 분수를 써넣어 보세요.

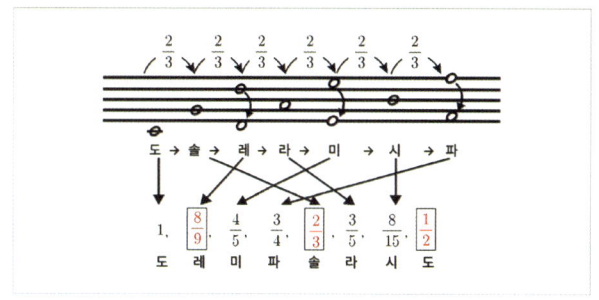

지도 TIP!

1. 생각을 키우는 질문

Q) 왜 현의 길이가 길면 낮은 소리가 나고 현이 짧으면 높은 소리가 날까요?

A) 소리는 공기의 진동으로 인해 발생하는데 현의 길이가 길면 진동수가 적어 낮은 소리가 나고 현의 길이가 짧으면 진동수가 많아져 높은 소리가 납니다.

Q) 길이가 1인 현의 길이를 1:2, 2:3, 3:4와 같은 연속적인 자연수의 비로 분할하여 동시에 연주하면 어떻게 들리나요?

A) 현악 4중주에서 나는 것과 같은 화음이 됩니다.

2. 지도 시 유의사항

- 피타고라스의 음계는 이론적인 조율법일 뿐더러 현의 길이를 실제로 $\frac{512}{729}$만큼 정확하게 잴 수 없기 때문에 간단한 정수비로 바꾸어 조율하므로, 순정률에 가까운 길이를 만들어 보고 직관적으로 비교해 보는 데에 중점을 두어야 합니다.

- 정확한 음의 길이를 재는 것보다는 순정률에 가까운 현의 길이를 재어보고 음을 스스로 만들어 보면서 수동적으로 조율된 악기만 연주하던 경험에서 벗어나 음악적 감수성을 기르게 하는 것이 좋습니다.

44 규칙을 알면 항상 이기는 게임

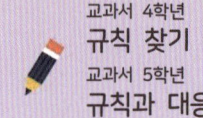

교과서 4학년
규칙 찾기
교과서 5학년
규칙과 대응

님 게임이란?

님(Nim) 게임은 '가지고 가다'라는 뜻의 독일어 'nehmen'에서 어원을 찾을 수 찾습니다. 바둑돌(또는 성냥개비) 더미에서 규칙에 따라 바둑돌을 가져가는 게임으로 마지막 바둑돌을 가져가는 사람이 이기는(혹은 지는) 게임입니다.

수학으로 생각해요

NIM? WIN! 규칙만 알면 항상 이기는 게임

님 게임은 중국의 돌줍기라는 게임에서 유래되었다는 설과 선술집에서 테이블 위의 성냥개비를 가져가면서 술값 내기를 하던 게임에서 유래되었다는 설이 있습니다. 두 사람이 번갈아 가며 하는 간단한 규칙의 게임으로 누구나 쉽게 즐길 수 있는 게임입니다. 그러나 간단한 규칙 속에도 반드시 이기는 필승전략이 숨어 있습니다. 규칙을 살펴보며 필승전략을 알아봅시다.

게임 규칙은 다음과 같습니다.

> (1) 한 사람이 반드시 최소 1개 최대 3개의 바둑돌을 가져간다.
> (2) 마지막 바둑돌을 가져가는 사람이 이긴다.

예를 들어 10개의 바둑돌이 있다면 두 사람이 번갈아 바둑돌을 1개에서 3개씩 가져가 마지막 바둑돌인 10번째 바둑돌을 가져가는 사람이 승리합니다. 상대의 선택에 관계없이 10번째 바둑돌을 가져오려면 어떻게 해야 할까요?

10번째 바둑돌을 가져오는 것부터 거꾸로 생각해 봅시다. 내가 승리하기 위해서는 10번째 바둑돌을 가져와야 합니다. 상대는 최소 1개 최대 3개를 가져갈 수 있습니다. 상대가 몇 개를 가져가는지와 상관없이 내가 10번째 바둑돌(⑩)을 반드시 가져올 수 있는 방법은 다음과 같습니다. 첫째, 상대가 1개 가져가고 내가 10번째 바둑돌을 가져오기 위해서는 상대가 ⑦을 가져가고 내가 ⑧, ⑨, ⑩을 가지고 오면 승리합니다. 둘째, 상대가 2개 가져가고 내가 10번째 바둑돌을 가져오기 위해서는 상대가 ⑦, ⑧을 가져가면 나는 ⑨, ⑩을 가져와야 합니다. 셋째, 상대가 3개 가져가고 내가 10번째 바둑돌을 가져오기 위해서는 상대가 ⑦, ⑧, ⑨를 가져가고 내가 ⑩을 가져와야 합니다. 즉, 상대가 반드시 ⑦을 가져가도록 한다면, 상대가 몇 개를 가져가더라도 내가 승리할 수 있습니다.

변화와 관계

상대가 ⑦을 가져가기 위해서는 내가 반드시 6번째 바둑돌(⑥)을 가져와야 합니다. 10번째 바둑돌을 반드시 가져오는 방법과 마찬가지 방법으로 6번째 바둑돌을 가져오려면 상대가 ③ 또는 ③, ④ 또는 ③, ④, ⑤를 가져가야 하므로, 2번째 바둑돌(②)을 반드시 가지고 와야 합니다. 즉, 내가 먼저 시작해서 ①, ②를 가져온다면 반드시 승리할 수 있습니다.

즉, 바둑돌이 10개인 경우 상대의 선택과 관계없이 승리하기 위해서는 선공으로 시작해 먼저 2개를 가져온 뒤, 상대와 내가 가져오는 바둑돌의 개수의 합이 4개가 되도록 가져오면 됩니다. 이를 일반화하여 바둑돌의 개수를 n개, 한 번에 가져갈 수 있는 최대 개수를 k개라고 해 봅시다. $n=(k+1)Q+r\,(r\neq 0)$으로 나타낼 수 있습니다. 이 경우에는 선공으로 시작해 먼저 r개 가져가고, 상대와 내가 가져가는 바둑돌 수의 합이 $k+1$되도록 가져오면 됩니다.

만약 바둑돌이 12개라면 어떨까요? 아까와 같은 방식으로 상대의 선택에 관계없이 ⑫를 가져오기 위해서 ⑧, ④를 가져와야 합니다. ④를 가져오기 위해, 오히려 상대가 먼저 시작하는 것이 수월합니다. 물론 내가 먼저 시작하더라도 ⑧이나 ④를 가져올 수 있도록 조정하면 충분히 이길 수 있습니다. 바둑돌이 16개라면 어떨까요? ⑯을 가져오기 위해 ⑫, ⑧, ④를 가져와야 하며, 후공으로 시작하는 것이 수월합니다.

바둑돌이 16개인 경우와 12개인 경우와 같이 바둑돌이 4의 배수인 경우의 필승전략은 후공으로 시작해 상대와 내가 가져가는 바둑돌 수의 합이 4개가 되도록 가져오면 됩니다. 일반화하여 바둑돌의 개수를 n개, 한 번에 가져갈 수 있는 최대 개수를 k개라고 해 봅시다. $n=(k+1)Q+r\,(r=0)$로 나타낼 수 있습니다. $r=0$이므로 후공으로 시작해 상대와 내가 가져가는 바둑돌 수의 합이 $k+1$되도록 하면 됩니다.

님 게임은 규칙을 바꾸어 다양한 방법으로 게임을 즐길 수 있습니다. 앞서 살펴본 경우처럼 전체 바둑돌의 개수를 바꾸거나, 한 번에 가져갈 수 있는 바둑돌의 수를 늘리거나 줄일 수 있습니다. 또는 마지막에 바둑돌을 가져가는 사람이 지는 것으로 규칙을 바꿀 수도 있습니다. 각 경우에도 항상 필승전략이 존재합니다.

거꾸로 생각하기 방법은 님 게임의 필승전략을 찾는 대표적인 문제해결 전략입니다. 필승전략을 찾기 위해서는 충분히 게임을 하여 규칙에 익숙해진 후 거꾸로 생각해 보도록 할 필요가 있습니다. 만약 학생이 이기기 위한 전략을 찾기 어려워한다면, 바둑돌 전체 5개 중에서 1~2개를 가져가는 것처럼 게임을 단순화하여 반드시 이기기 위한 전략을 생각해 보도록 할 수 있습니다.

놀면서 깨우쳐요

님 게임을 하며 필승전략 찾기

님 게임

준비물: 바둑돌(바둑돌 대신 성냥개비, 동전, 동그라미 그림 등으로 대체 가능)

1 님 게임의 방법을 알아 보세요.

① 두 사람(A, B)이 번갈아 가며 게임을 진행합니다.

② 첫 번째 사람(A)은 12개의 바둑돌 중에서 최소 1개 최대 3개의 바둑돌을 가질 수 있습니다. 가져간 바둑돌에 A라고 표시하세요.

③ 두 번째 사람(B)도 남은 바둑돌 중 최소 1개 최대 3개의 바둑돌을 가질 수 있습니다. 가져간 바둑돌에 B를 표시하세요.

④ '②,③'을 반복해서 열 두 번째 바둑돌을 가져가는 사람이 승리하는 게임이에요.

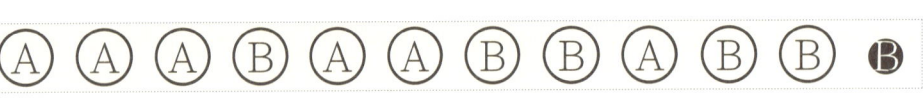

B의 승리!

2 각자 가져간 바둑돌에 표시를 하며 님게임을 해 보세요.

3 님 게임에는 반드시 이길 수 있는 전략이 있습니다. 게임을 여러 번 반복해서 해보며, 필승전략을 생각해 보세요.

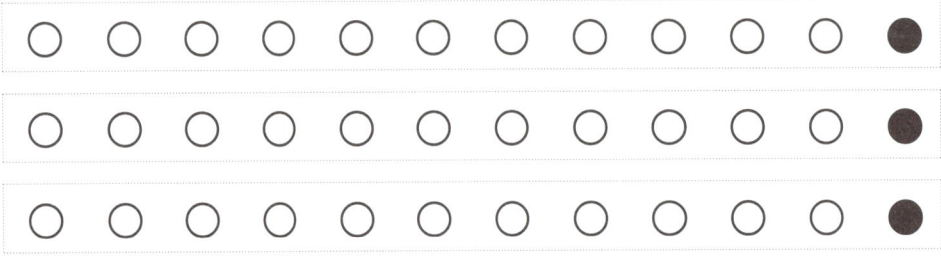

4 질문에 답하며, 님 게임의 필승전략을 찾아보세요.

❶ 반드시 이기기 위해서는 (　　) 번째 바둑돌을 가져와야 해요.

❷ 만약 상대방이 표에 제시된 것처럼 바둑돌을 가져간다면, 내가 승리하기 위해 몇 번째 바둑돌을 가져와야 하는지 써 보세요.

상대방	나
만약 9, 10, 11번째 바둑돌을 가져간다면	
만약 9, 10번째 바둑돌을 가져간다면	
만약 9번째 바둑돌을 가져간다면	

❸ ❷에서 볼 수 있듯이 상대방이 9번째 바둑돌을 가져간다면 나는 항상 승리할 수 있습니다. 상대방이 9번째 바둑돌을 가져가기 위해서 나는 몇 번째 바둑돌을 반드시 가져와야 할까요?

(　　)번째 바둑돌

❹ 그렇다면 상대방이 몇 개 가져가는지 상관없이 내가 8번째 바둑돌을 가져오기 위해서는 몇 번째 바둑돌을 가지고 와야 할까요?

(　　)번째 바둑돌

❺ 빈칸에 알맞은 말을 써 넣거나 ○표 하며, 바둑돌이 12개일 때 반드시 이기기 위한 전략을 정리해 보세요.

이기기 위해서는 마지막 바둑돌인 12번째 바둑돌을 가져가야 합니다. 12번째 바둑돌을 가져오기 위해서는 (　　), (　　)번째 바둑돌을 가져와야 합니다. 4번째 바둑돌을 가져오기 위해서는 내가 상대방보다 (먼저 / 나중에) 시작해야 합니다.

5 이기기 위해 가져오는 몇 번째 바둑돌을 가져오는지 관찰해 보세요. 어떤 규칙이 있나요? 왜 이렇게 가져와야 이길 수 있을까요?

> 가져오는 바둑돌 : 4번째, 8번째, 12번째

❶ 규칙:

❷ 왜 이렇게 가져와야 이길 수 있을까요?

6 바둑돌의 개수를 바꾸어 바둑돌이 16개일 때, 게임을 해 봅시다.

○ ○ ○ ○ ○ ○ ○ ○ ○ ○ ○ ○ ○ ○ ○ ●

○ ○ ○ ○ ○ ○ ○ ○ ○ ○ ○ ○ ○ ○ ○ ●

○ ○ ○ ○ ○ ○ ○ ○ ○ ○ ○ ○ ○ ○ ○ ●

7 빈칸에 알맞은 말을 써 넣거나 ○표 하며, 바둑돌이 16개일 때 반드시 이기 위한 전략을 정리해 보세요.

이기기 위해서는 마지막 바둑돌인 16번째 바둑돌을 가져가야 합니다. 16번째 바둑돌을 가져오기 위해서는 (　　), (　　), (　　)번째 바둑돌을 가져와야 합니다. 4번째 바둑돌을 가져오기 위해서는 내가 상대방보다 (먼저 / 나중에) 시작해야 합니다.

8 바둑돌의 개수를 바꾸어 바둑돌이 10개일 때, 게임을 해 봅시다.

○ ○ ○ ○ ○ ○ ○ ○ ○ ●

○ ○ ○ ○ ○ ○ ○ ○ ○ ●

○ ○ ○ ○ ○ ○ ○ ○ ○ ●

9 빈칸에 알맞은 말을 써 넣거나 ○표 하며, 바둑돌이 10개일 때 반드시 이기 위한 전략을 정리해 보세요.

이기기 위해서는 마지막 바둑돌인 10번째 바둑돌을 가져가야 합니다. 10번째 바둑돌을 가져오기 위해서는 (　　), (　　)번째 바둑돌을 가져와야 합니다. 2번째 바둑돌을 가져오기 위해서는 내가 상대방보다 (먼저 / 나중에) 시작해서 (　　)개의 바둑돌을 가져와야 합니다.

수학으로 답해요

2 3 (예시)

A	B	B	B	A	A	B	B	A	A	A	B
A	A	B	B	A	A	A	B	A	A	B	B
A	A	A	B	A	B	B	B	A	B	B	B

4 ❶ 12

	상대방	나
	만약 9, 10, 11번째 바둑돌을 가져간다면	12번째 바둑돌
	만약 9, 10번째 바둑돌을 가져간다면	11, 12번째 바둑돌
❷	만약 9번째 바둑돌을 가져간다면	10, 11, 12번째 바둑돌

❸ 8
풀이) 상대방이 반드시 9번째 바둑돌을 가져가도록 하기 위해서는 내가 8번째 바둑돌을 가져가면 됩니다.

❹ 4
풀이) 상대방은 최소 1개에서 최대 3개 갈 수 있으므로 3가지 경우입니다. 첫째, 상대방이 3개 가져간다면 5, 6, 7번째 바둑돌을 가져가야 8번째 바둑돌을 가져올 수 있습니다. 둘째, 상대방이 2개 가져간다면 5, 6번째 바둑돌을 가져가고 내가 7, 8번째 바둑돌을 가져올 수 있습니다. 셋째, 상대방이 1개 가져간다면 5번째 바둑돌을 가져가고 내가 6, 7, 8번째 바둑돌을 가져올 수 있습니다. 즉, 상대가 반드시 5번째 바둑돌을 가져가도록 하기 위해서 나는 4번째 바둑돌을 가지고 와야 합니다.

❺ 8, 4, 나중에
풀이) 상대방에 먼저 시작하면 상대방이 가져오는 개수에 관계없이 4번째 바둑돌을 가져올 수 있습니다. 예를 들어 상대방이 1번째 바둑돌을 가져가면 내가 2, 3, 4번째 바둑돌을 가져오면 됩니다. 마찬가지로 상대방이 2개 또는 3개의 바둑돌을 가져갈 때도 나와 상대방이 가져오는 바둑돌의 개수의 합이 4가 되도록 가져오면 됩니다.

5 ❶ 4씩 커지는 규칙

❷ 최소 1개 최대 3개를 가져갈 수 있기 때문에 상대의 선택에 관계없이 게임을 이길 수 있게 하려면 4개를 가지고 와야 하기 때문입니다.

7 12, 8, 4, 나중에
풀이) 바둑돌의 개수가 4의 배수일 때에는 필승전략은 후공으로 시작해 상대방과 내가 가져오는 바둑돌의 합이 4개가 되도록 가져오면 됩니다.

9 6, 2, 먼저, 2
풀이) 바둑돌의 개수가 4의 배수 아닐 때의 필승전략은 선공으로 시작해 남은 바둑돌의 개수가 4의 배수가 되도록 만들고, 상대방과 내가 가져오는 바둑돌의 합이 4개가 되도록 가져오면 됩니다.

45 식물도 수학을 한다고?!

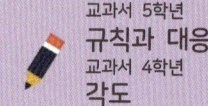
교과서 5학년
규칙과 대응
교과서 4학년
각도

식물의 잎차례란?

식물은 광합성을 통해 에너지를 만들어 내는데, 광합성을 잘 하려면 햇빛을 많이 받아야 합니다. 식물들은 햇빛을 고르게 받기 위해 저마다 잎이 나는 규칙을 만들었습니다. 이렇게 잎이 나는 규칙에 따른 순서를 '잎차례'라고 합니다. 식물들은 수학적으로 진화하여 햇빛을 두고 서로 다투지 않고 고르게 나누며 살아가는 방법을 찾아낸 것이지요.

Tip
잎차례는 '어긋나기', '마주나기', '모여나기'로 나눌 수 있어요. 식물을 위에서 아래로 내려다보면 잎이 많이 보일 때 더 효율적으로 광합성을 할 수 있어요.

수학으로 생각해요

식물의 잎 나기 방법

잎이 넓은 쌍떡잎식물들은 줄기 1마디에 잎이 1장씩 붙는 '어긋나기' 방법으로 자랍니다. 잎과 잎 사이에 햇빛을 잘 받을 수 있는 충분한 공간과 높이를 확보하기 위해 일정한 나선 모양을 그리며 잎이 납니다.

잎차례는 m번 회전하는 동안 잎이 n개 나오는 비율 $\dfrac{m}{n}$으로 계산하며 $\dfrac{1}{3}$, $\dfrac{2}{5}$, $\dfrac{3}{8}$ 개도는 다음과 같습니다.

Tip
개도란? 맨 아래 잎에서 위로 일정한 각도로 자라다가 처음 시작한 잎의 자리에 겹쳐지는 간격을 개도(開度)라고 해요.

$\dfrac{1}{3}$ 개도 잎 나기	$\dfrac{2}{5}$ 개도 잎 나기	$\dfrac{3}{8}$ 개도 잎 나기

1번 잎이 나고 나면 120°씩 회전하여 2번, 3번 잎이 차례로 나기 때문에 위에서 보면 세 방향으로 보여요.	1번 잎이 나고 나면 360°인 원을 5등분한 72°만큼씩 두 번 144° 회전한 곳에 2번 잎이 나요.	1번 잎이 나고 나면 360°인 원을 8등분한 45°만큼씩 세 번 135° 회전한 곳에 2번 잎이 나요.

변화와 관계

식물의 잎차례에 담긴 황금비

각 줄기에 달려있는 잎들은 햇빛을 서로 고르게 나누어 받기 위해 저마다 잎이 나는 규칙을 만들었습니다. 잎이 나는 차례를 m번 회전하는 동안 잎이 n개 나오는 비율 $\frac{m}{n}$으로 계산하면 물푸레나무와 보리수의 비율은 $\frac{1}{2}$, 개암나무와 뽕나무의 비율은 $\frac{1}{3}$, 떡갈나무, 참나무 사과나무, 자두나무와 벚꽃나무에서 비율은 $\frac{2}{5}$, 배, 장미, 포플러, 버드나무에서의 비율은 $\frac{3}{8}$, 편도나무, 갯버들과 아몬드의 비율은 $\frac{5}{13}$로 이루어져 있습니다.

이때, 잎차례를 순서대로 늘어놓아 보면,

$$\frac{m}{n} = \frac{1}{2}, \frac{1}{3}, \frac{2}{5}, \frac{3}{8}, \frac{5}{13}, \cdots\cdots$$

m은 1, 1, 2, 3, 5,……이고, n은 2, 3, 5, 8, 13,…으로 피보나치수열의 수임을 알 수 있습니다. 식물 전체의 90% 정도가 이러한 황금 비율로 잎차례가 형성되어 있습니다.

이를 펼쳐서 보면 다음과 같이 나타납니다.　　　　　　　　　　(●은 잎이 나는 지점)

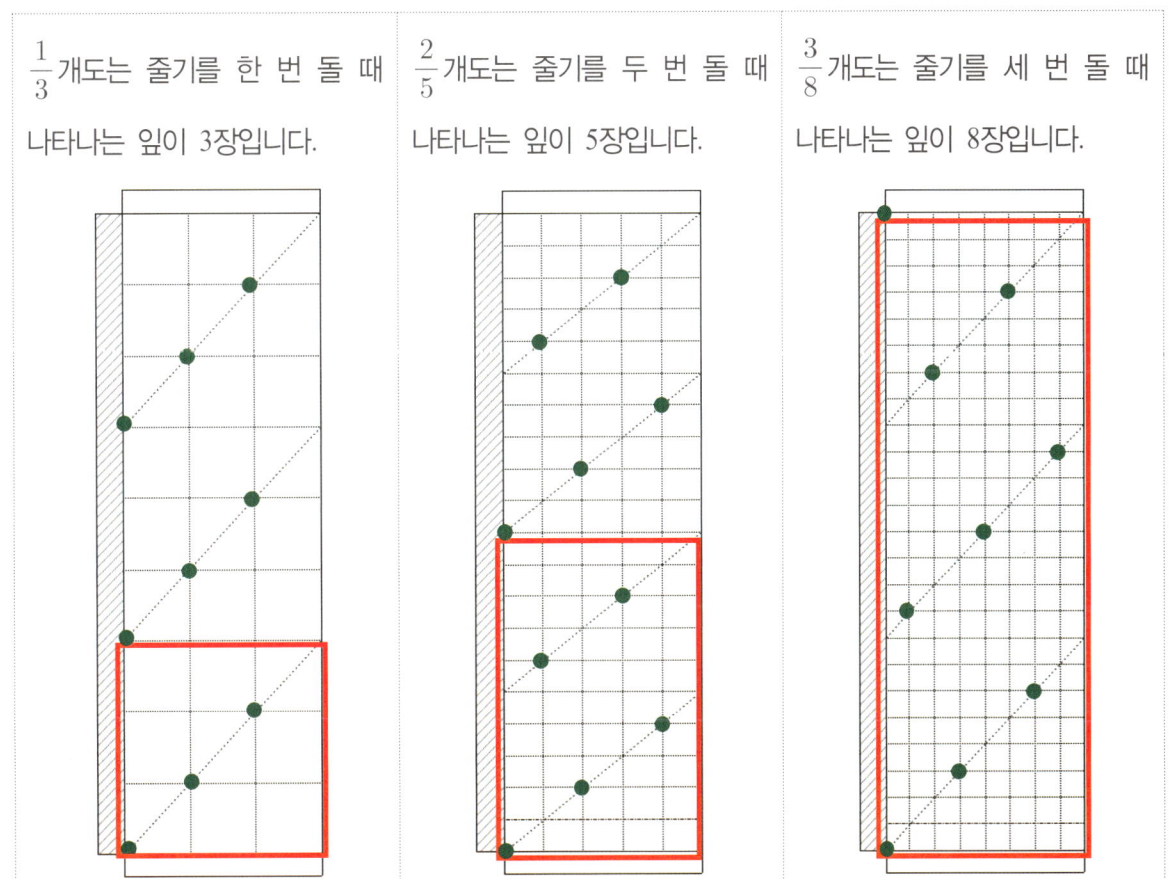

$\frac{1}{3}$ 개도는 줄기를 한 번 돌 때 나타나는 잎이 3장입니다.

$\frac{2}{5}$ 개도는 줄기를 두 번 돌 때 나타나는 잎이 5장입니다.

$\frac{3}{8}$ 개도는 줄기를 세 번 돌 때 나타나는 잎이 8장입니다.

놀면서 깨우쳐요

준비물: 식물의 잎차례 모형 도안(291~293쪽), 가위, 풀

식물의 잎차례

1 빈칸에 알맞은 말을 써넣으세요.

> 식물의 잎이 햇빛을 고르게 받기 위해 저마다 잎이 나는 규칙을 만들었는데, 이렇게 잎이 나는 순서를 (　　　　)라고 합니다.

> 식물의 잎이 줄기 1마디에 1장씩 붙으면서 나는 방법을 (　　　　)라고 하는데, 이렇게 하면 잎과 잎 사이에 충분한 공간과 높이를 확보할 수 있어 햇빛을 고르게 나누어 받을 수 있습니다.

2 $\frac{1}{3}$, $\frac{2}{5}$, $\frac{3}{8}$ 개도 잎 나기의 각도를 각각 구해 보세요.

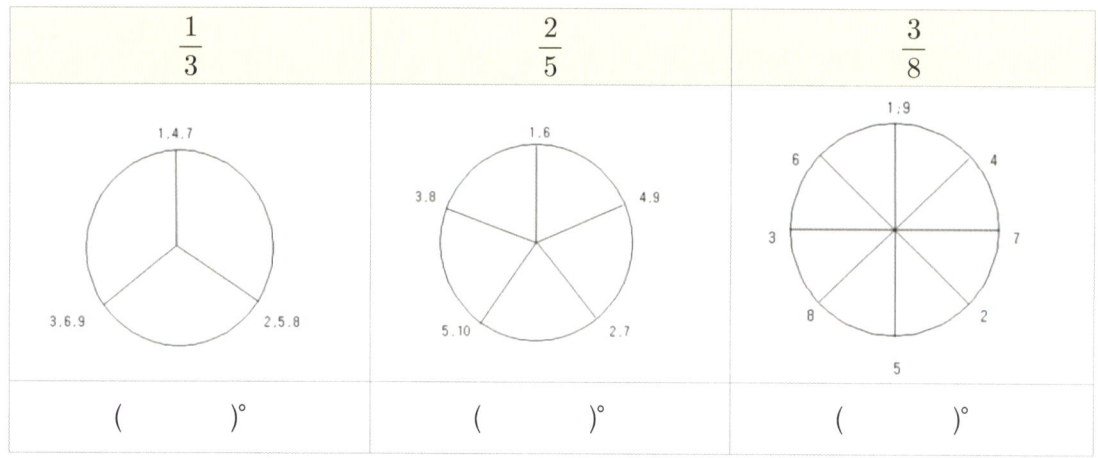

3 $\frac{1}{3}$, $\frac{2}{5}$, $\frac{3}{8}$ 개도 잎 나기 중에서 효율적인 잎 나기 방법은 무엇이라고 생각하는지 쓰고, 그 이유를 말해 보세요.

가장 효율적인 잎 나기 방법: _____

그렇게 생각한 이유: _____

4 식물의 잎차례 모형을 만들어 봅시다.

❶ 도안의 잎과 줄기를 모두 자릅니다.

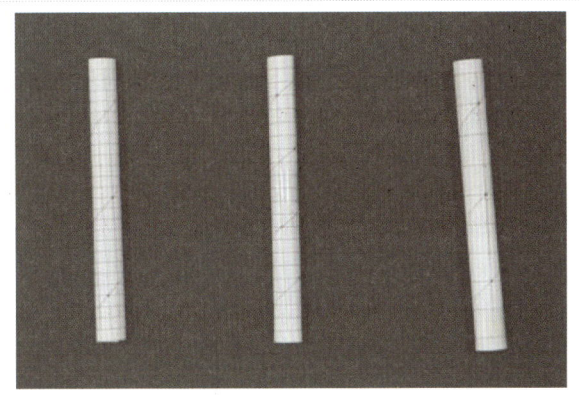

❷ 줄기를 길게 말아 붙입니다.

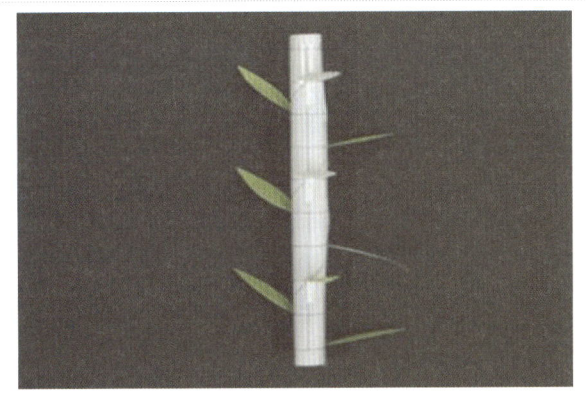

❸ $\frac{1}{3}$개도 줄기의 $\frac{1}{3}$지점마다 잎을 붙입니다.

❹ $\frac{2}{5}$개도 줄기의 $\frac{2}{5}$지점마다 잎을 붙입니다.

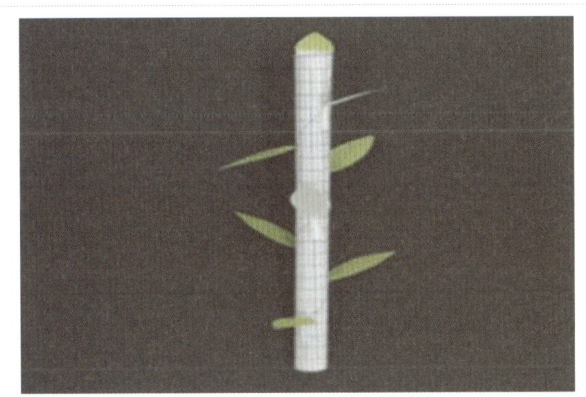

❺ $\frac{3}{8}$개도 줄기의 $\frac{3}{8}$지점마다 잎을 붙입니다.

❻ 위에서 본 모양을 사진으로 찍어 비교해 봅니다.

45 식물도 수학을 한다고?!

수학으로 답해요

1 빈 칸에 알맞은 말을 써넣으세요.

> 식물의 잎이 햇빛을 고르게 받기 위해 저마다 잎이 달리는 규칙을 만들었는데, 이렇게 잎이 나는 순서를 (잎차례)라고 합니다.
>
> 식물의 잎이 줄기 1마디에 1장씩 붙으면서 나는 방법을 (어긋나기)라고 하는데, 이렇게하면 잎과 잎 사이에 충분한 공간과 높이를 확보할 수 있어 햇빛을 고르게 나누어 받을 수 있습니다.

2 $\frac{1}{3}$, $\frac{2}{5}$, $\frac{3}{8}$개도 잎 나기의 각도를 각각 구해 보세요.

$\frac{1}{3}$	$\frac{2}{5}$	$\frac{3}{8}$
(120)°	(144)°	(135)°

3 $\frac{1}{3}$, $\frac{2}{5}$, $\frac{3}{8}$개도 잎 나기 중에서 효율적인 잎 나기 방법은 무엇이라고 생각하는지 쓰고, 그 이유를 말해보세요.

가장 효율적인 잎 나기 방법: $\frac{3}{8}$개도 잎 나기

그렇게 생각한 이유: 위에서 내려다보면 1/3, 2/5, 3/8개도 잎 나기 중 3/8개도 잎 나기 모형이 서로 다른 방향에서 잎이 많이 나므로 햇빛을 가장 많이 받을 수 있기 때문입니다.

1 식물의 잎이 나는 순서를 '잎차례'라고 하며, 크게 '어긋나기', '마주나기', '모여나기'로 나눕니다.
줄기 1마디에 1장씩 잎이 나는 방법은 '어긋나기'입니다.

2 1/3개도는 360인 원을 3등분한 각도이므로 120°, 2/5개도는 원을 5등분한 각 72°씩 두 번 회전하므로 144°, 3/8개도는 원을 8등분한 각 45°씩 3번 회전하므로 135°가 됩니다.

3 에서 만든 잎차례 모형을 위에서 내려다보면 3/8개도 잎 나기 모형이 가장 많은 잎을 볼 수 있다는 것을 알 수 있습니다.

지도 TIP!

1. 생각을 키우는 질문

Q) 왜 1/5씩 회전하지 않고 2/5씩 회전하며 잎이 날까요?

A) 식물의 잎이 1/5씩 난다면 처음에 잎이 날 때 한쪽 방향으로 몰려 나겠지요. 한쪽 방향으로 잎이 몰려서 난 어린 식물은 바람이 불 때 넘어지거나 꺾일 수 있습니다. 줄기가 약할 때는 2/5씩 회전하여 잎이 나면 잎이 고르게 나서 안정감 있게 성장할 수 있을 것입니다.

2. 지도 시 유의사항

- 모든 식물의 잎이 어긋나기의 방법으로 나선을 그리며 잎이 나는 것은 아닙니다. 외떡잎 식물은 잎이 좁고 길게 자라므로 위에 난 잎이 아래의 잎을 가리지 않아 '마주나기'의 방법으로 납니다.
- '어긋나기' 방법으로 자라는 식물도 정확하게 각도가 지켜지지는 않습니다. 태양의 위치나 주변의 환경에 따라 잎이 나는 방향과 각도는 조금씩 달라질 수 있으므로 '그런 경향이 있다.'라는 표현으로 지도하는 것이 좋습니다.
- 이 주제는 5학년의 규칙과 대응으로 구성되어 있지만 학년의 수준에 따라 3학년은 분수의 크기를 비교하거나 4학년은 예각과 둔각으로 각도를 익힐 수도 있습니다.

232 변화와 관계

쉬어가기

45 식물도 수학을 한다고?!

46 종이를 접어 만드는 프랙탈

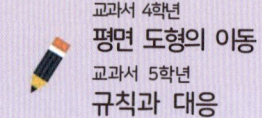

드래곤커브란?

드래곤커브란 띠 종이를 반으로 접은 뒤, 접힌 부분이 90°가 되도록 펼쳐 만드는 모양으로 프랙탈의 일종입니다. 반으로 접는 것을 반복하면 모양이 용처럼 보여 드래곤커브라고 불립니다.

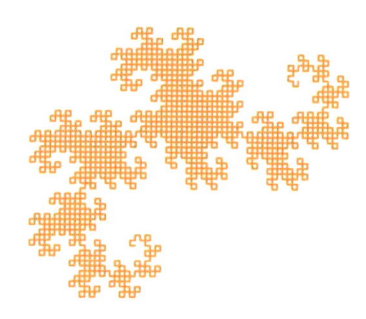

수학으로 생각해요

단순히 종이를 접어 만드는 복잡한 무늬

드래곤커브는 같은 모양이 반복되는 프랙탈의 일종으로 띠 종이를 반으로 접는 단순한 규칙으로 만들 수 있습니다. 종이를 접을 때에는 같은 방향으로 접어야하고, 펼칠 때에는 90°가 되도록 펼쳐야 합니다. 종이를 접는 횟수에 따라 드래곤커브의 모양이 어떻게 변하는지 살펴봅시다.

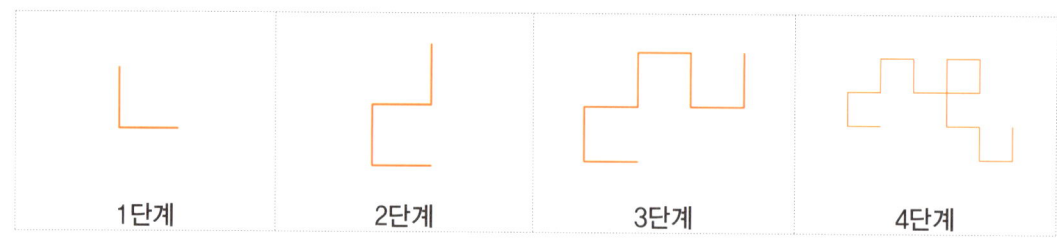

[그림1] 단계별 드래곤커브

1단계 드래곤커브는 종이를 1번 반으로 접은 뒤 90°로 펼쳐서 만들 수 있습니다. 종이를 1번 접은 뒤 펼치면 그려지는 선분의 개수는 2개입니다.

2단계 드래곤커브는 종이를 2번 반복하여 반으로 접은 뒤 90°로 펼쳐서 만들 수 있습니다. 2단계 드래곤커브의 선분 개수를 관찰하면 4개입니다. 종이를 반복해서 접었으므로 1단계 드래곤커브의 선분이 각각 반으로 접히면서 선분의 개수가 2배가 되고, $2^2=4$개가 되게 됩니다.

3단계 드래곤커브는 종이를 3번 반복하여 반으로 접은 뒤 펼쳐서 만들 수 있습니다. 3단계 드래곤커브의 선분 개수는 8개입니다. 종이를 반복해서 접었으므로 2단계 드래곤커브의 선분이 각각 반으로 접히면서 선분의 개수가 2배가 되고, $2^3=8$개입니다.

종이를 반복해서 반으로 접었으므로, 다음 단계의 드래곤커브의 선분 개수는 전단계 선분의 개수의 2배가 될 것입니다. 따라서, n단계에서 선분의 개수는 2^n이 됩니다.

각 단계별 드래곤커브의 모양을 살펴봅시다.

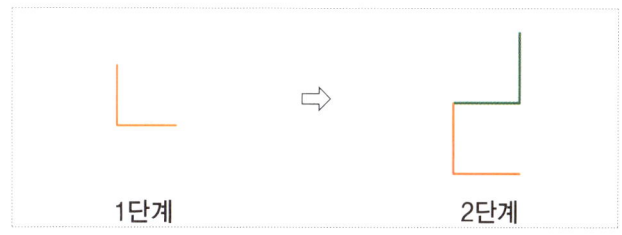

[그림2] 1단계와 2단계

2단계 드래곤커브를 살펴보면, 1단계 드래곤커브를 시계반대 방향으로 90° 회전한 것임을 관찰할 수 있습니다([그림2]). 3단계 드래곤커브도 2단계 드래곤커브를 시계반대 방향으로 90° 회전하여 만들어집니다. 이와 같이 $n+1$단계의 드래곤커브는 n단계의 드래곤커브를 90°도 회전대칭하여 만들 수 있습니다([그림3]). 이 과정은 실제로 종이를 접은 뒤 펼쳐보는 과정에서 더 잘 드러납니다. 같이 제시된 동영상(236쪽 QR코드)을 통해 확인해 보세요.

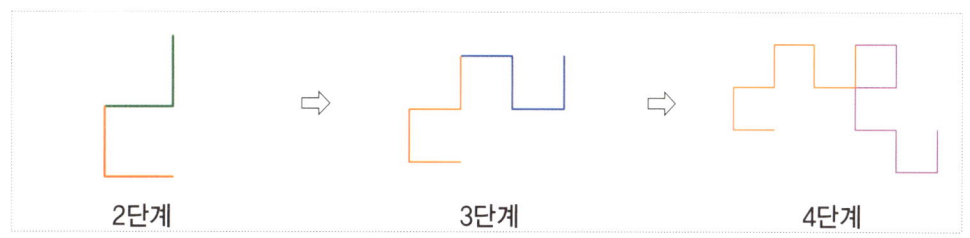

[그림3] 3단계와 2단계

실제로 종이를 반복해서 반으로 접어 높은 단계의 드래곤커브를 만드려면, 종이를 반으로 접기가 어렵습니다. 그래서 n단계 드래곤커브 2개를 이어 붙여 $n+1$단계를 만들 수 있습니다. 종이를 이어 붙여 만든 다음에 GSP와 같은 공학적 도구를 사용하여 좀 더 편리하게 관찰해 볼 수 있습니다.

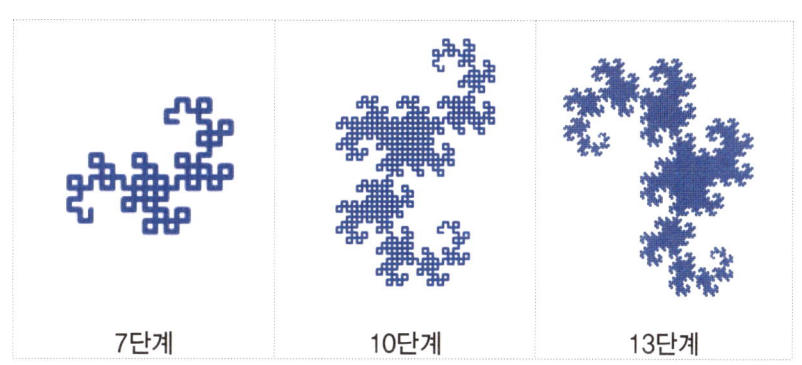

[그림4] 단계별 드래곤커브

높은 단계의 드래곤커브는 [그림4]에서 관찰할 수 있습니다. 단계가 높아질수록 용 모양과 비슷해집니다.

놀면서 깨우쳐요

드래곤커브를 만들며 규칙 발견하기

드래곤커브

준비물: 띠 종이, 테이프

1 띠 모양 종이를 같은 방향으로 반으로 접은 뒤 90°로 펼쳐서 만든 모양을 드래곤커브라고 합니다. 드래곤커브를 만들어 보세요.

❶ 길이비가 1, 2, 4, 8인 띠 종이를 준비하세요.

❷ [1단계 드래곤커브] 길이가 1인 띠 종이를 오른쪽으로 반으로 접은 뒤 90°로 펼쳐 보세요.

❸ [2단계 드래곤커브] 길이가 2인 띠 종이를 오른쪽으로 2번 반으로 접은 뒤 90°로 펼쳐 보세요.

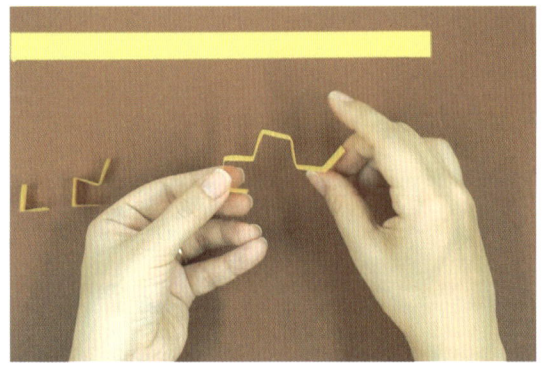

❹ [3단계 드래곤커브] 길이가 4인 띠 종이를 오른쪽으로 3번 반으로 접은 뒤 90°로 펼쳐 보세요.

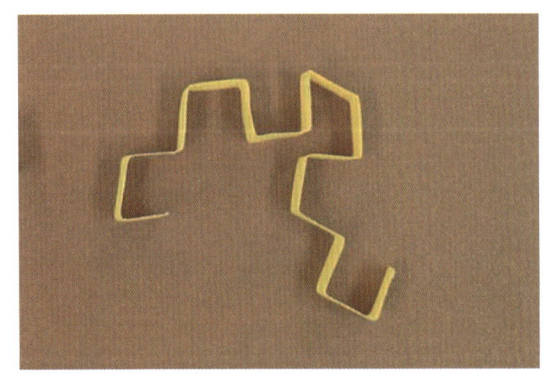

❺ [4단계 드래곤커브] 길이가 8인 띠 종이를 오른쪽으로 4번 반으로 접은 뒤 90°로 펼쳐 보세요.

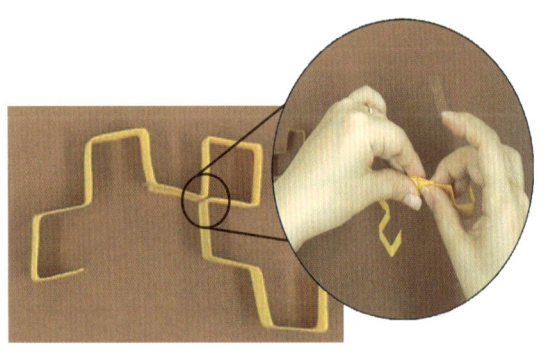

❻ 종이가 맞닿는 부분을 테이프로 붙여 90°가 되도록 고정해 주세요.

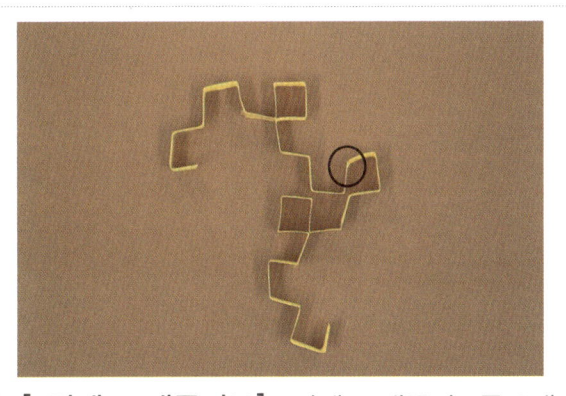 ❼ [5단계 드래곤커브] 4단계 드래곤커브를 2개 준비하세요. 드래곤커브 하나를 90°회전하여 이어붙여 보세요.

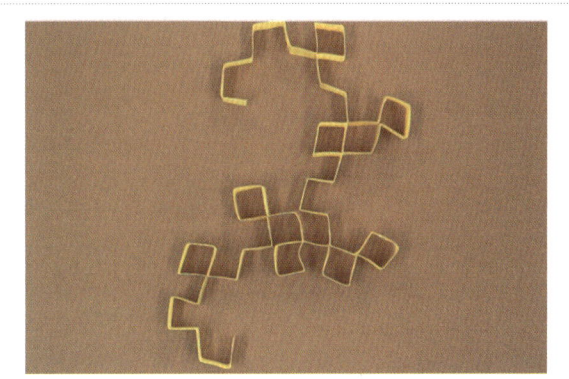 ❽ ❼을 반복하여 다음 단계 드래곤커브를 만들어 보세요.

2 단계별 드래곤커브의 선분의 개수를 관찰하여 써 보세요.

단계	1단계	2단계	3단계	4단계
모양				
선분의 개수				

3 선분의 개수에는 어떤 규칙이 있나요?

4 **3**에서 발견한 규칙을 활용하여 7단계 드래곤커브의 선분의 개수를 알 수 있을까요? 있다면 몇 개 인지 구하는 식을 쓰고 구해 봅시다.

5 그림을 보고, 드래곤커브에 또 다른 규칙이 있는지 찾아 써 보세요.

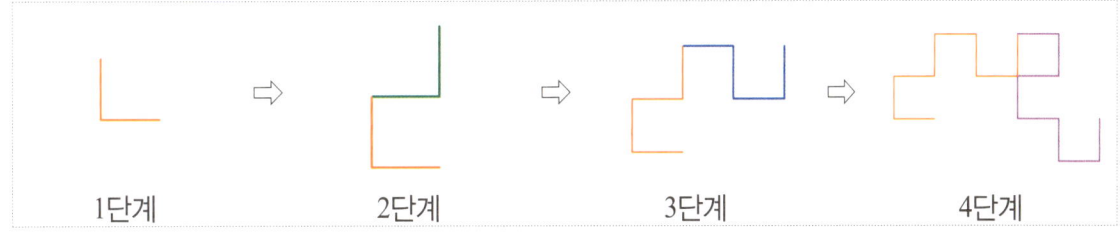

수학으로 답해요

2

단계	1단계	2단계	3단계	4단계
모양				
선분의 개수	2	4	8	16

3 2, 4, 8, 16으로 2배씩 늘어납니다.

풀이) 귀납적인 방법으로 규칙을 파악합니다.

4 5단계 드래곤커브의 선분의 개수: 16×2=32

6단계 드래곤커브의 선분의 개수: 32×2=64

7단계 드래곤커브의 선분의 개수: 64×2=128이므로 128개입니다.

5 전 단계 드래곤커브를 시계반대 방향으로 90° 돌려서 다음 단계의 드래곤커브를 만들었습니다.

풀이) 학생이 파악하기 어려워하면, 똑같은 단계의 드래곤커브 2개를 겹친 후 90°회전하여 규칙을 파악할 수 있도록 도울 수 있습니다. 예를 들어 1단계 드래곤커브 2개를 겹친 후 하나만 회전하여 2단계 드래곤커브가 됨을 관찰해볼 수 있습니다.

지도 TIP!

수학 이야기, 드래곤커브 속 또 다른 자기 유사성

드래곤커브에서는 직각이 반복되는 자기 유사성을 관찰할 수 있습니다. 이러한 모양 외에도 또 다른 자기 유사성들도 관찰할 수 있습니다. 그 중 하나는 기울기입니다. 빨간색으로 표시된 드래곤커브의 각 부분은 45°씩 회전하는 규칙이 반복된다는 것을 관찰할 수 있습니다. 또 하나는 넓이입니다. 빨간색으로 표시된 부분의 넓이가 $\sqrt{2}$ 배씩 증가하게 됩니다.

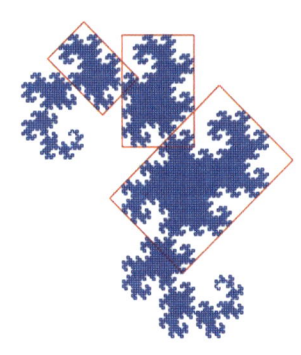

프래드만 퍼즐 도안

7 수학식으로 퍼즐 놀이를?!-①

분수 계산기 도안

삼면접시 도안

1-1 삼면접시를 만들어 보세요.

— 자르는 선
----- 접는 선

2 삼면접시를 만들고 접은 후, 나만의 그림을 그려 보세요.

— 자르는 선
----- 접는 선

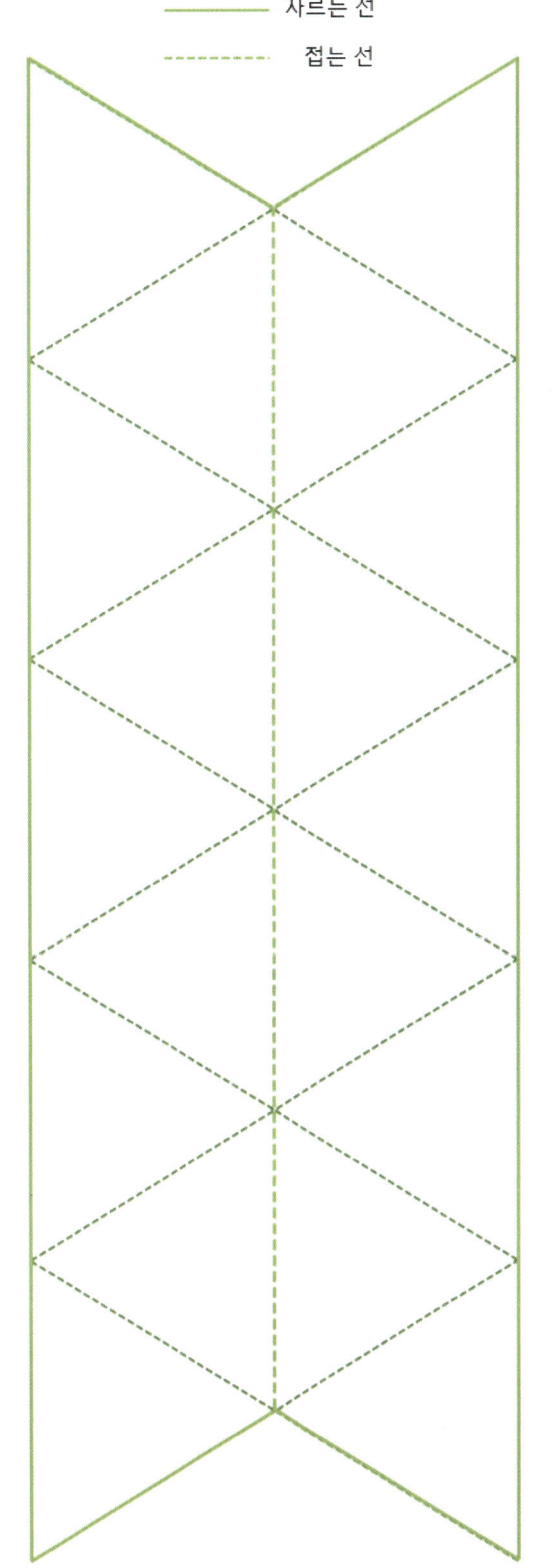

13 삼면접시-①

전개도 도안

◆ 전개도1(정팔면체)

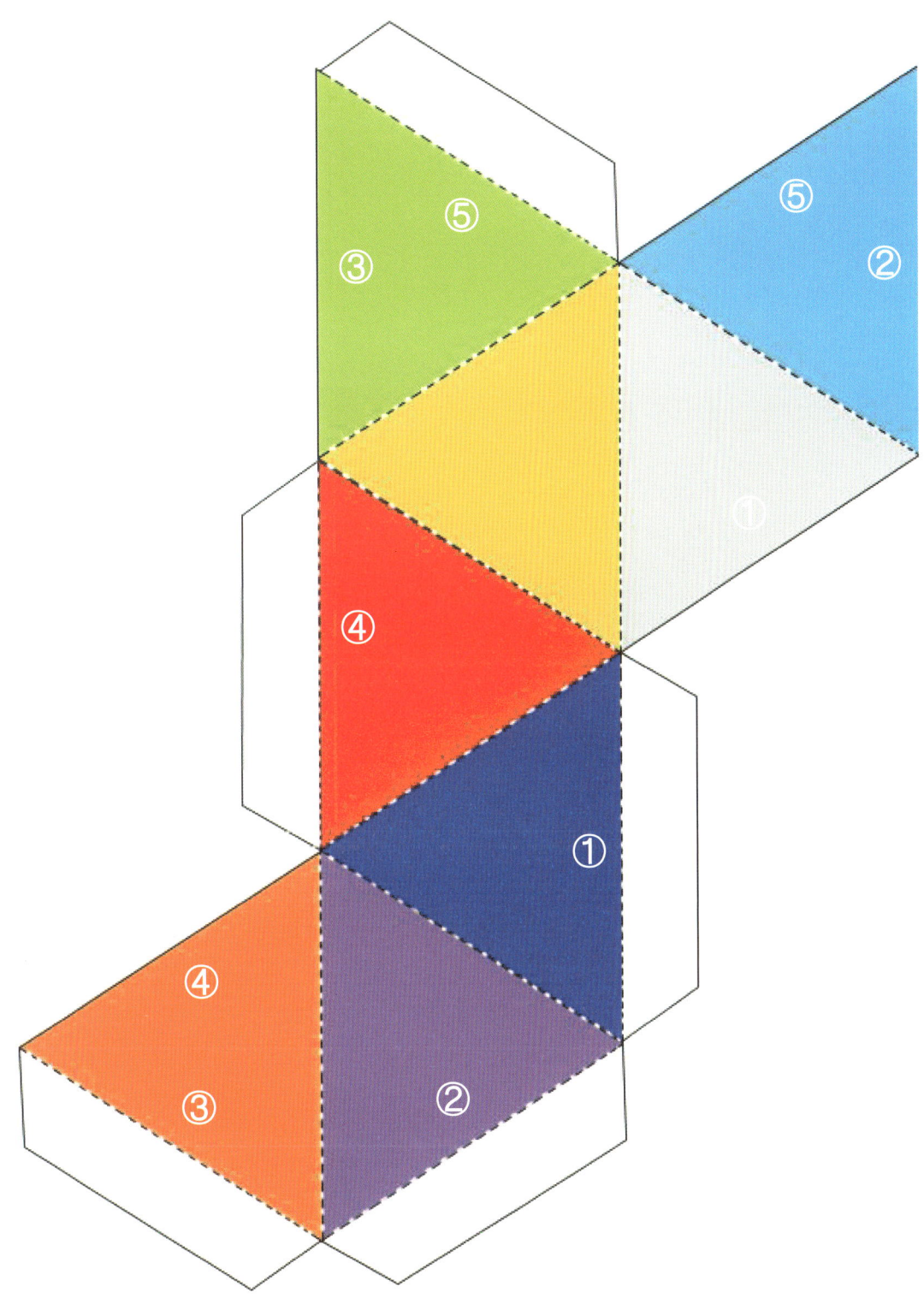

전개도2(보트모양)

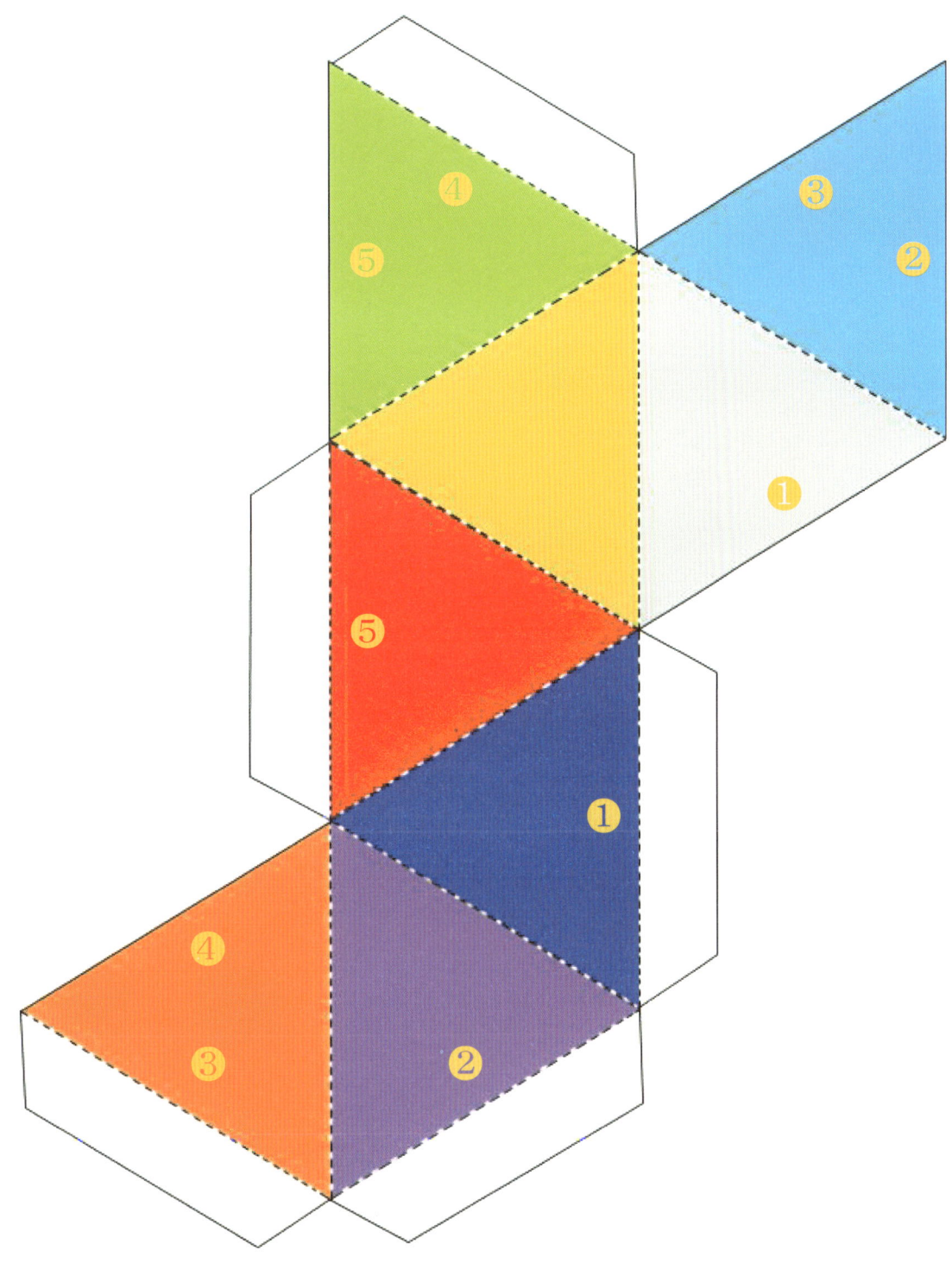

독도 큐브 도안

한국어

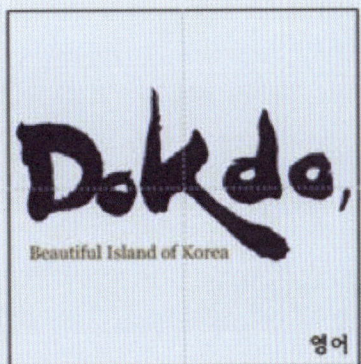
영어

일본어

중국어

프랑스어

스페인어

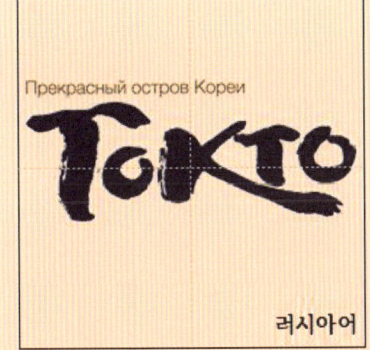
러시아어

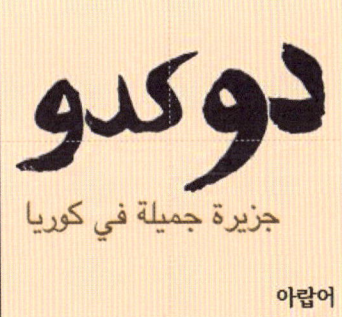
아랍어

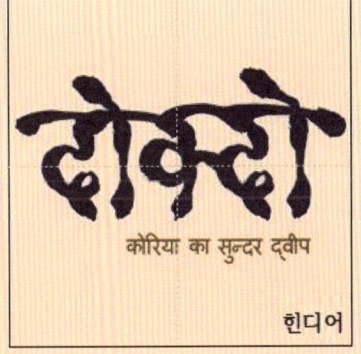
힌디어

이탈리아어

포르투칼어

독일어

시에르핀스키 삼각형 활동지

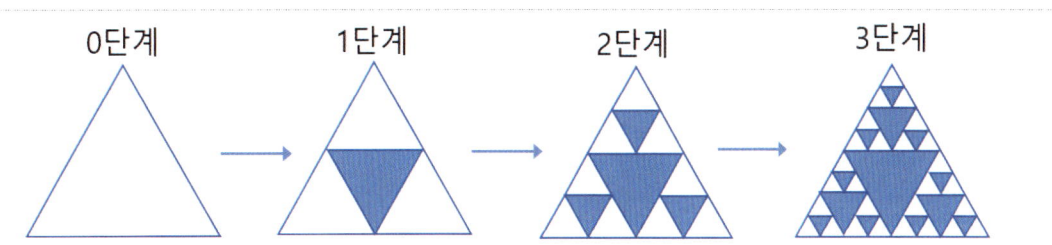

❶ 세 변을 각각 이등분하여 작은 정삼각형 4개를 만듭니다.
❷ 가운데 있는 작은 정삼각형만 색칠합니다.
❸ 남아있는 3개의 정삼각형에 위의 ❶~❷ 과정을 반복합니다.
❹ 각 단계에서 흰색 부분을 관찰하면서 3단계까지 도전해 보세요.

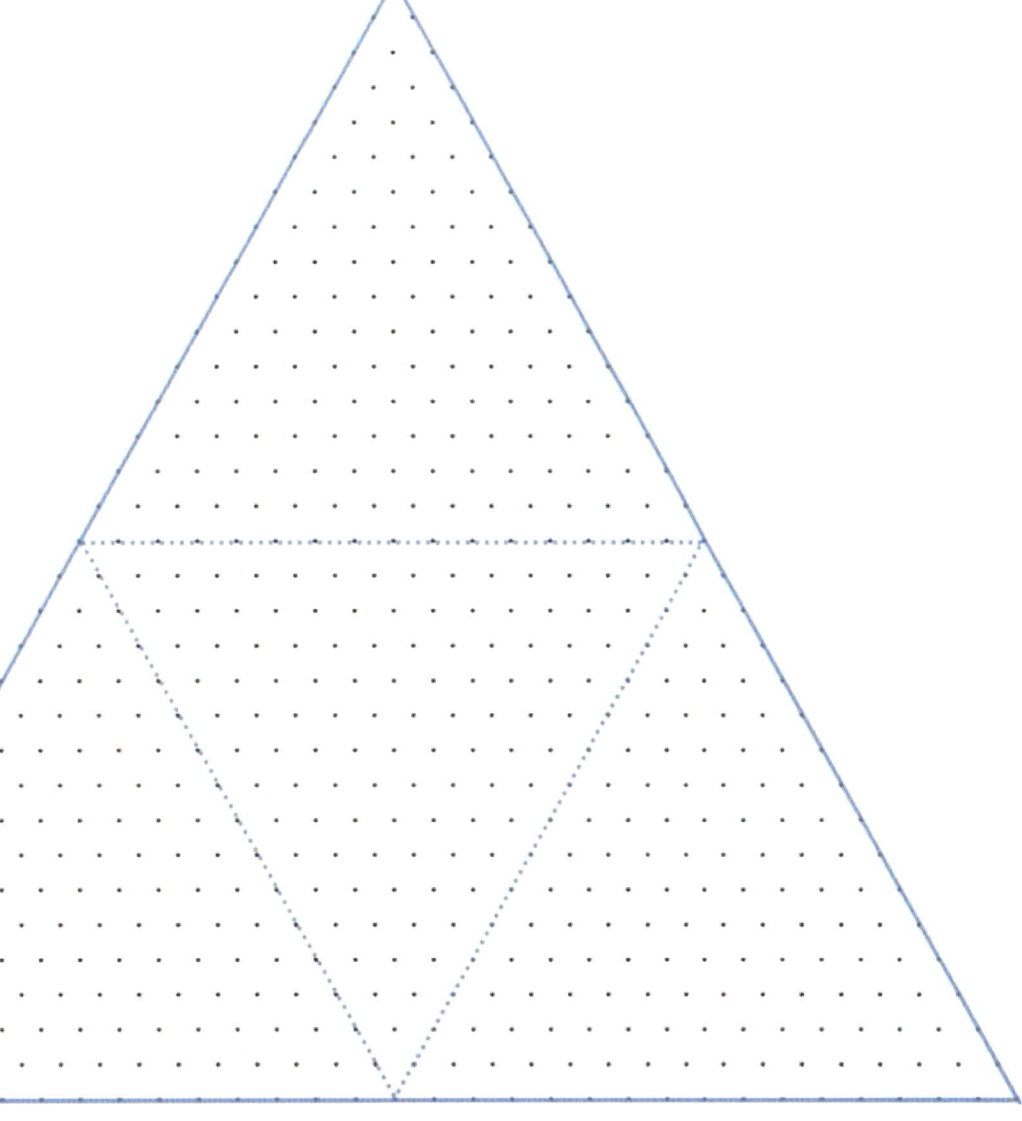

시에르핀스키 사각형 활동지

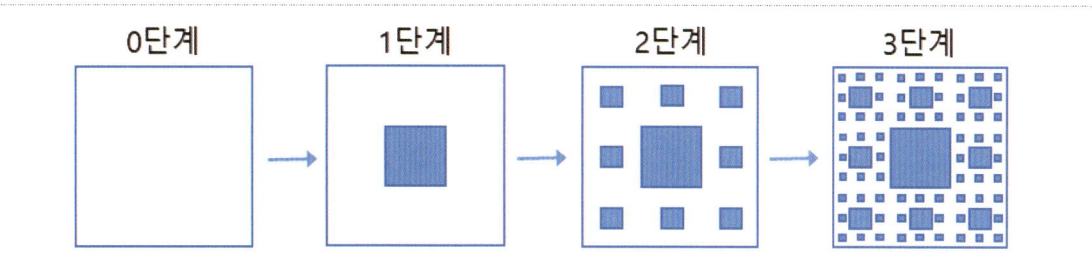

❶ 네 변을 각각 삼등분하여 작은 정사각형 9개를 만듭니다.
❷ 가운데 있는 작은 정사각형만 색칠합니다.
❸ 남아있는 8개의 정사각형에 위의 ❶~❷ 과정을 반복합니다.
❹ 각 단계에서 흰색 부분을 관찰하면서 3단계까지 도전해 보세요.

테셀레이션 도형

붙임자료①

붙임자료②

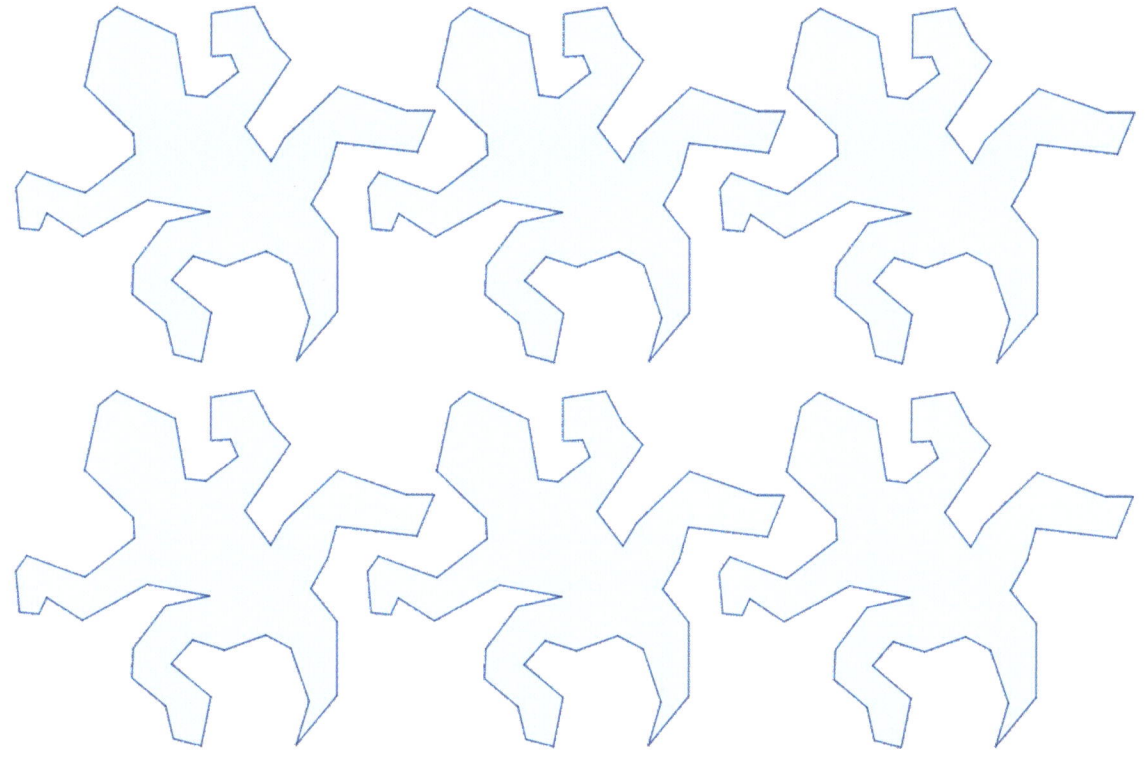

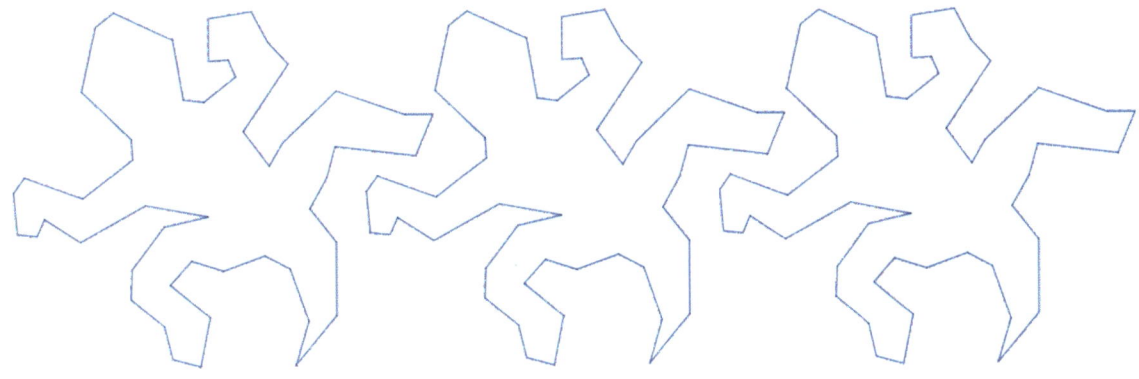

붙임자료③

20 빈틈없이 가득 채우는 재미-③

20 빈틈없이 가득 채우는 재미-④

착시도형 전개도 도안

❶ 사각형과 마름모 도안

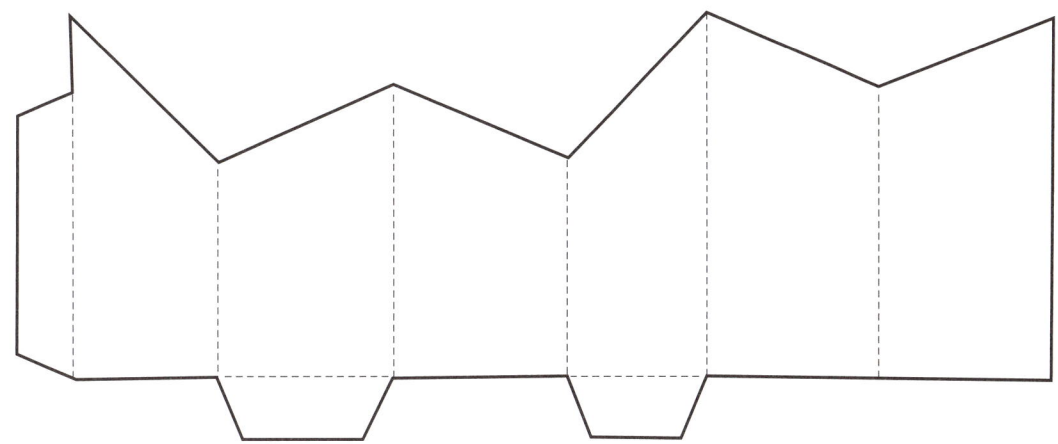

❷ 사각형과 육각형 도안

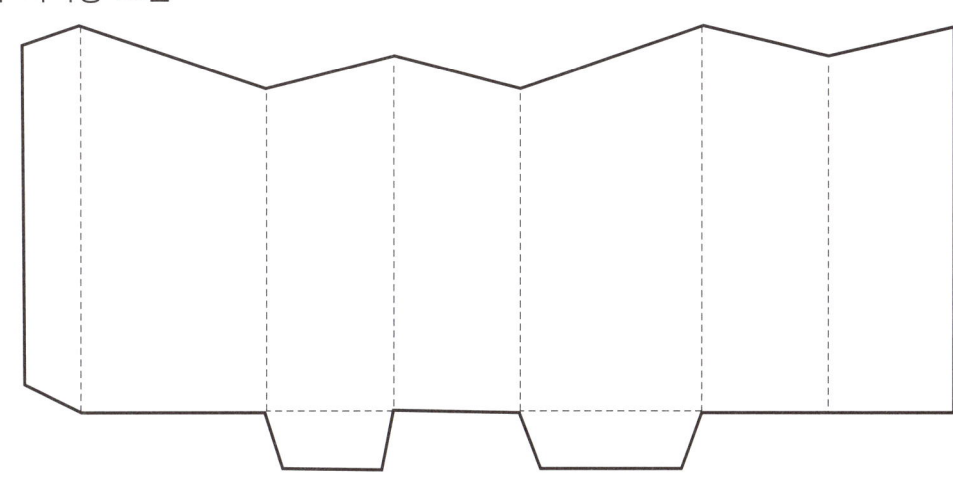

❸ 사각형과 삼각형 도안

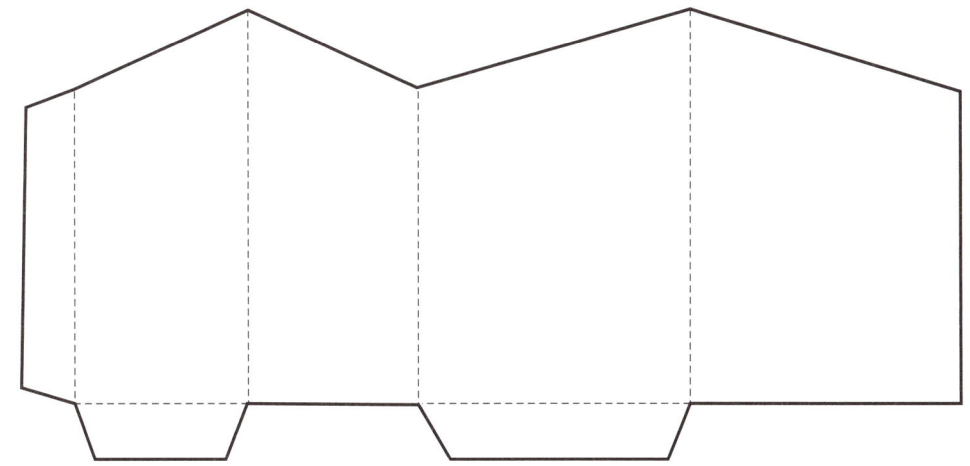

에그퍼즐 도안

포물선 접기 도안

허니콤 구조 실험하기 도안

❶ 정삼각형

❷ 정사각형

❸ 정육각형

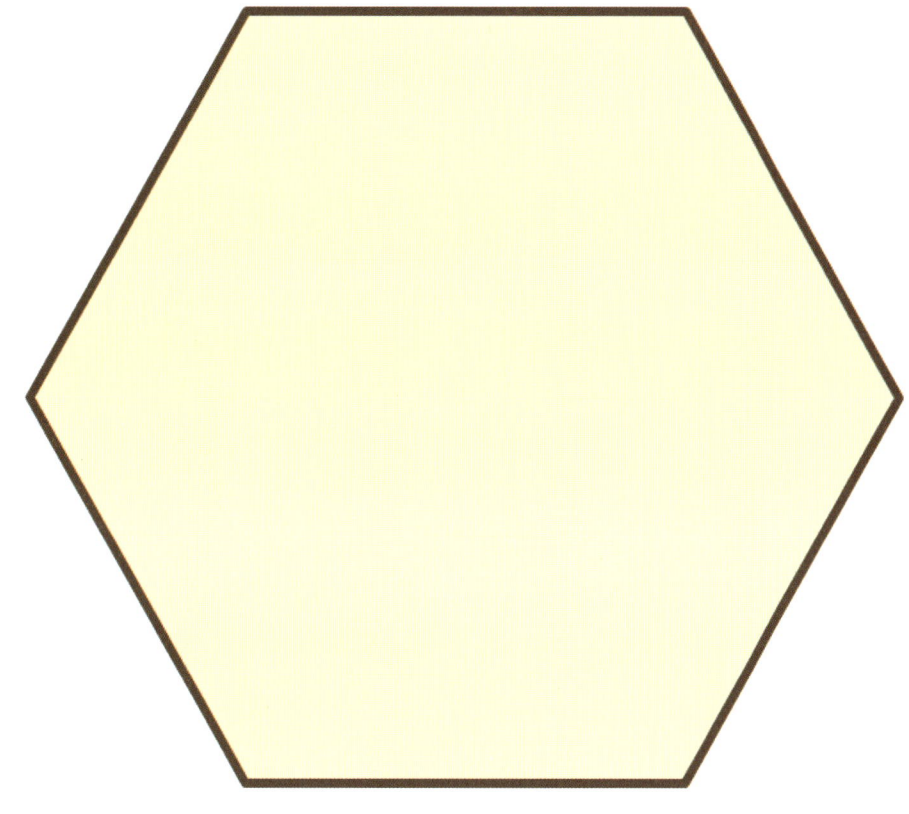

❹ 원

각도기 도안

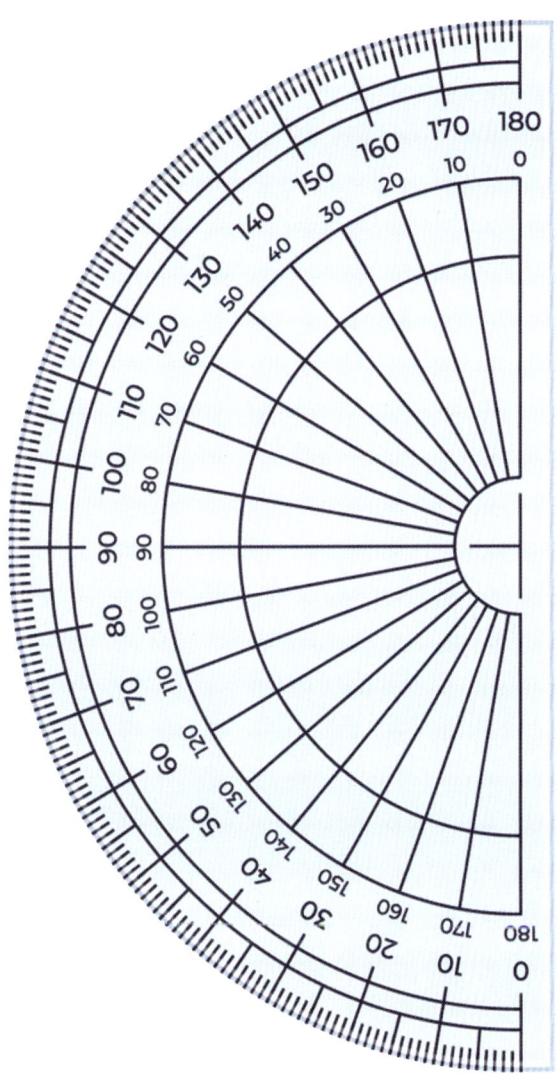

스트링아트 도안

❶ 스트링아트 그리기 삼각형 도안

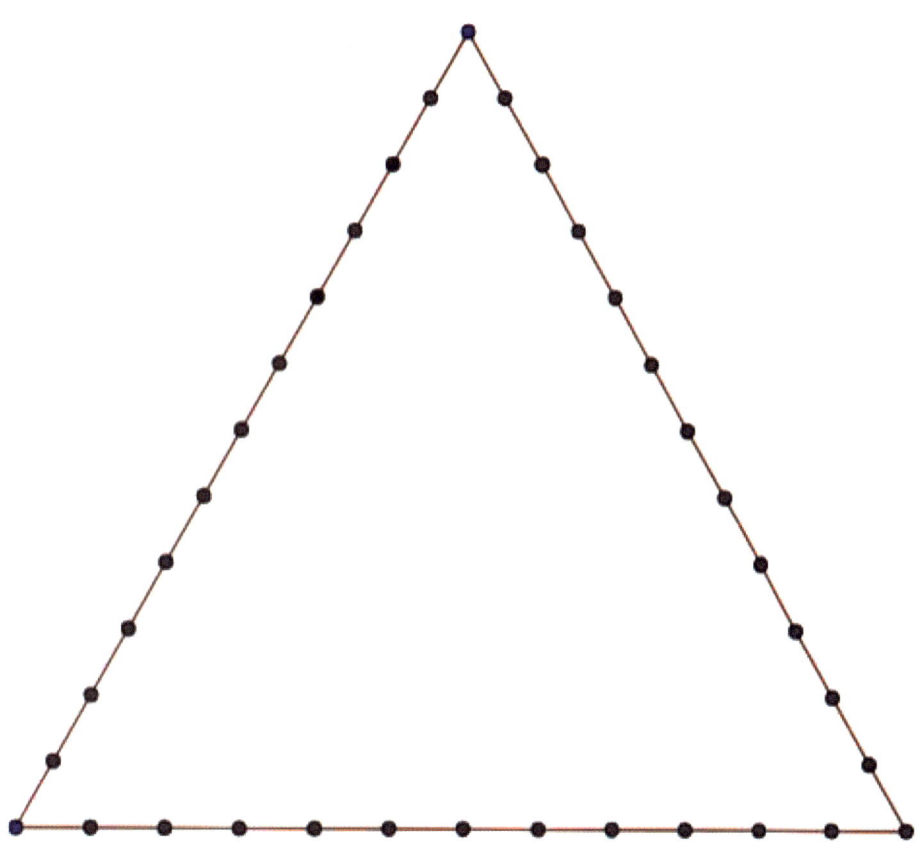

2 스트링아트 그리기 사각형 도안

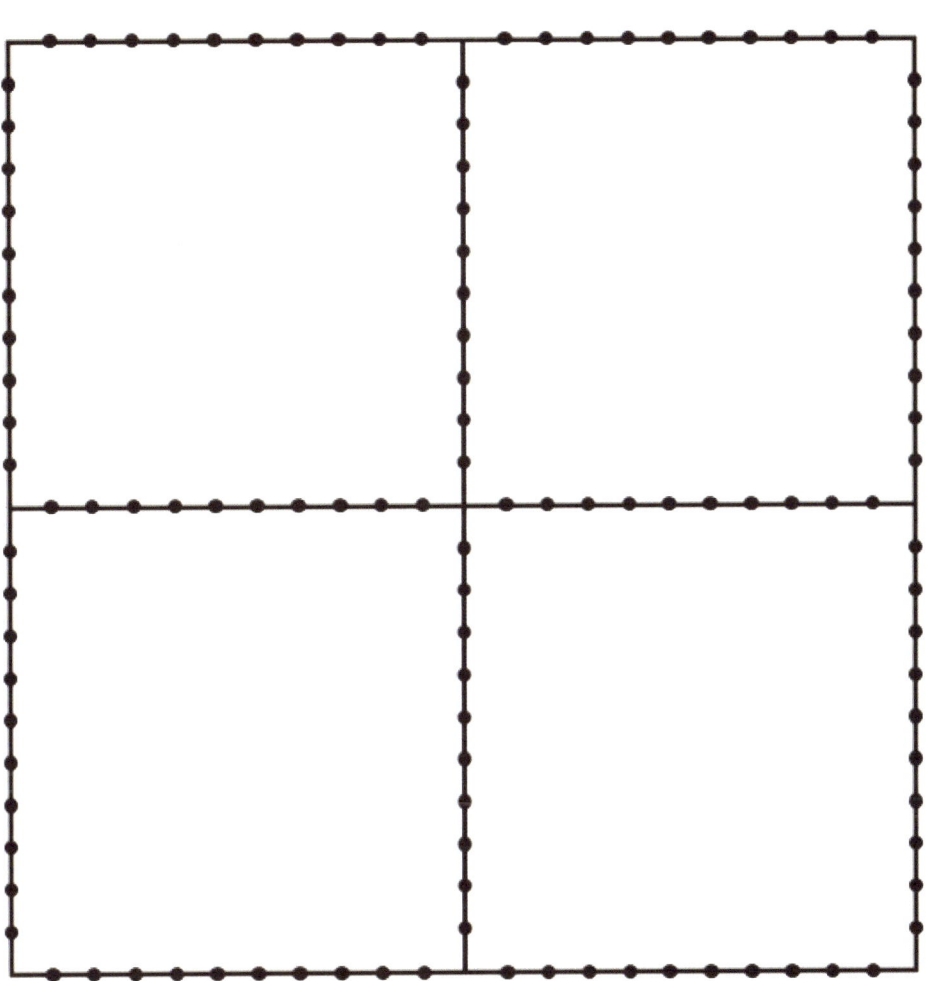

35 규칙을 따라가면 예술이 되는 스트링아트-②

③ 스트링아트 만들기 원형 도안

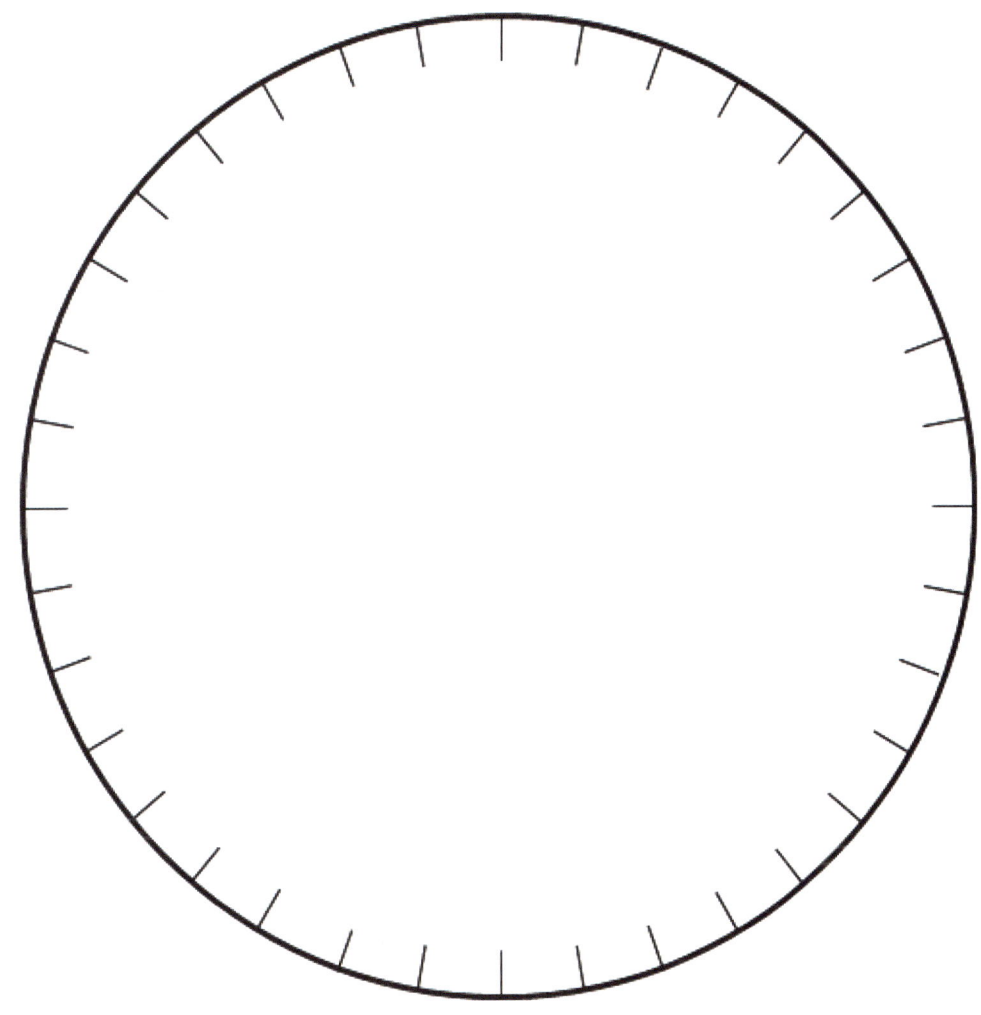

암호 원판 도안

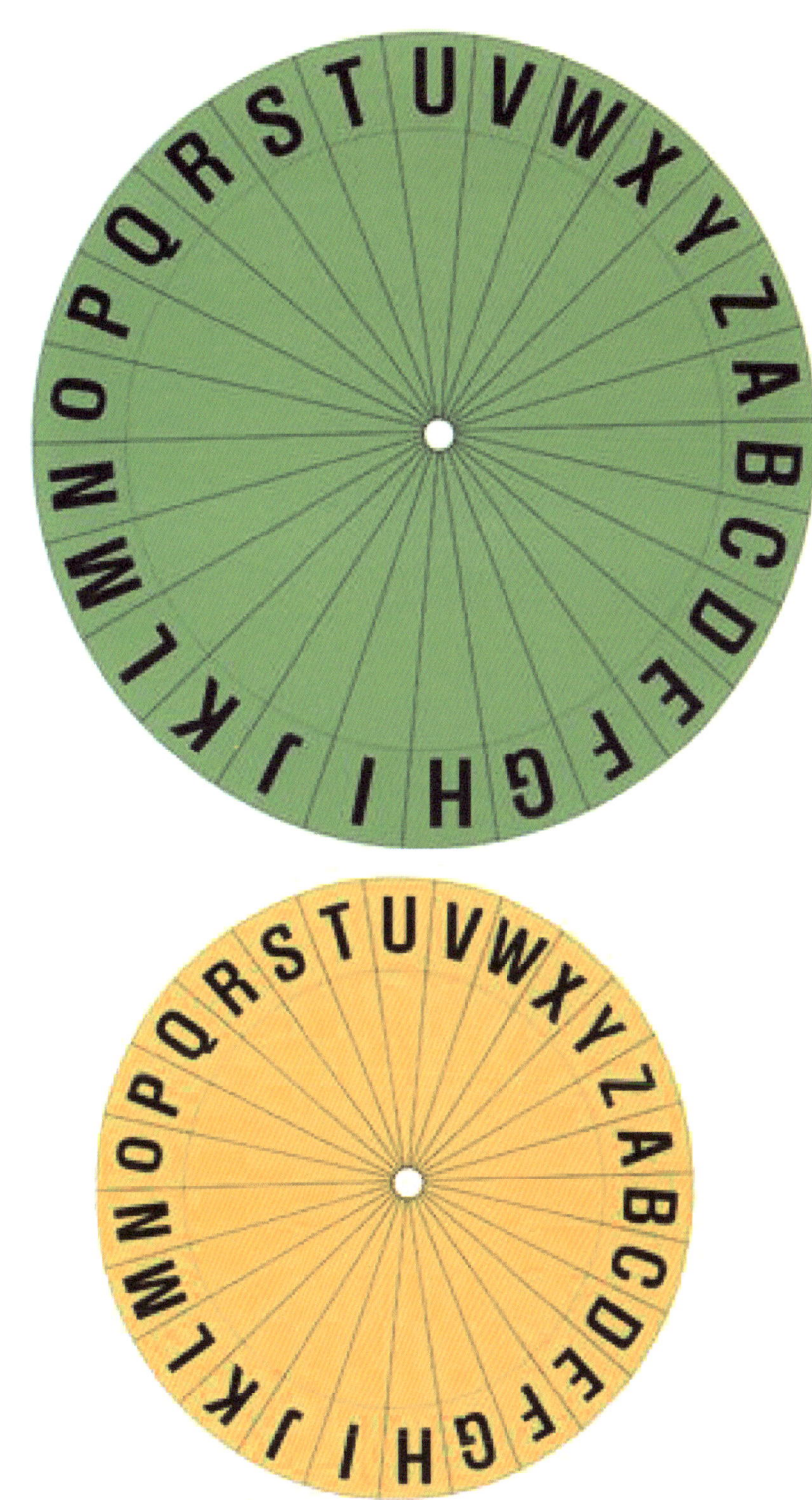

37 쉿! 우리만 아는 비밀이야-①

프랙탈 카드

41 끊임없이 되풀이 되는 구조-①

몬드리안 따라잡기 도안

◆ 몬드리안 따라잡기용 도안

몬드리안 따라잡기 도안

음계 만들기 도안

❶ 음계 붙임판

도	
시	
라	
솔	
파	
미	
레	
도	

음계 띠지

43 수학으로 배우는 음계-②

식물의 잎차례 모형 도안

◆ 식물의 줄기

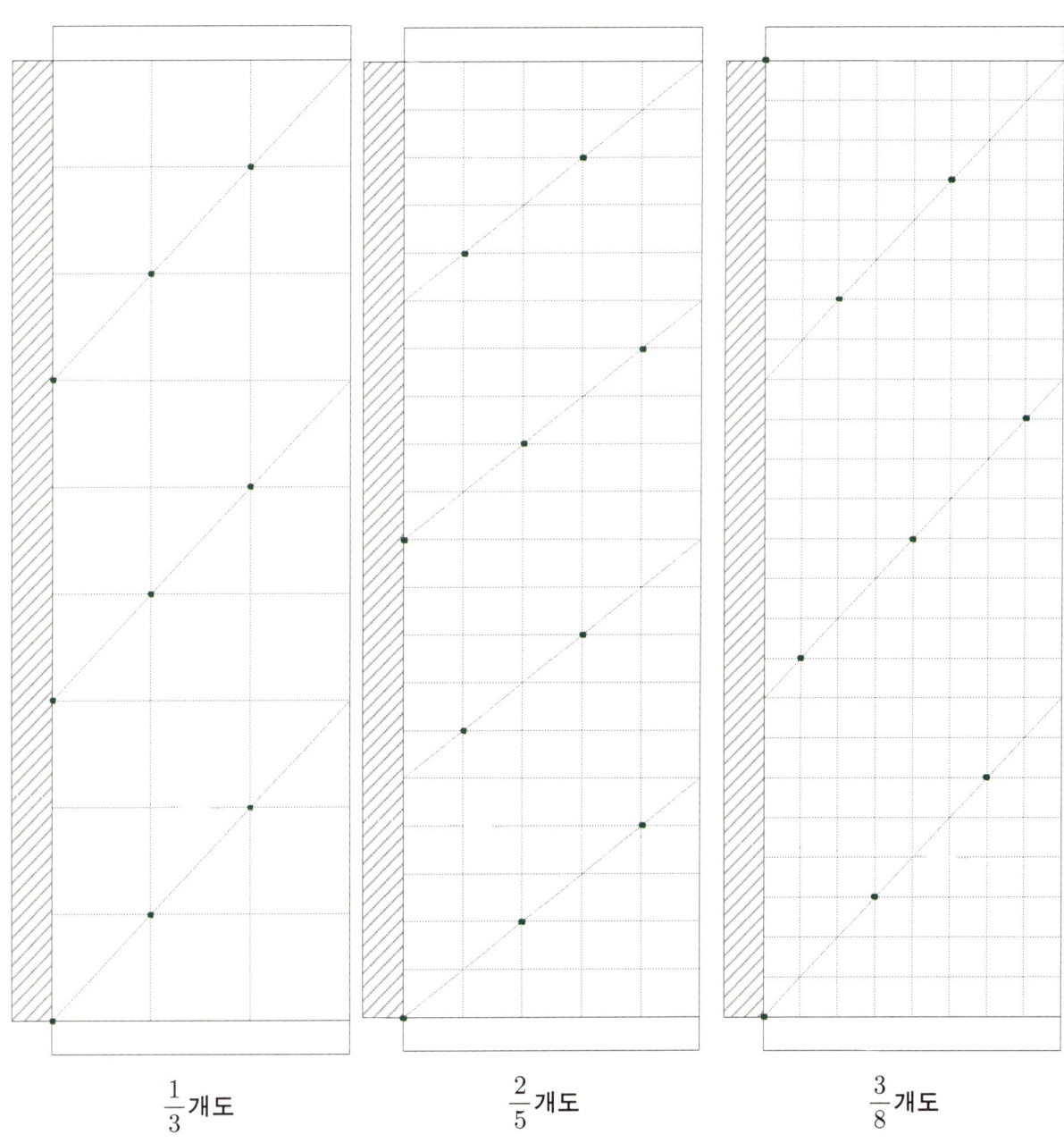

$\frac{1}{3}$개도　　　$\frac{2}{5}$개도　　　$\frac{3}{8}$개도

2 식물의 잎